U0621900

中小企业安全生产培训教材

中小企业安全生产管理指南

刘衍胜　　曲世惠　主编

气象出版社
China Meteorological Press

图书在版编目(CIP)数据

中小企业安全生产管理指南/刘衍胜,曲世惠主编.
北京:气象出版社,2012.6
ISBN 978-7-5029-5515-1

Ⅰ.①中… Ⅱ.①刘… ②曲… Ⅲ.①中小企业-
安全生产-安全管理-指南 Ⅳ.①X931-62

中国版本图书馆 CIP 数据核字(2012)第 126799 号

出版发行:气象出版社

地　　址:北京市海淀区中关村南大街 46 号		**邮政编码**:100081	
总 编 室:010-68407112		**发 行 部**:010-68407948	
网　　址:http://www.cmp.cma.gov.cn		**E-mail**:qxcbs@cma.gov.cn	
责任编辑:彭淑凡　张盼娟		**终　　审**:章澄昌	
封面设计:燕　彤		**责任技编**:吴庭芳	
印　　刷:北京奥鑫印刷厂			
开　　本:787 mm×1092 mm　1/16		**印　　张**:12.25	
字　　数:314 千字			
版　　次:2012 年 7 月第 1 版		**印　　次**:2012 年 7 月第 1 次印刷	
定　　价:22.00 元			

本书如存在文字不清、漏印以及缺页、倒页、脱页等,请与本社发行部联系调换。

前　言

　　随着我国非公有制经济的迅速发展,中小企业作为生产经营单位的重要组成部分,已经成为社会主义市场经济的"半壁江山"。据 2011 年的统计,全国在工商管理部门注册登记的中小企业大约有 1000 万家,占全部注册登记企业总数的 90％以上。中小企业在繁荣城乡经济、扩大就业渠道、改善人民生活、优化经济结构、增加财政收入、促进经济发展等方面,发挥着越来越重要的作用。但不能不看到,中小企业在为国民经济持续快速发展和社会稳定作出重大贡献的同时,也存在着一些不容忽视的问题,其中,由于受到生产力总体发展水平不高的制约,内部安全管理相对落后,从业人员安全素质偏低,安全生产工作"无人管"、"不会管"、"管不好"的问题十分突出,已经严重影响中小企业的健康发展。

　　如何让中小企业明确安全生产义务,自觉承担安全生产责任,切实搞好安全生产管理,有效消除安全生产隐患,大力降低职业危害,将安全生产水平提升到一个新层次,已经成为中小企业面临的迫切任务,也是政府安全生产监管部门不容忽视的重要工作。

　　受有关部门的委托,青岛东方盛安全技术有限公司、中国职业安全健康协会青岛代表处、中国安全生产科学研究院青岛办事处、中国职业安全健康协会安全评价中心驻山东办事处等单位长期对中小企业安全生产状况进行密切关注,组织有关专家学者进行了广泛调研,对中小企业安全生产急需的相关内容进行了全面梳理,形成了能够指导中小企业安全生产管理的内容框架,并深化扩展成为本书的章节结构。

　　本书以系统安全观为指导,针对中小企业性质不同、涉及面广、数量众多、安全生产状况参差不齐的实际状况,从中小企业安全生产管理指南的角度,将丰富的安全生产知识内容分解组合,编写成中小企业安全生产法律法规、安全生产管理规章制度、安全生产管理方式方法、安全生产技术管理内容以及典型事故案例等几个板块,既介绍中小企业安全生产管理应当"管哪些"、"怎样管",又介绍中小企业安全生产管理应当"管到什么程度"的内容,对中小企业安全生产管理明确工作重点、提供正确方法,具有很强的指导意义。

　　本书本着科学、系统、实用的原则,按照中小企业安全生产管理人员(主要负责人)培训教材和工具书的标准,努力形成内容丰富、思路清晰、结构严谨、层次分明的中小企业安全生产管理知识体系。本书由刘衍胜、曲世惠主编,林国文、李适、张虎、王怡范、汪洋、丛杰、王家茂、王冬梅、包益海、宋建青、王安诺、任献文、薛智光、刘祖建、荣春霞、王学显、原永梅、杨学华、崔贤光、赵希龙、陈兵、张佰生、冯金泉、王洪村、张士森、董磊磊等编写。本书调研编写过程中得到了烟台市安全生产监督管理局、青岛市安全生产监督管理局、青岛市安全生产协会、四川省德阳市安全生产监督管理局、威海市安全生产监督管理局、聊城市安全生产监督管理局等众多单位的大力支持,参考了很多生产经营单位安全教育培训经验,查阅了大量的书籍和文献,在此一并致谢。

　　由于编者水平所限,书中不当之处,请读者不吝指正。

编　者
2012 年 6 月

目　录

前　言

第一章　中小企业安全生产管理概论 ·· 1
　第一节　中小企业基本知识 ·· 1
　第二节　中小企业安全生产状况 ·· 6
　第三节　安全生产方针政策与法律法规 ·· 8
　第四节　安全生产行政许可 ·· 16
　第五节　安全生产监督管理 ·· 21

第二章　中小企业安全生产管理基本内容 ·· 24
　第一节　安全生产组织保障 ·· 24
　第二节　安全生产通用规章制度 ·· 26
　第三节　从业人员安全培训教育 ·· 30
　第四节　设备设施安全管理 ·· 35
　第五节　职业卫生管理 ·· 42
　第六节　安全生产检查 ·· 59
　第七节　事故隐患排查治理 ·· 64
　第八节　安全生产投入和风险抵押金 ·· 66
　第九节　劳动防护用品管理 ·· 71

第三章　中小企业常用安全生产管理办法 ·· 75
　第一节　危险有害因素辨识 ·· 75
　第二节　安全评价 ·· 78
　第三节　重大危险源管理 ·· 88
　第四节　安全生产标准化 ·· 96
　第五节　职业健康安全管理体系 ·· 104

第四章　生产安全事故应急救援与调查处理 ·· 114
　第一节　生产安全事故一般知识 ·· 114
　第二节　事故应急救援 ·· 118

第三节　生产安全事故报告和调查处理……………………………………………125

第五章　中小企业常用安全技术管理简介……………………………………………132
　　第一节　机械安全技术管理………………………………………………………132
　　第二节　电气安全技术管理………………………………………………………139
　　第三节　危险化学品安全技术管理………………………………………………154
　　第四节　防火防爆安全技术管理…………………………………………………161

第六章　典型事故案例分析……………………………………………………………172

附　录　常用安全生产法律法规目录…………………………………………………187

第一章　中小企业安全生产管理概论

中小企业是生产经营单位的重要组成部分,为我国国民经济持续快速发展和社会稳定发挥着越来越重要的作用,但在安全生产领域却存在着不容忽视的问题,离标准化、规范化的要求还有很大的差距。如何让中小企业自觉承担生产经营单位的安全生产主体责任、按照自身实际情况搞好安全生产管理,对改变重生产轻安全、安全生产无人过问的现象,实现安全发展至关重要。

第一节　中小企业基本知识

改革开放以来,我国中小企业发展迅速,在繁荣城乡经济、扩大就业渠道、改善人民生活、优化经济结构、增加财政收入、促进经济发展等方面,发挥了十分重要的作用,已经成为我国社会主义市场经济的"半壁江山"。

一、中小企业划型标准

2011 年 6 月 18 日,为贯彻落实《中华人民共和国中小企业促进法》(以下简称《中小企业促进法》)和《国务院关于进一步促进中小企业发展的若干意见》(国发[2009]36 号),工业和信息化部、国家统计局、发展改革委、财政部研究制定了《中小企业划型标准规定》,并经国务院同意印发执行。原国家经贸委、原国家计委、财政部和国家统计局 2003 年颁布的《中小企业标准暂行规定》同时废止。

中小企业划分为中型、小型、微型三种类型,具体标准根据企业从业人员、营业收入、资产总额等指标,结合行业特点制定。

规定适用的行业包括:农、林、牧、渔业,工业(包括采矿业,制造业,电力、热力、燃气及水生产和供应业),建筑业,批发业,零售业,交通运输业(不含铁路运输业),仓储业,邮政业,住宿业,餐饮业,信息传输业(包括电信、互联网和相关服务),软件和信息技术服务业,房地产开发经营,物业管理,租赁和商务服务业,其他未列明行业(包括科学研究和技术服务业,水利、环境和公共设施管理业,居民服务、修理和其他服务业,社会工作,文化、体育和娱乐业等)。各行业划型标准为:

(1)农、林、牧、渔业。营业收入 20000 万元以下的为中小微型企业。其中,营业收入 500万元及以上的为中型企业,营业收入 50 万元及以上的为小型企业,营业收入 50 万元以下的为微型企业。

(2)工业。从业人员 1000 人以下或营业收入 40000 万元以下的为中小微型企业。其中,从业人员 300 人及以上,且营业收入 2000 万元及以上的为中型企业;从业人员 20 人及以上,且营业收入 300 万元及以上的为小型企业;从业人员 20 人以下或营业收入 300 万元以下的为微型企业。

(3)建筑业。营业收入80000万元以下或资产总额80000万元以下的为中小微型企业。其中,营业收入6000万元及以上,且资产总额5000万元及以上的为中型企业;营业收入300万元及以上,且资产总额300万元及以上的为小型企业;营业收入300万元以下或资产总额300万元以下的为微型企业。

(4)批发业。从业人员200人以下或营业收入40000万元以下的为中小微型企业。其中,从业人员20人及以上,且营业收入5000万元及以上的为中型企业;从业人员5人及以上,且营业收入1000万元及以上的为小型企业;从业人员5人以下或营业收入1000万元以下的为微型企业。

(5)零售业。从业人员300人以下或营业收入20000万元以下的为中小微型企业。其中,从业人员50人及以上,且营业收入500万元及以上的为中型企业;从业人员10人及以上,且营业收入100万元及以上的为小型企业;从业人员10人以下或营业收入100万元以下的为微型企业。

(6)交通运输业。从业人员1000人以下或营业收入30000万元以下的为中小微型企业。其中,从业人员300人及以上,且营业收入3000万元及以上的为中型企业;从业人员20人及以上,且营业收入200万元及以上的为小型企业;从业人员20人以下或营业收入200万元以下的为微型企业。

(7)仓储业。从业人员200人以下或营业收入30000万元以下的为中小微型企业。其中,从业人员100人及以上,且营业收入1000万元及以上的为中型企业;从业人员20人及以上,且营业收入100万元及以上的为小型企业;从业人员20人以下或营业收入100万元以下的为微型企业。

(8)邮政业。从业人员1000人以下或营业收入30000万元以下的为中小微型企业。其中,从业人员300人及以上,且营业收入2000万元及以上的为中型企业;从业人员20人及以上,且营业收入100万元及以上的为小型企业;从业人员20人以下或营业收入100万元以下的为微型企业。

(9)住宿业。从业人员300人以下或营业收入10000万元以下的为中小微型企业。其中,从业人员100人及以上,且营业收入2000万元及以上的为中型企业;从业人员10人及以上,且营业收入100万元及以上的为小型企业;从业人员10人以下或营业收入100万元以下的为微型企业。

(10)餐饮业。从业人员300人以下或营业收入10000万元以下的为中小微型企业。其中,从业人员100人及以上,且营业收入2000万元及以上的为中型企业;从业人员10人及以上,且营业收入100万元及以上的为小型企业;从业人员10人以下或营业收入100万元以下的为微型企业。

(11)信息传输业。从业人员2000人以下或营业收入100000万元以下的为中小微型企业。其中,从业人员100人及以上,且营业收入1000万元及以上的为中型企业;从业人员10人及以上,且营业收入100万元及以上的为小型企业;从业人员10人以下或营业收入100万元以下的为微型企业。

(12)软件和信息技术服务业。从业人员300人以下或营业收入10000万元以下的为中小微型企业。其中,从业人员100人及以上,且营业收入1000万元及以上的为中型企业;从业人员10人及以上,且营业收入50万元及以上的为小型企业;从业人员10人以下或营业收入50万元以下的为微型企业。

（13）房地产开发经营。营业收入 200000 万元以下或资产总额 10000 万元以下的为中小微型企业。其中，营业收入 1000 万元及以上，且资产总额 5000 万元及以上的为中型企业；营业收入 100 万元及以上，且资产总额 2000 万元及以上的为小型企业；营业收入 100 万元以下或资产总额 2000 万元以下的为微型企业。

（14）物业管理。从业人员 1000 人以下或营业收入 5000 万元以下的为中小微型企业。其中，从业人员 300 人及以上，且营业收入 1000 万元及以上的为中型企业；从业人员 100 人及以上，且营业收入 500 万元及以上的为小型企业；从业人员 100 人以下或营业收入 500 万元以下的为微型企业。

（15）租赁和商务服务业。从业人员 300 人以下或资产总额 120000 万元以下的为中小微型企业。其中，从业人员 100 人及以上，且资产总额 8000 万元及以上的为中型企业；从业人员 10 人及以上，且资产总额 100 万元及以上的为小型企业；从业人员 10 人以下或资产总额 100 万元以下的为微型企业。

（16）其他未列明行业。从业人员 300 人以下的为中小微型企业。其中，从业人员 100 人及以上的为中型企业；从业人员 10 人及以上的为小型企业；从业人员 10 人以下的为微型企业。

二、中小企业生产经营特点

中小企业与大型企业相比，具有规模小、市场适应强、市场反应快捷、富有创新精神等优势。

（一）企业规模小，经营灵活

中小企业的首要特征之一是企业规模小、经营决策权高度集中，特别是小企业，基本上都是一家一户自主经营，使资本追求利润的动力完全体现在经营的积极性上。由于经营者对千变万化的市场反应灵敏，所有权与经营管理权合一，因此，这种经营方式既可以节约所有者的监督成本，又有利于企业快速作出决策。

（二）企业组织结构简单，便于对员工进行激励

中小企业员工人数较少，组织结构简单，便于企业对员工进行有效的激励，在经营决策和人员激励上具有较大的弹性和灵活性，因而能对不断变化的市场作出迅速反应。当有些大公司和跨国企业在世界经济不景气的情况下不得不压缩生产规模的时候，中小企业却能够不断调整经营方向和产品结构，发挥企业小、动力大、机制灵活且有效率的优势，获得新的发展。

（三）品种适应多样的消费需求

一般来讲，大批量、单一化的产品生产才能充分发挥巨额投资的装备技术优势，但大批量的单一品种只能满足社会生产和人们日常生活中一些主要方面需求，当出现某些小批量的个性化需求时，大企业往往束手无策。因此，面对当今时代人们越来越突出个性的消费需求的特点，消费品生产已从大批量、单一化转向小批量、多样化。虽然中小企业作为个体，普遍存在经营品种单一、生产能力较低的缺点，但从整体上看，由于它们数量大、零售网点多、行业和地域分布面广，具有贴近市场、靠近顾客、机制灵活、反应快捷的经营优势的特点，因此，有利于适应多姿多态、千变万化的消费需求，特别是在零售商业领域，居民日常零星的、多种多样的消费需求都可以通过千家万户中小企业灵活的服务方式得到满足。

三、中小企业发展的促进措施

中小企业是我国国民经济和社会发展的重要力量,促进中小企业发展,是保持国民经济平稳较快发展的重要基础,是关系民生和社会稳定的重大战略任务。促进中小企业平稳健康发展是我国长期坚持的重要方针。为促进中小企业发展,国家出台了一系列法律、政策措施:2003年国家出台实施了《中小企业促进法》;2005年国务院出台了《关于鼓励支持和引导个体私营等非公有制经济发展的若干意见》;为应对国际金融危机,2009年国务院出台了《关于进一步促进中小企业发展的若干意见》。随着一系列法律和政策措施的出台,中小企业发展的相关法律、政策和市场环境在逐步完善和改善。

(一)法律措施

《中小企业促进法》明确了以下符合国际通行做法的扶持促进中小企业发展的法律措施。

(1)明确了扶持中小企业发展的资金来源问题。在中央财政预算中设立中小企业科目,安排扶持中小企业发展的专项资金,并以此资金为基础,设立中小企业发展基金,重点支持中小企业的创立、信用担保、技术创新、专业化协作与发展以及服务体系建设等。法律还规定地方人民政府应为中小企业提供财政支持。

(2)着力于缓解中小企业融资难的问题。法律分别对中国人民银行、金融机构、商业银行,以及国家政策性银行在加强信贷政策指导、改进金融服务、调整信贷结构、采取多种形式为中小企业提供金融服务等方面作了规定。法律还对拓宽中小企业直接融资渠道、推进中小企业信用制度建设、推动和组织建立中小企业信用担保体系等提出了要求,以求通过社会各个方面的共同努力,逐步形成促进中小企业发展的金融支持体系。

(3)提出了促进中小企业发展的税收优惠措施。法律规定"国家通过税收政策鼓励各类依法设立的风险投资机构增加对中小企业的投资",对失业人员、残疾人员创业以及创办高新技术企业和在少数民族地区、贫困地区创办企业,均制定了减免税收的措施。

(4)明确了建立健全中小企业社会化服务体系。法律规定,政府根据实际需要扶持建立的中小企业服务机构,应当为中小企业提供优质服务;中小企业服务机构应当充分利用计算机网络等先进手段,逐步建立健全向全社会开放的信息服务系统;国家鼓励有关机构、大专院校培训中小企业经营管理及生产技术等方面的人员,提高中小企业营销水平、管理水平和技术水平等。

(二)政策措施

2009年《国务院关于进一步促进中小企业发展的若干意见》中的主要政策包括以下方面。

1. 进一步营造有利于中小企业发展的良好环境

完善中小企业政策法律体系和政府采购支持中小企业的有关制度,落实扶持中小企业发展的政策措施,清理不利于中小企业发展的法律法规和规章制度。完善制定政府采购扶持中小企业发展的具体办法,提高采购中小企业货物、工程和服务的比例。进一步提高政府采购信息发布透明度,完善政府公共服务外包制度,为中小企业创造更多的参与机会。

加强对中小企业的权益保护,构建和谐劳动关系。采取切实有效措施,加大对劳动密集型中小企业的支持,鼓励中小企业不裁员、少裁员,稳定和增加就业岗位。中小企业可与职工就工资、工时、劳动定额进行协商,符合条件的,可向当地人力资源社会保障部门申请实行综合计算工时和不定时工作制。

2. 切实缓解中小企业融资困难

全面落实支持小企业发展的金融政策。完善小企业信贷考核体系,提高小企业贷款呆账核销效率,建立完善信贷人员尽职免责机制。鼓励建立小企业贷款风险补偿基金,对金融机构发放小企业贷款按增量给予适度补助,对小企业不良贷款损失给予适度风险补偿。加强和改善对中小企业的金融服务,进一步拓宽中小企业融资渠道,加快创业板市场建设,完善中小企业上市育成机制,扩大中小企业上市规模,增加直接融资。完善创业投资和融资租赁政策,大力发展创业投资和融资租赁企业。

完善中小企业信用担保体系,发挥信用信息服务在中小企业融资中的作用。推进中小企业信用制度建设,建立和完善中小企业信用信息征集机制和评价体系,提高中小企业的融资信用等级。完善个人和企业征信系统,为中小企业融资提供方便快速的查询服务。构建守信受益、失信惩戒的信用约束机制,增强中小企业信用意识。

3. 加大对中小企业的财税扶持力度

加大财政资金支持力度。逐步扩大中央财政预算扶持中小企业发展的专项资金规模,重点支持中小企业技术创新、结构调整、节能减排、开拓市场、扩大就业,以及改善对中小企业的公共服务。加快设立国家中小企业发展基金,发挥财政资金的引导作用,带动社会资金支持中小企业发展。地方财政也要加大对中小企业的支持力度。

进一步减轻中小企业社会负担。凡未按规定权限和程序批准的行政事业性收费项目和政府性基金项目,均一律取消。全面清理整顿涉及中小企业的收费,重点是行政许可和强制准入的中介服务收费、具有垄断性的经营服务收费。能免则免,能减则减,能缓则缓。

4. 加快中小企业技术进步和结构调整

支持中小企业提高技术创新能力和产品质量。支持中小企业加大研发投入,开发先进适用的技术、工艺和设备,研制适销对路的新产品,提高产品质量。加强产学研联合和资源整合,加强知识产权保护,重点在轻工、纺织、电子等行业推进品牌建设,引导和支持中小企业创建自主品牌。按照重点产业调整和振兴规划要求,支持中小企业采用新技术、新工艺、新设备、新材料进行技术改造。中央预算内技术改造专项投资中,要安排中小企业技术改造资金,地方政府也要安排中小企业技术改造专项资金。中小企业的固定资产由于技术进步原因需加速折旧的,可按规定缩短折旧年限或者采取加速折旧的方法。

推进中小企业节能减排和清洁生产。促进重点节能减排技术和高效节能环保产品、设备在中小企业的推广应用。按照发展循环经济的要求,鼓励中小企业间资源循环利用。鼓励专业服务机构为中小企业提供合同能源管理、节能设备租赁等服务。鼓励大型企业通过专业分工、服务外包、订单生产等方式,加强与中小企业的协作配套,积极向中小企业提供技术、人才、设备、资金支持,及时支付货款和服务费用。

按照布局合理、特色鲜明、用地集约、生态环保的原则,支持培育一批重点示范产业集群。加强产业集群环境建设,改善产业集聚条件,完善服务功能,壮大龙头骨干企业,延长产业链,提高专业化协作水平。鼓励东部地区先进的中小企业通过收购、兼并、重组、联营等多种形式,加强与中西部地区中小企业的合作,实现产业有序转移鼓励支持中小企业在科技研发、工业设计、技术咨询、信息服务、现代物流等生产性服务业领域发展。积极促进中小企业在软件开发、服务外包、网络动漫、广告创意、电子商务等新兴领域拓展,扩大就业渠道,培育新的经济增长点。

5. 支持中小企业开拓市场

支持引导中小企业积极开拓国内市场并提高自身市场开拓能力。引导中小企业加强市场分析预测,把握市场机遇,增强质量、品牌和营销意识,改善售后服务,提高市场竞争力。提升和改造商贸流通业,推广连锁经营、特许经营等现代经营方式和新型业态,帮助和鼓励中小企业采用电子商务,降低市场开拓成本。支持餐饮、旅游、休闲、家政、物业、社区服务等行业拓展服务领域,创新服务方式,促进扩大消费。

6. 努力改进对中小企业的服务

加强统筹规划,完善服务网络和服务设施,积极培育各级中小企业综合服务机构。通过资格认定、业务委托、奖励等方式,发挥工商联以及行业协会(商会)和综合服务机构的作用,引导和带动专业服务机构的发展。建立和完善财政补助机制,支持服务机构开展信息、培训、技术、创业、质量检验、企业管理等服务。

通过引导社会投资、财政资金支持等多种方式,重点支持在轻工、纺织、电子信息等领域建设一批产品研发、检验检测、技术推广等公共服务平台。支持小企业创业基地建设,改善创业和发展环境。鼓励高等院校、科研院所、企业技术中心开放科技资源,开展共性关键技术研究,提高服务中小企业的水平。完善中小企业信息服务网络,加快发展政策解读、技术推广、人才交流、业务培训和市场营销等重点信息服务。

7. 提高中小企业经营管理水平

引导和支持中小企业加强管理。支持培育中小企业管理咨询机构,开展管理咨询活动。引导中小企业加强基础管理,强化营销和风险管理,完善治理结构,推进管理创新,提高经营管理水平。督促中小企业苦练内功、降本增效,严格遵守安全、环保、质量、卫生、劳动保障等法律法规,诚实守信经营,履行社会责任。大力开展对中小企业各类人员的培训,加大财政支持力度,充分发挥行业协会(商会)、中小企业培训机构的作用,广泛采用网络技术等手段,开展政策法规、企业管理、市场营销、专业技能、客户服务等各类培训。高度重视对企业经营管理者的培训,在3年内选择100万家成长型中小企业,对其经营管理者实施全面培训。

第二节　中小企业安全生产状况

从总体看,一方面中小企业生产力的总体发展水平偏低,内部安全生产管理相对落后,从业人员安全生产素质偏低,安全生产工作普遍存在"无人管"、"不会管"、"管不好"等企业自身问题;另一方面,中小企业性质不同、涉及面广、数量众多,安全生产状况良莠不齐,政府直接进行安全生产监管具有相当大的困难等企业监管问题,使中小企业安全生产缺乏科学化、规范化的现代安全管理系统,导致安全事故时有发生。

一、中小企业自身问题

中小企业自身安全问题是企业的主体责任未落实、不到位的问题,主要表现在以下方面。

(一)企业主要负责人安全意识淡薄

一些企业主为了追求短期经济效益,忽视安全生产工作,法律意识淡薄,明知不可为而为之,对于事故的发生存在侥幸和麻痹心理,导致安全生产事故频发。一些中小采矿企业事故表明,经济发展偏快,刺激一些非法矿主非法建设、非法生产、非法经营("三非"),刺激一些煤矿企业超能力、超强度、超定员("三超")进行生产,刺激运输行业超载、超限、超负荷,具体到生产中就是"三违":违章指挥、违章操作、违反劳动纪律。我国正在建设法制社会,安全生产法律法规不断完善,因而要加大对"三非"、"三超"、"三违"的打击力度。

(二)企业安全生产管理水平低下

为数众多的中小企业是由家庭工厂、小作坊发展起来的。中小企业70%的资本金掌握在业主手中，多数私营企业到目前为止仍没有摆脱业主个人管理或"家庭式"管理模式，没有建立科学决策和科学的管理制度与管理机制。而且大多数企业由于利润低，难以吸引和留住人才，因此，中小企业缺乏专业技术人才。据统计，乡及乡以上小企业职工每 100 人中拥有大专以上学历的人员仅 2.96 人，而大型企业为 10.46 人，乡以下小企业甚至没有专业技术职称的技术人员和大专以上学历的人员。这就导致一些中小企业只能依靠简单的量的扩张，生产一些档次不高、重复建设的产品，浪费了资源和能源，有的还造成了环境污染；相当一部分中小企业没有建立和完善安全生产各项管理制度和岗位操作规程；有的即使有基本的安全制度和操作规程，也是停留在应付检查、做表面文章的层面上，没有真正落到实处；有的企业没有建立和健全安全生产管理机构，未按规定配备足够的安全管理人员；还有一些企业即使建立了安全管理机构，配备了安全管理人员，由于安全管理人员素质差，也存在着不懂也不会进行安全管理的问题，导致安全管理混乱，安全生产事故易发、多发。

（三）从业人员素质较差，安全意识薄弱

中小企业既是社会就业的主要场所，又是低素质劳动力比较集中的领域。据统计，目前中国大、中、小型企业的资金有机构成之比为 1.83：1.23：1，资金就业率之比为 0.48：0.66：1，即中小企业比大企业单位资金的获得需要的劳动人数要高，有的要高出一倍。中小企业从业人员 65% 是高中及高中以上学历；私营、个体小煤矿的从业人员约 95% 是初中以下文化程度，其中 30% 左右的人员为小学以下文化程度甚至是文盲，从业人员文化素质低给安全管理工作带来许多问题。据统计，在已发生的安全事故中，因员工违反操作规程和劳动纪律而引发的安全事故就占总起数的一半以上。还有些中小企业为了降低生产成本，大量雇佣文化素质低、技能差的外来务工人员，不进行三级（厂、车间、班组）教育就直接安排上岗，对特种作业人员也没有落实持证上岗制度。一些从事危险行业的业主和从业人员也没有经过安全资格认证、培训和考核，缺乏基本的安全生产知识和管理能力。

（四）生产技术与装备水平低

大部分中小企业目前尚处在资本原始积累阶段，生产规模小，用人多，工艺落后，相当多的中小企业还停留在手工操作阶段，比如，宁波市现有 8 万家中小企业大部分仍属于家庭作坊，设备简陋。根据现代安全管理理论，物的不安全状态是导致事故的危险因素，中小企业存在的大量的不合格或陈旧的设施、设备、工具、附件等极易导致事故，如机修厂的车床卡盘夹紧力未达到设计要求或卡盘材质不合格。又如把普通容器当作压力容器使用等都会发生事故。许多中小企业没有购置必要的安全保护装置或设备，或安全装置和防护设施有缺陷，这也导致安全事故的发生。如我国中小企业比较集中的建筑行业，每年因高空坠落而导致的死亡事故大约占该行业事故数的 45%，这其中许多是因为没有配备防坠落保护装置或没有使用保护装置。

（五）安全投入严重不足

近年来，大量非公有中小企业蓬勃发展，但企业主不重视安全投入，没有正确认识安全生产与经济效益之间的关系，以为安全投入只会增加生产成本，不会产生什么经济效益。一些中小企业不注重必要的人员、资金、技术、设备、劳动保护用品等的安全投入，不具备基本安全生产条件，使劳动者在极危险和恶劣的劳动环境下从事生产，导致中小企业安全事故频发。一些行业的安全生产费用仍没有得到法律保障，尤其是在中小企业的员工还处在很危险的生产环境中。

（六）忽视安全生产教育培训

根据安全生产法律法规的规定，职工新进企业，必须经过企业安全生产三级教育，即厂、车间、班组安全培训,但目前这道程序在不少中小企业被"忽略不计",而是采取"即招即用"的做法。绝大多数中小企业为了降低生产成本,大都雇佣文化素质低、技能差的外来务工人员,不进行三级教育就直接安排上岗。首先,对特种作业人员没有落实持证上岗制度。一些从事危险行业的业主和从业人员也没有经过安全资格认证,培训和考核,缺乏基本的安全生产知识和管理能力。其次,安全生产培训覆盖面不足。众多中小企业本身没有培训能力,安全生产培训工作十分薄弱,甚至流于形式。相当数量的外来务工者未经正规的安全培训就上岗作业,构成生产中的重大不安全因素。再次,安全生产培训内容缺乏针对性。目前的安全技术培训方式、内容、形式和评估等不能适应安全生产新形势的要求。与此同时,外来务工者流动性大也在一定程度上限制了中小企业对其进行安全培训的积极性。

二、政府安全监管问题

从客观上讲,我国中小企业数量众多、范围广、变化大,加之基层安全监管机构不健全、安全监管力量薄弱,给安全监管工作带来了极大的困难。欧盟国家安全监管人员与就业人员之比约为1∶10000,而我国约为1∶20000,监管人员的不足制约了对中小企业的有效监管,使很多中小企业处于安全监管的空挡或断挡状态。基层安全监管部门监管手段陈旧,与国民经济的快速发展和繁重的安全监管任务不相适应,不少政府部门仍沿用计划经济体制下的管理方式,以直接干预代替市场引导,以检查收费代替监督服务,没有建立起有效的安全监管制度。

从主观上讲,政府的服务意识还不足。目前,大多数中小企业的安全管理水平低下,在接受安全监管部门监管的同时,也迫切需要得到监管部门的技术指导。而我国的政府安全生产监管部门还没有真正树立起为企业提供指导服务的意识,一方面,政府在企业安全生产法律、法规与安全生产知识等方面宣传、教育与培训的力度不够,手段陈旧,方法落后,缺乏创新,效果不佳;另一方面,政府缺乏建立、架构"服务型政府"的机制,导致各级安全监管机构工作人员不积极主动地提高自身业务素质,不积极主动地为企业提供各种相关的安全生产知识服务,监管人员往往是为监管而监管,增加了企业的抵触情绪,难以调动中小企业负责人在安全生产管理方面的积极性,使得企业安全生产主体责任得不到落实,企业的安全管理薄弱环节得不到及时加强,往往是事故发生时才来弥补。

第三节　安全生产方针政策与法律法规

安全生产方针政策是安全生产管理的总指针和相关政策,是企业安全管理和政府部门安全生产监督管理遵循的共同原则。安全生产法律法规是以法定的形式将行之有效的制度固定下来,是搞好安全生产的依据。

一、安全生产方针

我国安全生产方针的提出经历了一个历史的进程,完成了从不成熟到比较完善的过渡,经过几十年的不断探索,反映了我们对安全生产规律认识的深化,是长期实践经验的总结。1952年第二次全国劳动保护工作会议首先提出劳动保护工作必须贯彻"安全生产"方针。1987年全国劳动安全监察工作会议正式提出安全生产工作必须做到"安全第一,预防为主"。2002年颁布实施的《安全生产法》以法律形式规定安全生产管理坚持"安全第一,预防为主"的方针。把"综合治理"充实到安全生产方针当中,始于十三届五中全会《中共中央关于制定国民经济和社会发展第十一个五年规划的建议》，并在胡锦涛总书记、温家宝总理的讲话中进一步明确。现在，我们把安全生产方针发展和完善为"安全第一，预防为主，综合治理"。

在"安全第一，预防为主，综合治理"安全生产方针中，"安全第一"是指在生产劳动过程中，安全始终是第一位的，是头等重要的大事，生产必须安全，安全才能促进生产，抓生产首先必须抓安全。

安全生产方针体现了"以人为本"的思想。"以人为本"首先要以人的生命为本，要始终把人的生命安全和健康放在各项工作的首位。全社会都必须始终坚持"以人为本"的思想，把安全生产作为经济工作和经营管理工作中的首要任务来抓。同样，从业人员更应该树立"以人为本"的思想，时刻把保护自己和他人的生命安全和健康作为大事，真正做到思想到位、措施到位，当安全与生产之间发生矛盾时，能够正确处理，确保安全。

安全生产方针体现了"预防"的思想。"预防为主"是指实现安全生产的最有效措施是对事故积极预防、主动预防，在每一项生产中都首先要考虑安全因素，经常查隐患、找问题、堵漏洞、防微杜渐、防患于未然，自觉形成一套预防事故、保证安全的制度，把事故隐患消灭在萌芽状态。从业人员在生产一线直接从事生产作业，遇到危害的可能性更大，必须牢固树立"预防为主"的意识，在生产作业之前，识别可能遇到的危险，把防护措施、应急措施落实到位，防止事故的发生。

安全生产方针体现了"治理"的思想。"综合治理"是保证安全的具体方式和措施，由于形成事故隐患的原因是多种因素交织在一起的，所以安全生产工作的立足点，必须始终放在预防事故和治理隐患上，而不是被动地应付事故，不要等到付出生命代价、有了血的教训之后再去改进工作，而是通过法律、经济、行政、教育等多种形式和手段进行综合治理。

贯彻"安全第一、预防为主、综合治理"方针，就是要牢牢把握安全生产工作的主动权，把有效防范各类事故作为安全生产工作的主体性任务，坚持关口前移、重心下移，把主要精力放在治理隐患、遏制事故、减少伤亡上。各个重点行业和领域，都要针对突出的问题和薄弱环节，深入进行专项整治，消除事故隐患。

二、安全生产法律体系

安全生产法律体系，是指我国全部现行的、不同的安全生产法律规范形成的有机联系的统一整体，是国家法律法规体系的一部分。安全生产法律规范的表现形式是国家制定的关于安全生产的各种规范性文件，它可以表现为有国家立法权的机关制定的法律，也可以表现为国务院及其所属的部、委员会发布的行政法规、决定、命令、指示、规章以及地方性法规等。

1. 安全生产法律

安全生产法律特指由全国人民代表大会及其常务委员会依照一定的立法程序制定和颁布的规范性文件。我国有关安全生产的法律包括基础法、专门法和相关法等。

安全生产基础法是《中华人民共和国安全生产法》（简称《安全生产法》），是综合安全生产法律制度的法律。它适用于与生产经营活动安全有关的所有行为、单位、部门，是安全生产法律体系的核心。

安全生产专门法是规范某一专业领域安全生产法律制度的法律。如《中华人民共和国矿山安全法》、《中华人民共和国海上交通安全法》、《中华人民共和国消防法》、《中华人民共和国道路交通安全法》，是我国在专业领域的安全生产法律。

安全生产相关法是指安全生产专门法以外的其他法律中涵盖安全生产内容的法律。如

《中华人民共和国劳动法》、《中华人民共和国建筑法》,以及《中华人民共和国刑法》和《中华人民共和国标准化法》等。

2. 安全生产法规

我国现行的法规分行政法规和地方法规两种。

安全生产行政法规是由国务院组织制定并批准公布的,是为实施安全生产法律或规范安全生产监督管理制度而制定并颁布的一系列具体规定,是实施安全生产监督管理和监察工作的重要依据。安全生产的行政法规有《企业职工伤亡事故报告和处理规定》(75 号令)、《危险化学品安全管理条例》(591 号令)、《特种设备安全监察条例》(549 号令)、《安全生产许可证条例》(397 号令)和 2004 年 1 月发布的《国务院关于进一步加强安全生产工作的决定》等。

安全生产地方性法规是指由有立法权的地方权力机关——人民代表大会及其常务委员会依照法定职权和程序制定和颁布的、施行于本行政区域的规范性文件。各省(区、市)人大及常委会通过的安全生产条例等有关国家法律法规的实施办法、条例等均属安全生产的地方法规。

3. 安全生产规章

规章是指国家行政机关依照行政职权所制定、发布的针对某一类事件、行为或者某一类人员的行政管理的规范性文件。安全生产规章分部门规章和地方政府规章两种。

安全生产部门规章是指国务院的部、委员会和直属机构依照法律、行政法规或者国务院的授权制定的在全国范围内实施安全生产行政管理的规范性文件。如:原劳动部颁布的《危险化学品登记管理办法》[*]、《危险化学品经营许可证管理办法》、《危险化学品包装物容器定点生产管理办法》,原国家质量技术监督局颁布的《特种设备质量监督与安全监察规定》,国家质量监督检验检疫总局颁布的《锅炉压力容器制造监督管理办法》等。

安全生产政府规章是指有地方性法规制定权的地方人民政府依照法律、行政法规、地方性法规或者本级人民代表大会或其常务委员会授权制定的在本行政区域实施行政管理的规范性文件。如各省(区、市)政府、具有立法权的市政府依据国家法律法规,结合本辖区安全生产的需要制定的相关规定。

4. 安全生产法律法规的法律效力及相互关系

安全生产法律法规是党和国家的安全生产方针政策的集中表现,是上升为国家和政府意志的一种行为准则。它以法律的形式规定人们在生产过程中的行为准则,用国家强制性的权力来维护企业安全生产的正常秩序。谁违反了这些法规,无论是单位或个人,都要负法律责任。

安全生产法律的地位和效力次于宪法,其规定不得同宪法相抵触。安全生产法律效力高于行政法规、地方性法规和行政规章。

行政法规的法律地位和法律效力次于宪法和法律,但高于地方性法规、行政规章。行政法规在中华人民共和国领域内具有约束力。地方性法规与部门规章之间对同一事项的规定不一致,不能确定如何适用时,由国务院提出意见,国务院认为应当适用地方性法规的,应当决定在该地方适用地方性法规的规定;认为应当适用部门规章的,应当提请全国人民代表大会常务委员会裁决。

部门规章之间、部门规章与地方政府规章之间具有同等效力,在各自的权限范围内施行,

---

[*] 国家安全监督管理总局已于 2011 年 10 月 10 日征求《危险化学品登记管理办法(修订草案)》的修改意见,对其进行修订。

部门规章之间、部门规章与地方政府规章之间对同一事项的规定不一致时，由国务院裁决。

特别规定与一般规定不一致的，适用特别规定；新规定与旧规定不一致的，适用新的规定。

三、安全生产标准体系

标准是法律的延伸。安全标准就是关于安全生产的技术规范。安全生产标准的涵义是为规范生产作业行为，改善生产工作场所或领域的劳动条件，保护劳动者免受各种伤害，保障劳动者人身安全和健康，实现安全生产，所制定并实施的相关准则和依据。

现行安全生产国家标准，涉及设计、管理、方法、技术、检测检验、职业健康和个体防护用品等多个方面，有一千多项。

1. 事故管理方面

为便于事故的管理和统计分析，在总结我国安全生产工作经验的基础上，借鉴国外的先进标准，制定了我国的《企业职工伤亡事故分类》、《企业职工伤亡事故调查规则》、《企业职工伤亡事故经济损失统计标准》、《火灾事故分类》、《职工工伤与职业病伤致残鉴定》和《事故伤害损失工作日标准》等。

2. 作业环境危害方面

《工业企业设计卫生标准》规定了 111 种毒物和 9 种粉尘的车间空气中最高容许浓度，为车间的设计提供了重要的劳动卫生学依据。职业危害程度分级标准有《体力劳动强度分级》、《冷水作业分级》、《低温作业分级》、《高温作业分级》、《高处作业分级》、《毒作业分级》、《职业性接触毒物危害程度分级》、《生产性粉尘危害程度分级》等。另外，还有车间空气中有毒、有害气体或毒物含量方面的数十种标准。

3. 生产设备、工具类标准

这类标准主要是为了保证生产设备、工具的设计、制造、使用符合安全卫生要求的标准，大致可分为以下三方面。

（1）生产设备、工具设计原则及安全卫生标准。《生产设备安全卫生设计总则》国家标准主要规定了设备设计中有关安全卫生的基本设计原则、一般要求、常见事故和职业危害的防护要求等三方面。对生产设备上的一些通用安全防护装置也制定了一些国家标准，如《固定式钢直梯》、《固定式钢斜梯》、《固定式工业防护栏杆》、《固定式钢平台》等。

（2）压力机械类安全卫生标准。压力机械是发生重伤事故最多的一种机械，工人在操作时经常发生手指压伤或冲断事故，这种机械使用的面也比较广。为了减少这类事故，《冲压车间安全生产通则》、《压力机械安全装置技术要求》、《压力机用感应式安全装置技术条件》、《压力机用光电式安全装置技术条件》、《压力机用手持电磁吸盘技术条件》、《磨削机械安全规程》、《冷冲压安全规程》等国家标准陆续发布。

（3）易发生事故的机械类安全卫生标准。对一些容易发生事故的机器设备，还制定了专业的安全卫生标准。在机器设备中，死亡事故最多的是起重机械事故，《起重机械安全规程》、《起重吊运指挥信号》、《塔式起重机安全规程》、《起重机械危险部位与标志》等标准，加强了超重吊运作业的安全科学管理。

4. 预防工伤事故的生产工艺安全标准

在由于工艺缺陷而造成的工伤事故中，厂内机动车辆的运输事故数量最多。1984 年国家发布了《工业企业厂内运输安全规程》，该规程对厂内的铁路运输、公路运输、装卸作业等方面的安全要求，都作了具体规定。此外，为了预防爆炸火灾事故，还发布了《粉尘防爆安全规程》、

《爆破作业安全规程》、《大爆破安全规程》、《拆除爆破安全规程》、《氢气使用安全技术规程》、《氯气安全规程》和《橡胶工业静电安全规程》等国家标准。

5. 预防职业病的生产工艺劳动卫生工程标准

这类标准有《生产过程安全卫生要求总则》、《玻璃生产配件防尘技术规程》、《立窑水泥尘规程》、《橡胶生产配炼车间防尘规程》等,主要是对生产中各种危害严重的工艺,从厂房布局、通风净化、工艺设备、安全设施、组织管理等方面提出防尘和防毒要求。

6. 防护用品类标准

这类标准是为了控制生产劳动防护用品质量,使其达到工作中职工的安全与健康要求。劳动防护用品分为七大类,涉及标准包括头部、呼吸器官、眼、面、听觉器官、手、足等防护类标准。

四、安全生产经济政策

安全生产经济政策是我们党和国家的一项重要政策。安全生产经济政策就是运用经济杠杆手段促进国家、企业加大安全生产的投入,改善安全生产条件,减少事故的发生,保障人民生命和财产安全,达到实现安全生产的目的。

1. 建立提取安全费用制度

《安全生产法》规定"生产经营单位应当具备的安全生产条件所必需的资金投入,由生产经营单位的决策机构、主要负责人或者个人经营的投资人予以保证",明确了企业安全费用的提取责任,《国务院关于进一步加强安全生产工作的决定》(简称《国务院决定》)第13条规定:"为保证安全生产所需资金投入,形成企业安全生产投入的长效机制,借鉴煤矿提取安全费用的经验,在条件成熟后,逐步建立对高危行业生产企业提取安全费用制度。"这是改革开放后首次提出的安全费用提取要求。

2. 加大对伤亡事故经济赔偿

《国务院决定》第14条规定,要依法加大生产经营单位对伤亡事故的经济赔偿,要依据《安全生产法》等有关法律法规,向受到生产安全事故伤害的员工或家属支付赔偿金。进一步提高企业生产安全事故伤亡赔偿标准,建立企业负责人自觉保障安全投入,努力减少事故的机制。目前全国许多省(区、市)人大、政府结合本地区实际情况,分别制定地方法规或政府规章,提高了生产安全事故伤亡赔偿标准,对死亡家属的补偿金额基本上在20万元以上,比《工伤保险条例》中的因工伤死亡的补偿金额有较大的提高。国务院2007年出台的《安全生产事故报告和调查处理条例》进一步规范,强制推行工伤保险,高危行业实行意外伤害保险。

3. 建立安全生产风险抵押金制度

《国务院决定》第18条规定,为强化生产经营单位的安全生产责任,各地区可结合实际,依法对矿山、道路交通运输、建筑施工、危险化学品、烟花爆竹等领域从事生产经营活动的企业,收取一定数额的安全生产风险抵押金。企业生产经营期间发生生产安全事故的,转作事故抢险救灾和善后处理所需资金。这是我国首次提出风险抵押金制度,目前在煤矿也已实施,按照其年产量提取不同数额的风险抵押金。下一步在其他高危行业也将逐步实施。

4. 保障工伤保险经费

工伤保险采取的损失补偿与事故预防及职业康复相结合、工伤保险费的征收要与事故预防相结合的原则能够保障因工作遭受事故伤害或者患职业病的职工获得医疗救治和经济补偿,促进工伤预防和职业康复,所以企业所支付的工伤保险费用可间接地看作预防事故发生的安全措施费用。

工伤社会保险费的缴纳比率按用人单位的工资总额确定,列入生产经营单位成本,并强制定期向社会保险机构缴纳。国家对工伤社会保险事业的帮助则表现为:工伤保险费一律规定在生产经营单位纳税前提取,并且筹集的工伤社会保险基金免收税款,还给以优惠存储利率。

5. 推动矿山资源税的改革

党的十六届五中全会提出的改革资源税问题,写入了中央经济工作会议文件、"十一五"纲要、"十一五"科技纲要和"十一五"安全规划纲要。由于现行资源税是仅和企业产量挂钩,导致私采乱挖、资源浪费甚至破坏、权钱交易等危害,对矿山企业实行以储量为基数和回采率挂钩的矿山资源税的改革是最有效的经济政策,办矿先掏钱买资源,必然使矿主会精心开采自己掏钱买来的资源。通过资源、环保、安全、技术还有劳动保险,逐步解决小矿山的安全问题。

6. 减轻企业经济负担的政策

一是从 2005 年开始,国家每年出资 30 亿元,三年 90 亿元,加上各级政府配套资金,三年政府加企业带动投资 500 亿元,补上国有煤矿历史上的安全欠账。用于国有煤矿安全技术改造,重点支持瓦斯综合治理和利用的科技攻关工程。在市场经济的前提下,政府考虑国有煤矿原由国家出资,过去欠账,现在由出资人补上,也符合《安全生产法》的规定。二是通过解决企业办社会问题,逐步减轻企业的负担,集中精力做好生产及安全工作。

7. 其他政策

其他政策包括奖励政策、加大处罚力度等规定,也属于安全生产经济政策范围。如《安全生产法》规定"县级以上各级人民政府及其有关部门对报告重大事故隐患或者举报安全生产违法行为的有功人员,给予奖励"。其他的法律法规中也有相应的奖励规定,通过经济奖励政策,提高全社会的参与程度,加大社会监督力度,搞好安全生产。2000 年以后制定的有关安全生产法律法规均相应加大了安全生产违法行为的处罚力度,通过加大经济处罚力度,使生产经营单位的负责人认识到违反安全生产的规定,必须付出大的经济代价,提高其加强安全生产工作的自觉性,加大安全投入,改善安全生产条件,杜绝和减少事故发生,实现安全生产的长治久安。

五、主要安全生产法律法规简介

1.《中华人民共和国刑法》(简称《刑法》)

《刑法》于 1997 年 3 月 14 日第八届全国人民代表大会第五次会议通过修订,自 1997 年 10 月 1 日起施行,历经 8 次修正,最新修正案于 2011 年 5 月 1 日起施行。涉及安全生产专业的罪有重大责任事故罪、重大劳动安全事故罪、危险物品肇事罪、重大工程安全事故罪、重大教育设施安全事故罪、消防责任事故罪、重大飞行事故罪、铁路运营安全事故罪、交通肇事罪等九种。

《刑法》的任务是用刑罚同一切犯罪作斗争,以保卫国家安全,保卫人民民主专政的政权和社会主义制度,保护国有财产和劳动群众集体所有的财产,保护公民私人所有的财产,保护公民的人身权利、民主权利和其他权利,维护社会秩序、经济秩序,保障社会主义建设事业的顺利进行。

2.《中华人民共和国安全生产法》(简称《安全生产法》)

《安全生产法》共七章九十七条,于 2002 年 11 月 1 日起实施,是我国有关安全生产的综合性基础法,目前已启动修订工作。这部法律对安全生产工作的方针、生产经营单位的安全生产保障、从业人员的权利与义务、政府对安全生产的监督管理、生产安全事故应急救援与调查处理以及违法行为的法律责任等作出了明确规定,是加强安全生产管理的重要法律依据。为了制裁严重的安全生产违法犯罪分子,《安全生产法》关于追究刑事责任的规定有 11 条,这就是说,如果违反了其中任何一条规定而构成犯罪的,都要依照刑法追究刑事责任。

3.《中华人民共和国劳动法》(简称《劳动法》)

《劳动法》共十三章一百零七条,于 1994 年 7 月 5 日第八届全国人民代表大会常务委员会第八次会议审议通过,配合 2008 年 1 月 1 日实施的《中华人民共和国劳动合同法》使用。《劳动法》作为我国第一部全面调整劳动关系的基本法和劳动法律体系的母法,是制定和执行其他劳动法律法规的依据,既是劳动者在劳动问题上的法律保障,又是每一个劳动者在劳动过程中的行为规范。与安全生产有关的内容包括:关于工作时间和休息放假的规定,关于用人单位在安全卫生方面的权利义务的规定,关于劳动者安全卫生权利和义务的规定,关于伤亡事故的规定等。

4.《中华人民共和国职业病防治法》(简称《职业病防治法》)

《职业病防治法》于 2001 年 10 月 27 日第九届全国人民代表大会常务委员会第二十四次会议通过,于 2011 年 12 月 31 日修正。《职业病防治法》的调整范围限定于企业、事业单位和个体经济组织等用人单位的劳动者在职业活动中,因接触粉尘、放射性物质和其他有毒、有害因素而引起的疾病。

《职业病防治法》明确职业病防治工作的基本方针是"预防为主,防治结合",基本管理原则是"分类管理、综合治理"。对职业病的前期预防,劳动过程中的防护与管理,职业病诊断与职业病病人保障,监督检查,法律责任等作出了具体规定。

5.《中华人民共和国消防法》(简称《消防法》)

《消防法》于 1998 年 4 月 29 日,第九届全国人民代表大会常务委员会第二次会议通过,于 2008 年 10 月 28 日修订。《消防法》的立法目的是为了预防火灾和减少火灾危害,加强应急救援工作,保护人身、财产安全,维护公共安全。

《消防法》明确消防工作贯彻"预防为主、防消结合"的方针,对火灾预防、消防组织、灭火救援、监督检查、法律责任做出了详细规定。

6.《中华人民共和国矿山安全法》(简称《矿山安全法》)

《矿山安全法》共八章五十条,于 1992 年 11 月 7 日第七届全国人民代表大会常务委员会第 2 次会议通过,于 1993 年 5 月 1 日起施行,目前修订工作已列入国家立法计划。《矿山安全法》的立法目的是为了保障矿山生产安全,防止矿山事故,保护矿山职工人身安全,促进采矿业的发展。

《矿山安全法》作为我国第一部劳动安全卫生方面的法律,分别对矿山建设和开采的安全保障、矿山企业的安全管理和监督、事故处理、法律责任等内容做了规定。

7.《中华人民共和国道路交通安全法》(简称《交通安全法》)

《交通安全法》于 2003 年 10 月 28 日第十届全国人民代表大会常务委员会第五次会议通过,于 2004 年 5 月 1 日起施行,历经两次修正,最新修正于 2011 年 5 月 1 日起施行。《交通安全法》为维护道路交通秩序,预防和减少交通事故,保护人身安全,保护公民、法人和其他组织的财产安全及其他合法权益,提高通行效率,对车辆和驾驶人,道路通行条件,道路通行规定,交通事故处理,执法监督,法律责任等进行了明确规定。

8.《特种设备安全监察条例》

《特种设备安全监察条例》于 2003 年 3 月 11 日国务院第 373 号令公布,自 2003 年 6 月 1

日起施行,最新修订于 2009 年 5 月 1 日施行。《特种设备安全监察条例》发布的目的是为了加强特种设备的安全监察,防止和减少事故,保障人民群众生命和财产安全,促进经济发展。

《特种设备安全监察条例》将涉及生命安全、危险性较大的锅炉、压力容器(含气瓶,下同)、压力管道、电梯、起重机械、客运索道、大型游乐设施和场(厂)内专用机动车辆明确为特种设备,并规定了特种设备的生产、使用,检验检测,监督检查,事故预防和调查处理,法律责任等事项。1982 年国务院发布的《锅炉压力容器安全监察暂行条例》同时废止。

9.《建设工程安全生产管理条例》

《建设工程安全生产管理条例》共七章七十一条,2003 年 11 月 24 日国务院第 393 号令公布,自 2004 年 2 月 1 日起施行。《建设工程安全生产管理条例》发布的目的是为了加强建设工程安全生产监督管理,保障人民群众生命和财产安全。对从事建设工程的新建、扩建、改建和拆除等有关活动及实施对建设工程安全生产的监督管理进行了规定,明确了建设单位、勘察单位、设计单位、施工单位、工程监理单位及其他与建设工程安全生产有关单位的安全生产责任。

10.《危险化学品安全管理条例》

《危险化学品安全管理条例》于 2002 年 1 月 9 日国务院第 52 次常务会议通过,2002 年 3 月 15 日起施行,最新修订于 2011 年 12 月 1 日施行。1987 年 2 月 17 日国务院发布的《化学危险品安全管理条例》同时废止。发布《危险化学品安全管理条例》目的是为了加强危险化学品的安全管理,预防和减少危险化学品事故,保障人民群众生命财产安全,保护环境。危险化学品是指具有毒害、腐蚀、爆炸、燃烧、助燃等性质,对人体、设施、环境具有危害的剧毒化学品和其他化学品。

《危险化学品安全管理条例》的适用范围非常广泛,覆盖了危险化学品生产、储存、使用、经营和运输安全管理等各个环节。

11.《安全生产许可证条例》

《安全生产许可证条例》共二十四条,2004 年 1 月 13 日国务院第 397 号令公布实施。《安全生产许可证条例》是我国第一部对煤矿企业、非煤矿矿山企业、建筑施工企业和危险化学品、烟花爆竹、民用爆破器材生产企业实施安全生产行政许可的行政法规。这部行政法规重在法律制度的建设和创新,依法确立了安全生产许可制度,填补了我国安全生产法律制度的一项空白。《安全生产许可证条例》的施行,对于建立安全生产许可制度,依法规范企业的安全生产条件,强化安全生产监督管理,防止和减少生产安全事故,必将发挥重要的作用。

12.《工伤保险条例》

《工伤保险条例》于 2003 年 4 月 27 日国务院第 375 号令公布,自 2004 年 1 月 1 日起施行,最新修订于 2011 年 1 月 1 日施行。《工伤保险条例》发布的目的是为了保障因工作遭受事故伤害或者患职业病的职工获得医疗救治和经济补偿,促进工伤预防和职业康复,分散用人单位的工伤风险。国家对工伤保险补偿作出了明确的法律规定,解决了长期困扰各级人民政府的一大难题,对做好工伤人员的医疗救治和经济补偿,加强安全生产工作,预防和减少生产安全事故,实现社会稳定,具有积极的作用。

《工伤保险条例》对工伤保险的适用范围、认定工伤的条件、工伤和劳动能力的鉴定、工伤保险费的缴纳、工伤保险待遇等作了详细的规定。

13.《国务院关于进一步加强安全生产工作的决定》(简称《国务院决定》)

《国务院关于进一步加强安全生产工作的决定》(国务院[2004]2 号)共五部分二十三条,于 2004 年 1 月 20 日发布。《国务院决定》主要内容包括提高认识——明确指导思想和奋斗目标,完善政策——大力推进安全生产各项工作,强化管理——落实经营单位安全生产主体责任,完善机制——加强安全生产监督管理,加强领导——形成齐抓共管的合力等。这个文件是当前和今后一段时间内做好安全生产工作的指导性文件。

第四节　安全生产行政许可

一、安全生产行政许可的定义、设置目的

《中华人民共和国行政许可法》第二条规定:"本法所称行政许可,是指行政机关根据公民、法人或者其他组织的申请,经依法审查,准予其从事特定活动的行为。"行政许可是国家的一项行政管理制度,是行政机关在管理经济事务和社会事务中的一种事先控制手段,通常称它为"行政审批"。

安全生产行政许可是行政许可在安全生产领域的具体化、专业化,是国家为保证人民生命财产安全,强制性地使生产经营单位达到安全生产条件的行政手段和措施,是事先控制措施,是实施预防为主,监管关口前移,控制危险性行业、危险性作业、危险性设备使用和安全生产技术服务市场准入,强化安全生产监督管理的重要手段。目前,安全生产行政许可主要包括高危行业市场准入许可、建设项目安全设施"三同时"审查、安全重点岗位作业人员资格许可、特种设备使用许可和安全生产技术服务机构、人员的资格许可。

二、高危行业市场准入许可

（一）矿山企业、建筑施工企业和危险化学品、烟花爆竹、民用爆破器材生产企业安全生产许可制度

《安全生产许可证条例》(国务院令397号)规定国家对矿山企业、建筑施工企业和危险化学品、烟花爆竹、民用爆破器材生产企业实行安全生产许可制度。企业未取得安全生产许可证的,不得从事生产活动。

各级人民政府的安全生产监督管理部门负责非煤矿山企业和危险化学品、烟花爆竹生产企业安全生产许可证的颁发和管理;建设主管部门负责建筑施工企业安全生产许可证的颁发和管理。各级煤矿安全监察机构负责煤矿企业安全生产许可证的颁发和管理。各级国防科技工业主管部门负责民用爆破器材生产企业安全生产许可证的颁发和管理。

企业取得安全生产许可证,应当具备下列安全生产条件:

(1)建立、健全安全生产责任制,制定完备的安全生产规章制度和操作规程;

(2)安全投入符合安全生产要求;

(3)设置安全生产管理机构,配备专职安全生产管理人员;

(4)主要负责人和安全生产管理人员经考核合格;

(5)特种作业人员经有关业务主管部门考核合格,取得特种作业操作资格证书;

(6)从业人员经安全生产教育和培训合格;

(7)依法参加工伤保险,为从业人员缴纳保险费;

(8)厂房、作业场所和安全设施、设备、工艺符合有关安全生产法律、法规、标准和规程的要求;

(9)有职业危害防治措施,并为从业人员配备符合国家标准或者行业标准的劳动防护用品;

（10）依法进行安全评价；

（11）有重大危险源检测、评估、监控措施和应急预案；

（12）有生产安全事故应急预案、应急救援组织或者应急救援人员，配备必要的应急救援器材、设备；

（13）法律、法规规定的其他条件。

企业进行生产前，应当向安全生产许可证颁发管理机关申请领取安全生产许可证，并提供证明其具备安全生产条件的相关文件、资料。安全生产许可证颁发管理机关审查完毕后，对具备安全生产条件的，颁发安全生产许可证。安全生产许可证的有效期为3年。

安全生产许可证有效期满需要延期的，企业应当于期满前3个月向原安全生产许可证颁发管理机关办理延期手续。

安全生产许可证的办理程序：单位申请、安全评价、专家会审、审批发证。新建单位按建设项目"三同时"审批程序办理。

（二）危险化学品、烟花爆竹、民用爆炸物品的经营许可制度

1. 危险化学品经营许可制度

《危险化学品经营许可证管理办法》*（国家经贸委令第36号）规定，国家对危险化学品经营销售实行许可制度。经营销售危险化学品的单位，应当取得危险化学品经营许可证，并凭经营许可证向工商行政管理部门申请办理登记注册手续。未取得经营许可证和未经工商登记注册，任何单位和个人不得经营销售危险化学品。

危险化学品经营许可证分为甲、乙两种。取得甲种经营许可证的单位可经营销售剧毒化学品和其他危险化学品；取得乙种经营许可证的单位只能经营销售除剧毒化学品以外的危险化学品。每种经营许可证还分为有储存经营和无储存经营。省级和设区的市级人民政府的安全生产监督管理部门分别负责甲、乙两种经营许可证的审批、颁发。危险化学品经营单位具备规定的条件后可向当地安全生产监督管理部门提出申请。

2. 烟花爆竹经营许可制度

《烟花爆竹经营许可实施办法》（国家安全监管总局令第7号）规定，国家对烟花爆竹经营实行许可制度。从事烟花爆竹批发、零售的单位和经营者，必须分别申请取得《烟花爆竹经营（批发）许可证》和《烟花爆竹经营（零售）许可证》，未取得烟花爆竹经营许可证的，不得从事烟花爆竹经营活动。

省级或设区的市级人民政府的安全生产监督管理部门负责《烟花爆竹经营（批发）许可证》的颁发管理工作；县级人民政府安全生产监督管理部门负责《烟花爆竹经营（零售）许可证》的颁发管理工作。具备规定条件的单位和经营者可向当地安全生产监督管理部门提出申请。

3. 民用爆炸物品的经营许可制度

《民用爆炸物品安全管理条例》（国务院令第466号）的规定，国家对民用爆炸物品的经营实行许可证制度，未经许可，任何单位或者个人不得经营民用爆炸物品。民用爆炸物品，是指用于非军事目的、列入民用爆炸物品品名表的各类火药、炸药及其制品和雷管、导火索等点火、起爆器材。

国防科技工业主管部门负责民用爆炸物品经营的安全监督管理。具备规定条件的企业可向所在地省级人民政府国防科技工业主管部门申请民用爆炸物品的经营许可证。

＊　国家安监总局已于2011年8月9日公布《危险化学品经营许可证管理办法（修订草案）》，征求社会各界意见。

三、建设项目安全设施"三同时"审查

建设项目安全设施,是指生产经营单位在生产经营活动中用于预防生产安全事故的设备、设施、装置、构(建)筑物和其他技术措施的总称。《安全生产法》第二十四条规定:"生产经营单位新建、改建、扩建工程项目(以下统称建设项目)的安全设施,必须与主体工程同时设计、同时施工、同时投入生产和使用(简称建设项目安全设施"三同时")。安全设施投资应当纳入建设项目概算。"这是《安全生产法》确立的一项重要的安全生产管理制度,是保证建设项目在建设时就达到安全生产条件的基本措施。

为保证上述规定的贯彻执行,国家安全生产监督管理总局下发《建设项目安全设施"三同时"监督管理暂行办法》(国家安监总局令第 36 号)、《危险化学品建设项目安全监督管理办法》(国家安监总局令第 45 号),各省(区、市)政府如山东省人民政府下发《山东省工业生产建设项目安全设施监督管理办法》(省政府令第 213 号),对建设项目的安全监督管理做出具体安排,由各级安全生产监督管理部门实施对建设项目安全设施建设进行审查或备案(以下统称建设项目安全审查或备案)。建设项目的安全审查、备案由项目建设单位提出申请,安全生产监督管理部门分级实施。建设项目未经安全审查、备案的,不得开工建设或者投入生产和使用。

(一)须进行安全审查的建设项目及审查分工

生产经营单位新建、改建、扩建工程项目安全设施的建设均须经过安全审查或备案。下列项目作为重点监管建设项目,安全生产监督管理部门要对其安全设施建设进行审查:

(1)非煤矿矿山建设项目;

(2)生产、储存危险化学品(包括使用长输管道输送危险化学品,下同)的建设项目;

(3)生产、储存烟花爆竹的建设项目;

(4)化工、冶金、有色、建材、机械、轻工、纺织、烟草、商贸、军工、公路、水运、轨道交通、电力等行业的国家和省级重点建设项目;

(5)使用危险物品为生产原料和设施、设备构成重大危险源的建设项目;

(6)固定资产投资 5000 万以上的建设项目。

上述以外的其他建设项目为非重点监管建设项目,建设单位要按照重点监管建设项目安全审查的具体步骤自行组织建设项目安全审查,并将相关资料报当地安全生产监督管理部门备案。

安全生产监督管理部门对建设项目安全审查实行分级负责,各级人民政府及其工作部门审批、核准或者备案的建设项目的安全审查,由该级人民政府的安全生产监督管理部门负责。

(二)重点监管建设项目安全审查的具体步骤

重点监管建设项目的安全审查,包括建设项目设立安全审查、安全设施的设计审查、试运行备案和竣工验收。

1. 建设项目设立安全审查

建设单位在建设项目的可行性研究阶段,就要对该建设项目安全条件进行论证,编制安全条件论证报告,并委托具备相应资质的安全评价机构对建设项目进行安全预评价,将文件、资料报安全生产监督管理部门,申请建设项目设立安全审查。安全生产监督管理部门审查通过后,向建设单位出具建设项目设立安全审查意见书。

2. 建设项目安全设施设计审查

设计单位要根据有关安全生产的法律、法规、规章和国家标准、行业标准及安全生产监督

管理部门出具的建设项目设立安全审查意见书,对建设项目安全设施进行初步设计,并编制建设项目安全设施设计专篇。建设单位要在建设项目初步设计完成后、详细设计开始前,向出具建设项目设立安全审查意见书的安全生产监督管理部门提交有关文件、资料,申请对建设项目安全设施设计审查。安全生产监督管理部门审查通过后向建设单位出具建设项目安全设施设计审查意见书。

3. 建设项目试运行备案

建设项目安全设施施工完成后,建设单位首先要按照有关安全生产法律、法规、规章和国家标准、行业标准的规定,对建设项目安全设施进行检验、检测,保证其达到安全要求,并处于正常适用状态。建设项目试生产(使用)前,建设单位要组织建设项目的设计、施工、监理等有关单位和专家,研究提出建设项目试生产(使用)中可能出现的安全问题及对策,并制订周密的试生产方案。建设单位还要组织专家对试生产方案进行审查,并将该方案报送出具安全设施设计审查意见书的安全生产监督管理部门备案。安全生产监督管理部门要对报送备案的文件、资料进行审查,符合法定形式的,出具试生产备案意见书。之后,建设单位要组织专家对试生产条件进行确认,组织专家进行现场技术指导,在采取有效的安全措施后,方可将建设项目安全设施与主体工程(装置)同时进行试生产。

4. 建设项目竣工验收

建设项目安全设施施工完成后,施工单位要编制建设项目安全设施施工情况报告。在建设项目试生产期间,建设单位要委托有相应资质的安全评价机构对建设项目及其安全设施试生产(使用)情况进行安全验收评价;在建设项目试生产期限结束前向出具建设项目安全设施设计审查意见书的安全生产监督管理部门报送相关文件、资料,申请对建设项目安全设施竣工验收。安全生产监督管理部门根据法定条件和程序,需要对申请文件、资料的内容进行核实的,可指派两名以上工作人员进行现场核查。安全生产监督管理部门审查后作出同意或者不同意建设项目安全设施投入生产(使用)的决定,并向建设单位出具建设项目安全设施竣工验收意见书。

四、安全重点岗位作业人员资格许可

在生产经营领域,有些工作岗位危险性较大,一旦出现操作失误,极易导致造成人员伤亡和财产损失的事故发生。为防止事故发生,国家实行安全重点岗位作业人员资格许可制度。

(一)特种作业人员资格许可

特种作业人员,是指直接从事容易发生事故,对操作者本人、他人的安全健康及设备、设施的安全可能造成重大危害的作业(指特种作业)的从业人员。

特种作业范围包括:电工作业、焊接与热切割作业、高处作业、制冷与空调作业四个专项岗位作业,还包括煤矿、金属非金属矿山、石油天然气、冶金(有色)生产、危险化学品、烟花爆竹六个行业内的各重要岗位的安全作业。

特种作业人员必须经专门的安全技术培训并考核合格,取得《中华人民共和国特种作业操作证》(以下简称特种作业操作证)后,方可上岗作业。省、自治区、直辖市人民政府安全生产监督管理部门负责本行政区域特种作业人员的安全技术培训、考核、发证、复审工作。特种作业人员要取得《特种作业操作证》,首先要报名参加当地的安全技术培训机构组织的特种作业相应的安全技术理论培训和实际操作培训,然后向考核发证机关(当地安全生产监督管理部门)申请核发《特种作业操作证》。经发证机关考试和审核合格后发给《特种作业操作证》。

特种作业操作证有效期为 6 年,每 3 年复审 1 次,在全国范围内有效。

(二)特种设备作业人员资格许可

特种设备作业人员是指从事锅炉、压力容器(含气瓶)、压力管道、电梯、起重机械、客运索道、大型游乐设施、场(厂)内专用机动车辆等特种设备的作业人员及其相关管理人员。从事特种设备作业的人员应当经考核合格取得《特种设备作业人员证》,方可从事相应的作业或者管理工作。县以上质量技术监督部门负责本辖区内的特种设备作业人员的监督管理。申请《特种设备作业人员证》的人员,应当首先向省级质量技术监督部门指定的特种设备作业人员考试机构报名参加考试。经考试合格的,持考试合格凭证向考试场所所在地的发证部门(质量技术监督部门)申请办理《特种设备作业人员证》。《特种设备作业人员证》每 4 年复审一次。持证人员应当在复审期届满 3 个月前,向发证部门提出复审申请,复审不合格或逾期未复审的,其《特种设备作业人员证》予以注销。

五、特种设备使用许可

特种设备是指涉及生命安全、危险性较大的锅炉、压力容器(含气瓶,下同)、压力管道、电梯、起重机械、客运索道、大型游乐设施和场(厂)内专用机动车辆。

各级质量技术监督部门按分工负责特种设备的安全监察工作。建设行政主管部门负责房屋建筑工地和市政工程工地用起重机械、场(厂)内专用机动车辆的安装、使用的监督管理。

特种设备及其安全附件、安全保护装置的制造、安装、改造、维修单位,压力管道元件的制造单位和场(厂)内专用机动车辆的制造、改造、维修单位,均要取得特种设备安全监督管理部门许可,方可从事相应的活动。其中电梯的安装、改造、维修,必须由电梯制造单位或者其通过合同委托、同意的并取得相应许可的单位进行。

特种设备安装、改造、维修后,必须经特种设备安全监督管理部门核准的检验检测机构按照安全技术规范的要求进行监督检验;监督检验合格后发给使用许可证。未经监督检验合格的不得出厂或者交付使用。

特种设备使用单位应当使用符合安全技术规范要求的特种设备,并在投入使用前或者投入使用后 30 日内向特种设备安全监督管理部门登记。在使用过程中,要按照有关规定定期向特种设备检验检测机构申请对特种设备进行检验、检测。未经检验检测或检验检测不合格的禁止使用。

六、安全生产技术服务机构、人员的资格许可

为保证安全生产技术服务质量,国家实行安全生产技术服务机构、人员的资格许可制度。安全生产技术服务机构、人员的资格许可制度主要包括安全评价机构和培训机构及其人员的资格许可。

(一)安全评价机构及其人员的资格许可

《安全评价机构管理规定》(国家安监总局令第 22 号)规定,国家对安全评价机构实行资质许可制度。安全评价机构应当取得相应的安全评价资质证书,并在资质证书确定的业务范围内从事安全评价活动。未取得资质证书的安全评价机构,不得从事法定安全评价活动。

安全评价机构的资质分为甲级、乙级两种,甲级资质由省级安全生产监督管理部门审核,国家安全生产监督管理总局审批、颁发证书;乙级资质由设区的市级安全生产监督管理部门省级安全生产监督管理部门、省级煤矿安全监察机构审批、颁发证书。

在安全评价机构从事安全评价的工作人员,必须是依法取得相应行业的安全评价师、注册安全工程师执业资格的人员。

（二）安全培训机构及其人员的资格许可

《安全生产培训管理办法》（国家安监总局令第 44 号）规定,安全培训机构必须取得相应的资质证书,在资质规定的范围内从事安全培训活动。其主要培训对象是生产经营单位主要负责人、安全生产管理人员、特种作业人员及其他从业人员。资质证书分三个等级。一级资质证书,由国家安监总局审批、颁发;二级、三级资质证书,由省级安全生产监督管理部门审批、颁发。

在安全培训机构中从事安全培训的人员必须有具有本科以上学历的专职或者兼职教师,其中要有一定数量的具有高级以上专业技术职称并且经国家安监总局考核合格的专职教师,专职教师中要有一定数量的依法取得注册安全工程师执业资格的人员。安全培训机构的专职教师要经过专门的培训,经考核合格后,方可上岗执教,每年还要接受不少于 40 学时的继续教育。

第五节　安全生产监督管理

一、国家安全生产管理体制的发展变化

安全生产管理体制,随着我国从计划经济体制到有计划的商品经济体制再到社会主义市场经济体制的过渡,经历了一个不断变化、发展、完善的过程。从 20 世纪五六十年代的"三大规程"、"五项规定"管理模式,到八九十年代的"十六字安全生产管理体制",发展到目前的安全生产管理新格局。

（一）"三大规程"、"五项规定"管理模式

1956 年 5 月国务院正式颁布《工厂安全卫生规程》、《建筑安装工程安全技术规程》、《工人职员伤亡事故报告规程》（简称"三大规程"）以及《国务院关于进一步加强企业安全生产管理的决定》（简称"五项规定"）后,国务院有关部门开始制定相关的法规制度,同时迅速将国家劳动保护（安全生产）监督机构建立起来,对各产业部门及其所属企业劳动保护工作实行监督检查,初步建立起我国安全生产管理体制。

（二）十六字安全生产管理体制

在 20 个世纪的八九十年代,我国实行了"企业负责,行业管理,国家监察,群众监督"的安全生产管理体制。

"企业负责"就是企业要负起保证安全生产的责任。企业是生产经营活动的主体,要对其在生产经营活动中的安全承担全部责任,企业法定代表人应是安全生产的第一责任人,"管生产必须管安全"。

"行业管理"是各行业主管部门根据国家有关方针、政策、法规和标准,对本行业所属企业以及归口管理的企业的安全生产进行管理和检查,防止职工伤亡事故和开展职业病防治。

"国家监察"是根据国家法规对安全生产工作进行监察,具有相对的独立性、公正性、权威性和强制力,国家授权劳动部门代表国家行使国家监察职责。

"群众监督"是指各级工会、社会团体、民主党派、新闻单位和职工群众对安全生产工作的

监督,工会监督是群众监督的主要方面。

（三）安全生产管理新格局

2011年11月26日,国务院印发了《关于坚持科学发展安全发展,促进安全生产形势持续稳定好转的意见》(国发〔2011〕40号),明确我国现行的安全生产工作格局是:政府统一领导、部门依法监管、企业全面负责、群众参与监督、全社会广泛支持。上述五个层面互相补充,共同作用,形成各方齐抓共管的合力,共同构成了市场经济条件下严密规范的安全生产的监督、管理体系。

"政府统一领导"是指安全生产工作必须在国务院和地方各级人民政府的统一领导下,依据国家关于安全生产的法律法规,认真实施。各级人民政府设有安全生产委员会,组织、指导、协调和监督各成员单位履行工作责任,实现政府对安全生产工作的全面领导。无论何种所有制形式或经营方式的生产经营单位,都必须按照政府对安全生产的要求做好相关工作。政府所属部门必须按照政府对安全生产的要求做好相关监督管理工作。

"部门依法监管"是指安全生产监督管理部门和有关部门,要依法分别履行安全生产综合监督管理和专项安全监督管理职责。

"企业全面负责"是指企业是生产经营活动的主体,对其在生产经营活动中的安全承担主体责任。《安全生产法》第四条规定:生产经营单位必须遵守本法和其他有关安全生产的法律、法规,加强安全生产管理,建立、健全安全生产责任制度,完善安全生产条件,确保安全生产。《安全生产法》同时明确生产经营单位主要负责人对安全生产全面负责。

群众参与监督,首先是指各地区的工会和企业工会组织要依据《工会法》的相关规定,组织职工群众对企业的安全生产(劳动保护)实施民主监督和民主管理。其次是要发动广大从业人员认真行使和履行《安全生产法》赋予的权利和义务,监督企业依法搞好安全生产。第三是城乡社区基层组织的社会监督,遍及城市、乡村的居民委员会、村民委员会是安全生产监督的社会力量,《安全生产法》第六十五条规定居民委员会、村民委员会发现其所在区域内的生产经营单位存在事故隐患和安全生产违法行为时,应当向当地人民政府或者有关部门报告。第四是社会举报,《安全生产法》第六十四条规定任何单位和个人对事故隐患或者安全生产违法行关均有权向负有安全生产监督管理职责的部门报告或者举报。

"全社会广泛支持"是指要发挥各社会团体、民主党派、新闻单位等全社会各方面的作用,支持和参与安全生产工作,在全社会形成关爱生命、关注安全的舆论氛围,还包括社会舆论、新闻媒体等各个层次、各种方式的社会监督。《安全生产法》第六十七条规定,新闻、出版、广播、电影、电视等单位有进行安全生产宣传教育的义务,有对违反安全生产法律、法规的行为进行舆论监督的权利。

二、政府及有关部门的安全生产监督管理职责

（一）人民政府的安全生产职责

《安全生产法》第八条规定,国务院和地方各级人民政府应当加强对安全生产工作的领导,支持、督促各有关部门依法履行安全生产监督管理职责。县级以上人民政府对安全生产监督管理中存在的重大问题应当及时予以协调、解决。根据上述规定,各级人民政府的工作职责包括:

(1)将安全生产工作纳入国民经济和社会发展规划;

(2)及时研究和解决安全生产中的重大问题;

（3）建立健全安全生产监督管理的组织体系、责任体系、控制指标体系和考核奖惩体系；

（4）建立健全应急救援体系，组织有关部门制定并实施重特大生产安全事故应急救援预案；

（5）组织有关部门定期开展安全生产大检查，组织治理公共设施、破产企业存在的以及无法明确责任单位的生产安全事故隐患；

（6）依法组织生产安全事故的调查处理，作出事故处理和行政责任追究决定；

（7）确保安全生产监督管理工作的正常经费支出。

各级人民政府的主要负责人，是本行政区域内安全生产工作的第一责任人，对安全生产工作全面负责；其他负责人对分管范围内的安全生产工作具体负责。

（二）各有关部门的安全生产监督管理职责

《安全生产法》第九条规定，国务院负责安全生产监督管理的部门依照本法，对全国安全生产工作实施综合监督管理；县级以上地方各级人民政府负责安全生产监督管理的部门依照本法，对本行政区域内安全生产工作实施综合监督管理。国务院有关部门依照本法和其他有关法律、行政法规的规定，在各自的职责范围内对有关的安全生产工作实施监督管理；县级以上地方各级人民政府有关部门依照本法和其他有关法律、法规的规定，在各自的职责范围内对有关的安全生产工作实施监督管理。

（1）安全生产监督管理部门，各级人民政府的安全生产监督管理部门，依法对本行政区域内安全生产工作实施综合监督管理，指导和监督公安、质监、卫生、建设、交通、海事、海洋渔业等部门的专项安全生产监督管理工作。作为政府安全生产委员会的办公室，负责安全生产委员会的事务性工作，指导、协调各成员单位的安全生产工作，保证安全生产委员会决议的执行。同时，安全生产监督管理部门还负责对非煤矿山、危险化学品、烟花爆竹及工矿商贸生产经营单位安全生产（包括职业卫生）的监督管理。县级人民政府的安全生产监督管理部门委托镇人民政府、街道办事处的安全生产管理机构在其管辖区内具体负责对中小企业、个体工商户的安全生产监督管理。

（2）专项安全生产监督管理部门，各级人民政府负有专项安全生产监督管理职责的部门，依照有关法律、法规的规定，在各自的职责范围内对有关的安全生产工作实施监督管理。公安机关负责对道路交通、消防、剧毒品、爆炸品的安全监督管理；质量技术监督部门负责特种设备的安全监察；海事部门负责海上交通的安全监督管理；海洋渔业部门负责海洋渔业养殖业生产的安全监督管理。城乡建设、交通、旅游、国土资源、工商等行业（领域）的主管部门，在对本行业（领域）实施行业管理的同时，对本行业（领域）的安全生产工作进行监督管理。工业主管部门和其他政府部门在其职责范围内，对安全生产进行管理和指导。

第二章　中小企业安全生产管理基本内容

第一节　安全生产组织保障

中小企业的安全生产组织保障,主要包括三方面:一是安全生产管理机构的保障;二是安全生产管理人员的保障;三是落实安全生产责任制。

《安全生产法》第十九条对单位安全生产管理机构的设置和安全生产管理人员的配备作出明确规定:"矿山、建筑施工单位和危险物品的生产、经营、储存单位,应当设置安全生产管理机构或者配备专职安全生产管理人员。前款规定以外的其他生产经营单位,从业人员超过三百人的,应当设置安全生产管理机构或者配备专职安全生产管理人员。从业人员在三百人以下的,应当配备专职或者兼职的安全生产管理人员,或者委托具有国家规定的相关专业技术资格的工程技术人员提供安全生产管理服务。"

安全生产责任制是按照"安全第一,预防为主,综合治理"的安全生产方针和"管生产同时必须管安全"的原则,明确单位中各级负责人员、各职能部门及其工作人员和各岗位生产人员在安全生产中应履行的职责和应承担的责任,以充分调动各级人员和各部门在安全生产方面的积极性和主观能动性,确保安全生产。

一、安全生产管理机构设置要求

中小企业安全生产管理机构是中小企业专门负责安全生产监督管理的内设机构。根据《安全生产法》第十九条规定,安全生产管理机构的设置应满足如下要求:

(1)矿山、建筑施工单位和危险物品的生产、经营、储存单位,以及从业人员超过300人的其他生产经营单位,应当设置安全生产管理机构。

(2)除上述以外从业人员在300人以下的单位,安全生产管理机构的设置由单位根据实际情况自行确定。

二、安全生产管理人员配备要求

安全生产管理人员是指从事安全生产管理工作的专职或兼职人员。专职安全生产管理人员是指专门从事安全生产管理工作的人员;兼职安全生产管理人员是指既承担其他工作职责,同时又承担安全生产管理职责的人员。根据《安全生产法》第十九条规定,安全生产管理人员的配备应满足如下要求:

(1)矿山、建筑施工单位和危险物品的生产、经营、储存单位,以及从业人员超过300人的其他单位,必须配备专职的安全生产管理人员。

(2)除上述三类高风险单位以外且从业人员在300人以下的单位,可以配备专职的安全生产管理人员,也可以只配备兼职的安全生产管理人员,还可以委托具有国家规定的相关专业技术资格的工程技术人员提供安全生产管理服务。

（3）当单位依据法律规定和本单位实际情况，委托工程技术人员提供安全生产管理服务时，保证安全生产的责任仍由本单位负责。

三、安全生产责任制

（一）建立安全生产责任制的目的和要求

一是增强各级负责人员、各职能部门及其工作人员和各岗位生产人员对安全生产的责任感；二是明确各级负责人员、各职能部门及其工作人员和各岗位生产人员在安全生产中应履行的职责和应承担的责任，以充分调动各级人员和各部门在安全生产方面的积极性和主观能动性，确保安全生产。

建立完善的安全生产责任制的总要求是：横向到边、纵向到底，并由单位的主要负责人组织建立。各单位要根据生产经营特点，建立健全以法定代表人为核心，包括内部各层次、各部门、各岗位的安全生产责任体系。

安全生产责任制主要包括下列两个方面：

（1）纵向方面，即从上到下所有类型人员的安全生产职责。在建立责任制时，可首先将本单位从主要负责人一直到岗位工人分成相应的层级；然后结合本单位的实际工作，对不同层级的人员在安全生产中应承担的职责做出规定。

（2）横向方面，即各职能部门（包括党、政、工、团）的安全生产职责。在建立责任制时，可按照本单位职能部门的设置（如安全、设备、计划、技术、生产、基建、人事、财务、设计、档案、培训、党办、宣传、工会、团委等部门），分别对其在安全生产中应承担的职责作出规定。

（二）有关人员职责

在建立安全生产责任制时，在纵向方面至少要包括以下有关人员职责。

1. 单位主要负责人

单位的主要负责人是本单位安全生产的第一责任者，对安全生产工作全面负责。《安全生产法》第十七条将其职责规定为：建立、健全本单位安全生产责任制；组织制定本单位安全生产规章制度和操作规程；保证本单位安全生产投入的有效实施；督促、检查本单位的安全生产工作，及时消除生产安全事故隐患；组织制定并实施本单位的生产安全事故应急救援预案；及时、如实报告生产安全事故。

具体可根据上述 6 个方面，并结合本单位的实际情况对主要负责人的职责作出具体规定。

2. 单位其他负责人

单位其他负责人的职责是协助主要负责人搞好安全生产工作。不同的负责人分管的工作不同，应根据其具体分管工作，对其在安全生产方面应承担的具体职责作出规定。

3. 单位各职能部门负责人及其工作人员

各职能部门安全生产职责，需根据各部门职责分工作出具体规定。各职能部门负责人的职责是按照本部门的安全生产职责，组织有关人员做好本部门安全生产责任制的落实，并对本部门职责范围内的安全生产工作负责；各职能部门的工作人员则是在本人职责范围内做好有关安全生产工作，并对自己职责范围内的安全生产工作负责。

4. 班组长

班组是搞好安全生产工作的关键。班组长负责本班组的安全生产工作，是安全生产法律、法规和规章制度的直接执行者。班组长的主要职责是贯彻执行本单位对安全生产的规定和要求,督促本班组的工人遵守有关安全生产规章制度和安全操作规程,切实做到不违章指挥,不违章作业,遵守劳动纪律。

5. 岗位工人

岗位工人对本岗位的安全生产负直接责任。岗位工人的主要职责是要接受安全生产教育和培训,遵守有关安全生产规章和安全操作规程,遵守劳动纪律,不违章作业。特种作业人员必须接受专门的培训,经考试合格取得操作资格证书,方可上岗作业。

第二节　安全生产通用规章制度

安全生产规章制度是指单位依据国家有关法律法规、国家和行业标准,结合生产经营的安全生产实际,以单位名义颁发的有关安全生产的规范性文件。一般包括:规程、标准、规定、措施、办法、制度、指导意见等。企业安全生产规章制度是单位贯彻国家有关安全生产法律法规、国家和行业标准,贯彻国家安全生产方针政策的行动指南,是单位有效防范生产、经营过程安全风险,保障从业人员安全健康、财产安全、公共安全,加强安全生产管理的重要措施。

一、安全生产规章制度建设的依据

(一)安全生产法律法规、国家和行业标准、地方政府的法规和标准

单位安全生产规章制度首先必须符合国家法律法规、国家和行业标准的要求,符合单位所在地方政府的相关法规、标准的要求。单位安全生产规章制度是一系列法律法规在单位生产、经营过程具体贯彻落实的体现。

(二)单位危险有害因素的辨识和控制

通过对危险有害因素的辨识,提高规章制度建设的目的性和针对性,保障安全生产。同时,单位要积极借鉴相关事故教训,及时修订和完善规章制度,防范类似事故的重复发生。

(三)国际、国内先进的安全管理方法

随着安全科学、技术的迅猛发展,安全生产风险防范的方法和手段不断完善。尤其是安全系统工程理论研究的不断深化,安全管理的方法和手段也日益丰富,如职业安全健康管理体系、风险评估和安全评价体系的建立,为单位安全生产规章制度的建设提供了重要依据。

二、安全生产规章制度建设的原则

(一)与国家安全生产法律法规标准一致性原则

单位安全生产规章制度的建立,必须与国家安全生产法律法规标准保持协调一致。某些方面可以高于国家相关法律法规标准,但不能低于国家相关法律法规标准,否则可能从根本上造成管理方面的缺陷,为事故的发生埋下隐患。

(二)主要负责人负责的原则

我国安全生产法律法规对单位安全生产规章制度建设有明确的规定,如《安全生产法》规定"建立、健全本单位安全生产责任制,组织制定本单位安全生产规章制度和操作规程,是单位的主要负责人的职责"。安全生产规章制度的建设和实施,涉及单位的各个环节和全体人员,只有主要负责人负责,才能有效调动和使用单位的所有资源,才能协调好各方面的关系,规章制度的落实才能够得到保证。

（三）系统性原则

安全风险来自于生产、经营活动过程之中。因此，单位安全生产规章制度的建设，应按照安全系统工程的原理，涵盖生产经营的全过程、全员、全方位，主要包括规划设计、建设安装、生产调试、生产运行、技术改造的全过程；生产经营活动的每个环节、每个岗位、每个人；事故预防、应急处置、调查处理全过程。

（四）规范化和标准化原则

单位安全生产规章制度的建设应实现规范化和标准化管理，以确保安全生产规章制度建设的严密、完整、有序。即按照系统性原则的要求，建立完整的安全生产规章制度体系；建立安全生产规章制度起草、审核、发布、教育培训、执行、反馈、持续改进的组织管理程序；每一个安全生产规章制度编制，都要做到目的明确，流程清晰，标准准确，具有可操作性。

三、安全生产规章制度体系

安全生产规章制度有不同的分类标准。按照安全系统工程和人机工程原理建立的安全生产规章制度体系，一般把安全生产规章制度分为综合管理、人员管理、设备设施管理、环境管理四类；按照标准化工作体系建立的安全生产规章制度体系，一般把安全规章规章制度分为技术标准、工作标准和管理标准三类，通常称为"三大标准体系"；按职业安全健康管理体系建立的安全生产规章制度，一般包括手册、程序文件、作业指导书三个方面。

一般单位安全生产规章制度体系应主要包括以下内容，高危行业的单位还应根据相关法律法规进行补充和完善。

（一）综合安全管理制度

1. 安全生产管理目标、指标和总体原则

应包括单位安全生产的具体目标、指标，明确安全生产的管理原则、责任，明确安全生产管理的体制、机制、组织机构、安全生产风险防范和控制的主要措施，日常安全生产监督管理的重点工作等内容。

2. 安全生产责任制

应明确单位各级领导、各职能部门、管理人员及各生产岗位的安全生产责任、权利和义务等内容。

安全生产责任制的核心是清晰安全管理的责任界面，解决"谁来管，管什么，怎么管，承担什么责任"的问题．安全生产责任制是单位安全生产规章制度建立的基础。其他的安全生产规章制度，重点解决"干什么，怎么干"的问题。

建立安全生产责任制，一是增强单位各级主要负责人、各管理部门管理人员及各岗人员对安全生产的责任感；二是明确责任，充分调动各级人员和各管理部门安全生产的积极性和主观能动性，加强自主管理，落实责任；三是作为责任追究的依据。

3. 安全管理定期例行工作制度。

应包括单位定期安全分析会议、定期安全学习制度、定期安全活动、定期安全检查等内容。

4. 承包与发包工程安全管理制度

应明确单位承包与发包工程的条件、相关资质审查、各方的安全责任、安全生产管理协议、施工安全的组织措施和技术措施、现场的安全检查与协调等内容。

5. 安全设施和费用管理制度

应明确单位安全设施的日常维护、管理;安全生产费用保障;根据国家、行业新的安全生产管理要求或季节特点,以及生产、经营情况等发生变化后单位临时采取的安全措施及费用来源等。

6. 重大危险源管理制度

应明确重大危险源登记建档,定期检测、评估、监控,相应的应急预案管理;上报有关地方人民政府负责安全生产监督管理的部门和有关部门备案内容及管理。

7. 危险物品使用管理制度

应明确单位存在的危险物品名称、种类、危险性;使用和管理的程序、手续;安全操作注意事项;存放的条件及日常监督检查;针对各类危险物品的性质,在相应的区域设置人员紧急救护、处置的设施等。

8. 消防安全管理制度

应明确单位消防安全管理的原则、组织机构、日常管理、现场应急处置原则和程序,消防设施、器材的配置、维护保养、定期试验,定期防火检查、防火演练等。

9. 隐患排查和治理制度

应明确应排查的设备、设施、场所的名称,排查周期、排查人员、排查标准,发现问题的处置程序、跟踪管理等。

10. 交通安全管理制度

应明确车辆调度、检查维护保养、检验标准,驾驶员学习、培训、考核的相关内容。

11. 防灾减灾管理制度

应明确单位根据地区的地理环境、气候特点以及生产经营性质,针对在防范台风、洪水、泥石流、地质滑坡、地震等自然灾害相关工作的组织管理、技术措施、日常工作等内容和标准。

12. 事故调查报告处理制度

应明确单位内部事故标准,报告程序、现场应急处置、现场保护、资料收集、相关当事人调查、技术分析、调查报告编制等,还应明确向上级主管部门报告事故的流程、内容等。

13. 应急管理制度

应明确单位的应急管理部门,预案的制定、发布、演练、修订和培训等;总体预案、专项预案、现场处置方案等。

制定应急管理制度及应急预案过程中,除考虑单位自身可能对环境和公众的影响外,还应重点考虑单位周边环境的特点,针对周边环境可能给生产、经营过程中的安全所带来的影响。如单位附近存在化工厂,就应调查了解可能会发生何种有毒、有害物质泄漏,可能泄漏物质的特性、防范方法,以便与单位自身的应急预案相衔接。

14. 安全奖惩制度

应明确单位安全奖惩的原则,奖励或处分的种类、额度等。

(二)人员安全管理制度

1. 安全教育培训制度

应明确单位各级管理人员安全管理知识培训、新员工三级教育培训、转岗培训;新材料、新工艺、新设备的使用培训;特种作业人员培训;岗位安全操作规程培训;应急培训等;还应明确各项培训的对象、内容、时间及考核标准等。

2. 劳动防护用品发放使用和管理制度

应明确单位劳动防护用品的种类、适用范围、领取程序、使用前检查标准和用品寿命周期等内容。

3. 安全工器具的使用管理制度

应明确单位安全工器具的种类、使用前检查标准、定期检验和器具寿命周期等内容。

4. 特种作业及特殊危险作业管理制度

应明确单位特种作业的岗位、人员，作业的一般安全措施要求等。特殊危险作业是指危险性较大的作业，应明确作业的组织程序，保障安全的组织措施、技术措施的制定及执行等内容。

5. 岗位安全规范

应明确单位除特种作业岗位外，其他作业岗位保障人身安全、健康，预防火灾、爆炸等事故的一般安全要求。

6. 职业健康检查制度

应明确单位职业禁忌的岗位名称、职业禁忌证、定期健康检查的内容和标准、女工保护，以及按照《职业病防治法》要求的相关内容等。

7. 现场作业安全管理制度

应明确现场作业的组织管理制度，如工作联系单、工作票、操作票制度，以及作业现场的风险分析与控制制度、反违章管理制度等内容。

（三）设备设施安全管理制度

1. "三同时"制度

应明确单位新建、改建、扩建工程"三同时"的组织审查、验收、上报、备案的执行程序等。

2. 定期巡视检查制度

应明确单位日常检查的责任人员，检查的周期、标准、线路，发现问题的处置等内容。

3. 定期维护检修制度

应明确单位所有设备、设施的维护周期、维护范围、维护标准等内容。

4. 定期检测、检验制度

应明确单位须进行定期检测的设备种类、名称、数量，有权进行检测的部门或人员，检测的标准及检测结果管理，安全使用证、检验合格证或者安全标志的管理等。

5. 安全操作规程

应明确为保证国家、企业、员工的生命财产安全，根据物料性质、工艺流程、设备使用要求而制定的符合安全生产法律法规的操作程序。对涉及人身安全健康、生产：工艺流程及周围环境有较大影响的设备、装置，如电气、起重设备、锅炉压力容器、内部机动车辆、建筑施工维护、机加工等，单位应制定安全操作规程。

（四）环境安全管理制度

1. 安全标志管理制度

应明确单位现场安全标志的种类、名称、数量、地点和位置，安全标志的定期检查、维护等。

2. 作业环境管理制度

应明确单位生产经营场所的通道、照明、通风等管理标准，人员紧急疏散方向、标志的管理等。

3. 职业卫生管理制度

应明确单位尘、毒、噪声、高低温、辐射等涉及职业健康有害因素的种类、场所，定期检查、检测及控制等管理内容。

四、安全生产规章制度制定程序

1. 起草

根据单位安全生产责任制,由主要负责人组织安全生产管理部门或相关职能部门负责起草。起草前应对目的、适用范围、主管部门、解释部门及实施日期等给予明确,同时还应做好相关资料的准备和收集工作。

规章制度的编制,应做到目的明确、条理清楚、结构严谨、用词准确、文字简明、标点符号正确。

2. 会签或公开征求意见

起草的规章制度,应通过正式渠道征得相关职能部门或员工的意见和建议,以利于规章制度颁布后的贯彻落实。当意见不能取得一致时,应由主要负责人或委托有关领导组织讨论,统一认识,达成一致。

3. 审核

制度签发前,应进行审核。一是由单位负责法律事务的部门进行合规性审查;二是专业技术性较强的规章制度应邀请相关专家进行审核;三是安全奖惩等涉及全员性的制度,应经过职工代表大会或职工代表进行审核。

4. 签发

技术规程、安全操作规程等技术性较强的安全生产规章制度,一般由单位主管生产的领导或总工程师签发,涉及全局性的综合管理制度应由单位的主要负责人签发。

5. 发布

单位的规章制度,应采用固定的方式进行发布,如红头文件形式、内部办公网络等。发布的范围应涵盖应执行的部门、人员。有些特殊的制度还应正式送达相关人员,并由接收人员签字。

6. 培训

新颁布的安全生产规章制度、修订的安全生产规章制度,应组织进行培训,安全操作规程类规章制度还应组织相关人员进行考试。

7. 反馈

应定期检查安全生产规章制度执行中存在的问题,或建立信息反馈渠道,及时掌握安全生产规章制度的执行效果。

8. 持续改进

单位应每年制定规章制度制定、修订计划,并应公布现行有效的安全生产规章制度清单。对安全操作规程类规章制度,除每年进行审查和修订外,每3～5年应进行一次全面修订,并重新发布,确保规章制度的建设和管理有序进行。

第三节　从业人员安全培训教育

从目前我国生产安全事故的特点可以看出,重特大人身伤亡事故主要集中在劳动密集型的单位,如煤矿、非煤矿山、道路交通、危险化学品、烟花爆竹、建筑施工等。从这些单位的用工情况看,其从业人员多数以外来务工人员为主,以不签订劳动合同或签订短期劳动合同为主要形式。这些从业人员多数文化水平不高,流动性大,也使得部分单位在安全教育培训方面不愿意作出更多投入,安全教育培训流于形式的情况较为严重,导致了从业人员对违章作业(或根本不知道本人的行为违章)的危害认识不清,对作业环境中存在的危险、有害因素认识不清。因此,加强对从业人员的安全教育培训,提高从业人员对作业风险的辨识、控制、应急处置和避险自救能力,提高从业人员安全意识和综合素质,是防止产生不安全行为,减少人为失误的重要途径。

一、安全生产教育培训的法律法规要求

《安全生产法》第二十条规定:"生产经营单位的主要负责人和安全生产管理人员必须具备与本单位所从事的生产经营活动相应的安全生产知识和管理能力。危险物品的生产、经营、储存单位以及矿山、建筑施工单位的主要负责人和安全生产管理人员,应当由有关主管部门对其安全生产知识和管理能力考核合格后方可任职。"第二十一条规定:"生产经营单位应当对从业人员进行安全生产教育和培训,保证从业人员具备必要的安全生产知识,熟悉有关的安全生产规章制度和安全操作规程,掌握本岗位的安全操作技能。未经安全生产教育和培训合格的从业人员,不得上岗作业。"第二十二条规定:"生产经营单位采用新工艺、新技术、新材料或者使用新设备,必须了解、掌握其安全技术特性,采取有效的安全防护措施,并对从业人员进行专门的安全教育和培训。"第二十三条规定:"生产经营单位的特种作业人员必须按照国家有关规定经专门的安全作业培训.取得特种作业操作资格证书,方可上岗作业。特种作业人员的范围由国务院负责安全生产监督管理的部门会同国务院有关部门确定。"第三十六条规定:"生产经营单位应当教育和督促从业人员严格执行本单位的安全生产规章制度和安全操作规程;并向从业人员如实告知作业场所和工作岗位存在的危险因素、防范措施以及事故应急措施。"第五十条规定:"从业人员应当接受安全生产教育和培训,掌握本职工作所需的安全生产知识,提高安全生产技能,增强事故预防和应急处理能力。"

《国务院关于进一步加强企业安全生产工作的通知》(国发[2010]23号)指出:"强化职工安全培训。企业主要负责人和安全生产管理人员、特殊工种人员一律严格考核,按国家有关规定持职业资格证书上岗;职工必须全部经过培训合格后上岗。企业用工要严格依照劳动合同法与职工签订劳动合同。凡存在不经培训上岗、无证上岗的企业,依法停产整顿。"

为确保《安全生产法》关于安全生产教育培训的要求得到有效贯彻,国家安全生产监督管理总局陆续颁布了一系列政策、规章。如《生产经营单位安全培训规定》(国家安监总局令第3号)、《特种作业人员安全技术培训考核管理规定》(国家安全监管总局令第30号)、《安全生产培训管理办法》(国家安监总局令第44号)、《关于单位主要负责人、安全生产管理人员及其他从业人员安全生产培训考核工作的意见》(安监管人字[2002]123号)、《关于特种作业人员安全技术培训考核工作的意见》([2002]124号),对各类人员的安全培训内容、培训时间、考核以及安全培训机构的资质管理等作出了具体规定。

二、安全生产教育培训的组织

按照新修订的《安全生产培训管理办法》(国家安监总局令第44号),安全生产培训的组织工作有以下规定。

(1)国家安全生产监督管理总局负责组织、指导和监督中央管理的单位的总公司(集团公司、总厂)的主要负责人和安全生产管理人员的安全培训工作。

(2)省级安全生产监督管理部门组织、指导和监督省属单位及所辖区域内中央管理的工矿商贸单位的分公司、子公司主要负责人和安全生产管理人员的培训工作;组织、指导和监督特种作业人员的培训工作。

（3）市级、县级安全生产监督管理部门组织、指导和监督本行政区域内除中央企业、省属单位以外的其他单位的主要负责人和安全生产管理人员的安全培训工作。

（4）单位除主要负责人、安全生产管理人员、特种作业人员以外的从业人员的安全培训工作，由单位组织实施。

三、单位各类人员的培训

（一）对主要负责人的培训内容和时间

1. 初次培训的主要内容

培训的主要内容是：国家安全生产方针、政策和有关安全生产的法律、法规、规章及标准；安全生产管理基本知识、安全生产技术、安全生产专业知识；重大危险源管理、重大事故防范、应急管理和救援组织以及事故调查处理的有关规定；职业危害及其预防措施；国内外先进的安全生产管理经验；典型事故和应急救援案例分析；其他需要培训的内容。

2. 再培训内容

对已经取得上岗资格证书的有关领导，应定期进行再培训，再培训的主要内容是新知识、新技术和新颁布的政策、法规，有关安全生产的法律、法规、规章、规程、标准和政策，安全生产的新技术、新知识，安全生产管理经验，典型事故案例。

3. 培训时间

（1）危险物品的生产、经营、储存单位以及矿山、烟花爆竹、建筑施工单位主要负责人安全资格培训时间不得少于48学时；每年再培训时间不得少于16学时。

（2）其他单位主要负责人安全生产管理培训时间不得少于32学时；每年再培训时间不得少于12学时。

（二）对安全生产管理人员培训的主要内容和时间

1. 初次培训的主要内容

培训的主要内容是：国家安全生产方针、政策和有关安全生产的法律、法规、规章及标准；安全生产管理、安全生产技术、职业卫生等知识；伤亡事故统计、报告及职业危害的调查处理方法；应急管理、应急预案编制以及应急处置的内容和要求；国内外先进的安全生产管理经验；典型事故和应急救援案例分析；其他需要培训的内容。

2. 再培训的主要内容

对已经取得上岗资格证书的有关领导，应定期进行再培训，再培训的主要内容是新知识、新技术和新颁布的政策、法规，有关安全生产的法律、法规、规章、规程、标准和政策，安全生产的新技术、新知识，安全生产管理经验，典型事故案例。

3. 培训时间

（1）危险物品的生产、经营、储存单位以及矿山、烟花爆竹、建筑施工单位安全生产管理人员安全资格培训时间不得少于48学时；每年再培训时间不得少于16学时。

（2）其他单位安全生产管理人员安全生产管理培训时间不得少于32学时；每年再培训时间不得少于12学时。

（三）特种作业人员培训

特种作业是指容易发生事故，对操作者本人、他人的安全健康及设备、设施的安全可能造成重大危害的作业。直接从事特种作业的从业人员称为特种作业人员。特种作业的范围根据

《特种作业人员安全技术培训考核管理规定》（国家安全监管总局令第 30 号）包括 11 个大类 51 个工种，其中 11 个大类分别是：电工作业、焊接与热切割作业、高处作业、制冷与空调作业、煤矿安全作业、金属非金属矿山安全作业、石油天然气安全作业、冶金（有色）生产安全作业、危险化学品安全作业、烟花爆竹安全作业、安全监管总局认定的其他作业。

特种作业人员必须经专门的安全技术培训并考核合格，取得《中华人民共和国特种作业操作证》后，方可上岗作业。特种作业人员的安全技术培训、考核、发证、复审工作实行统一监管、分级实施、教考分离的原则。特种作业人员应当接受与其所从事的特种作业相应的安全技术理论培训和实际操作培训。跨省、自治区、直辖市从业的特种作业人员，可以在户籍所在地或者从业所在地参加培训。

从事特种作业人员安全技术培训的机构，必须按照有关规定取得安全生产培训资质证书后，方可从事特种作业人员的安全技术培训。培训机构应当按照安全监管总局、煤矿安监局制定的特种作业人员培训大纲和煤矿特种作业人员培训大纲进行特种作业人员的安全技术培训。

特种作业操作证有效期为 6 年，在全国范围内有效。特种作业操作证由安全监管总局统一式样、标准及编号。特种作业操作证每 3 年复审 1 次。特种作业人员在特种作业操作证有效期内，连续从事本工种 10 年以上，严格遵守有关安全生产法律法规的，经原考核发证机关或者从业所在地考核发证机关同意，特种作业操作证的复审时间可以延长至每 6 年 1 次。

特种作业操作证申请复审或者延期复审前，特种作业人员应当参加必要的安全培训并考试合格。安全培训时间不少于 8 个学时，主要培训法律、法规、标准、事故案例和有关新工艺、新技术、新装备等知识。再复审、延期复审仍不合格，或者未按期复审的，特种作业操作证失效。

（四）其他从业人员的教育培训

单位其他从业人员是指除主要负责人、安全生产管理人员以外，单位从事生产经营活动的所有人员（包括临时聘用人员）。由于特种作业人员作业岗位对安全生产影响较大，需要经过特殊培训和考核，所以制定了特殊要求，但对从业人员的其他安全教育培训、考核工作，同样适用于特种作业人员。

1. 三级安全教育培训

三级安全教育是指厂、车间、班组的安全教育。三级安全教育是我国多年积累、总结并形成的一套行之有效的安全教育培训方法。三级教育培训的形式、方法以及考核标准各有侧重。

厂级安全生产教育培训是入厂教育的一个重要内容，其重点是单位安全风险辨识、安全生产管理目标、规章制度、劳动纪律、安全考核奖惩、从业人员的安全生产权利和义务、有关事故案例等。

车间级安全生产教育培训是在从业人员工作岗位、工作内容基本确定后进行，由车间一级组织。培训内容重点是本岗位工作及作业环境范围内的安全风险辨识、评价和控制措施，典型事故案例，岗位安全职责、操作技能及强制性标准，自救互救、急救方法、疏散和现场紧急情况的处理，安全设施、个人防护用品的使用和维护。

班组级安全生产教育培训是在从业人员工作岗位确定后，由班组组织，除班组长、班组技术员、安全员对其进行安全教育培训外，自我学习是重点。我国传统的师傅带徒弟的方式，也是做好班组安全教育培训的一种重要方法。进入班组的新从业人员，都应有跟班学习、实习期，实习期间不得安排单独上岗作业。由于单位的性质不同，学习、实习期，国家没有统一规定，应按照行业的规定或单位自行确定。实习期满，通过安全规程、业务技能考试合格方可独立上岗作业。班组安全教育培训的重点是岗位安全操作规程、岗位之间工作衔接配合、作业过程的安全风险分析方法和控制对策、事故案例等。

新从业人员安全生产教育培训时间不得少于 24 学时。煤矿、非煤矿山、危险化学品、烟花爆竹等单位新上岗的从业人员安全培训时间不得少于 72 学时,每年接受再培训的时间不得少于 20 学时。

2. 调整工作岗位或离岗后重新上岗安全教育培训

从业人员调整工作岗位后,由于岗位工作特点、要求不同,应重新进行新岗位安全教育培训,并经考试合格后方可上岗作业。

由于工作需要或其他原因离开岗位后,重新上岗作业应重新进行安全教育培训,经考试合格后,方可上岗作业。由于工作性质不同,离开岗位时间,国家不能做出统一规定,应按照行业规定或单位自行制定。原则上,作业岗位安全风险较大,技能要求较高的岗位,时间间隔应短一些。例如,电力行业规定为 3 个月。调整工作岗位和离岗后重新上岗的安全教育培训工作,原则上应由车间级组织。

3. 岗位安全教育培训

岗位安全教育培训,是指连续在岗位工作的安全教育培训工作,主要包括日常安全教育培训、定期安全培训和专题安全教育培训三个方面。

日常安全教育培训,主要以车间、班组为单位组织开展,重点是安全操作规程的学习培训、安全生产规章制度的学习培训、作业岗位安全风险辨识培训、事故案例教育等。日常安全教育培训工作形式多样,内容丰富,根据行业或单位的特点不同而各具特色。我国电力行业有班前会、班后会制度,安全日活动制度。班前会指在布置当天工作任务的同时,开展作业前安全风险分析,制定预控措施,明确工作的监护人等。班后会指工作结束后,对当天作业的安全情况进行总结分析、点评等。安全日活动,即每周必须安排半天的时间统一由班组或车间组织安全学习培训,企业的领导、职能部门的领导及专职安全管理人员深入班组参加活动。

定期安全培训,是指单位组织的定期安全工作规程、规章制度、事故案例的学习和培训,学习培训的方式较为灵活,但考试应统一组织。定期安全考试不合格者,应下岗接受培训,考试合格后方可上岗作业。

专题安全教育培训,是指针对某一具体问题进行专门的培训工作。专题安全教育培训工作,针对性强,效果比较突出。通常开展的内容有三新安全教育培训、法律法规及规章制度培训、事故案例培训、安全知识竞赛比武等。

三新教育培训是单位实施新工艺、新技术、新设备(新材料)时,组织相关岗位对从业人员进行有针对性的安全生产教育培训;法律法规及规章制度培训是指国家颁布的有关安全生产法律法规,或单位制定新的有关安全生产规章制度后,组织开展的培训活动;事故案例培训是指在单位发生生产安全事故或获得与本单位生产经营活动相关的事故案例信息后,开展的安全教育培训活动;有条件的单位还应该举办经常性的安全生产知识竞赛、技术比武等活动,提高从业人员对安全教育培训的兴趣,推动岗位学习和练兵活动。

其他宣传教育培训的方式方法也很多,如班组安全管理制度,警句、格言上墙活动,利用闭路电视、报纸、黑板报、橱窗等进行安全宣传教育,利用漫画等形式解释安全规程制度,在生产现场曾经发生过生产安全事故地点设置警示牌,组织事故回顾展览等等。另外,企业还应以国家组织开展的"全国安全生产月"活动为契机,结合生产经营的性质、特点,开展内容丰富、灵活多样、具有针对性的各种安全教育培训活动,提高各级人员的安全意识和综合素质。

第四节 设备设施安全管理

单位设备设施安全管理的目的,就是要在设备寿命周期的全过程中,采用各种技术、组织措施,消除一切使机械设备遭受损坏、人身健康与安全受到威胁和环境遭到污染的因素,避免事故发生,实现安全生产。

一、设备设施的危险危害因素

设备设施危险危害因素可分为机械性和非机械性两大类。

(一)机械性危险危害因素

机械性危险危害因素包括设备设施静止状态和运动状态下所呈现的各种危险。

(1)静态危险。当人与这些静止设备接触或做相对运动时可引起危险。如切削刀具的刀刃,机械设备突出部分,毛坯、工具、设备边缘锋利飞边和粗糙表面等,引起滑跌、坠落的工作平台等。

(2)直线运动危险。当人处在机械直线运动的正前方而未躲让时,将受到运动机械的撞击或挤压。如龙门刨床的工作台、牛头刨床的滑枕、升降式铣床的工作台等。

(3)旋转运动危险。人体或衣服卷进旋转机械部位引起的危险。如主轴、卡盘、磨削砂轮、各种切削刀具等单旋部件卷进危险,朝相反方向旋转的两个轧辊之间、相互啮合的齿轮之间双旋部件卷进危险,砂轮与砂轮支架之间、有辐条的手轮与机身之间、旋转蜗杆与壳体之间的固定构件间卷进危险等。

(4)打击危险。如伸出机床的细长加工件旋转运动加工时的打击,转轴上的键、定位螺丝、联轴器螺丝等旋转运动部件上凸出物的打击,风扇、叶片、齿轮和飞轮等孔洞部分具有的危险。

(5)振动夹住危险。机械的一些振动部件结构,如振动体的振动引起被振动体部件夹住的危险。

(6)飞出物打击危险。如未夹紧的刀片、紧固不牢的接头、破碎的砂轮片、飞出的切屑、连续排出或破碎而飞出的工件等。

(二)非机械性危险危害因素

(1)电击伤。指采用电气设备作为动力的机械以及机械本身在加工过程产生的静电引起的危险。如电气设备绝缘不良、错误的接地线或误操作等原因造成的触电伤害事故,在机械加工过程中产生的有害静电引起的爆炸、电击伤害事故等。

(2)灼烫和冷冻危害。如在热加工作业中,有被高温金属体和加工件灼烫的危险,或与设备的高温表面接触时被灼烫的危险,在深冷处理时或与低温金属表面接触时被冻伤的危险。

(3)振动危害。在机械加工过程中使用振动工具或机械本身产生的振动所引起的危害。如通过振动工具、振动机械或振动工件传向操作者的手臂的局部振动危险,由振动源通过身体的支持部分将振动传播人体全身而引起的全身振动危险等。

(4)噪声危害。指机械加工过程或机械运转过程所产生的噪声而引起的危害。如由于机械的撞击、摩擦、转动而产生的机械性噪声,球磨机、电锯、切削机床在加工过程中发出的机械性噪声,由于气体压力突变或流体流动而产生的液体动力性噪声,由于电机中交变电流相互作用而发生的电磁性噪声。

(5)电离辐射危害。指设备内放射性物质,如 X 射线装置、γ 射线装置等超出国家标准允许剂量的电离辐射危害。

（6）非电离辐射危害。指紫外线、可见光、红外线、激光和射频辐射等非电离辐射，超出卫生标准规定剂量时引起的危害。如从高频加热装置中产生的高频电磁波或激光加工设备中产生的强激光等非电磁辐射危害。

（7）化学物危害。指设备在加工过程中使用或产生的各种化学物所引起的危害。

（8）粉尘危害。指设备在生产过程中产生的各种粉尘引起的危害。

（9）异常的生产环境。如工作区照度、温度、气流速度、湿度过大（高）或过小（低）等。

二、设备设施一般安全条件

设备设施的安全运行必须具备一些基本的安全条件，主要有以下方面。

（一）有完备的安全卫生技术措施

（1）设备及其零部件，必须有足够的强度、刚度、稳定性和可靠性。在按规定条件制造运输、贮存、安装和使用时，不得对人员造成危险。对于可能产生的危险因素和有害因素应采取有效防护措施。

（2）设备在正常生产和使用过程中，均应满足安全卫生要求。不应向工作场所和大气排放超过国家标准规定的有害物质，不应产生超过国家标准规定的噪声、振动、辐射和其他污染。对可能产生的有害因素，必须在设计上采取有效措施加以防护。对于可能影响安全操作、控制的零部件、装置等应规定有符合产品标准要求的可靠性指标。

（3）设备应具有可靠的安全卫生技术措施。这些技术措施包括：①直接措施：设备本身应具有本质安全卫生性能，即保证设备即使在异常情况下，也不会出现任何危险和产生有害作用；②间接措施：若直接安全卫生技术措施不能实现或不能完全实现时，则设备必须具有效果与主体先进性相当的安全卫生防护装置；③提示性措施：若直接和间接安全卫生技术措施不能实现或不能完全实现时，则应具有以说明书或在设备上设置标志等适当方式说明设备安全使用的条件。

（二）材料具有良好的安全卫生性能

（1）不宜使用在正常使用环境下对人有危害的材料来制造设备。若必须使用时，则应采取可靠的安全卫生技术措施以保障人员的安全和健康。

（2）设备及其零部件的安全使用期限，应小于其材料在使用条件下的老化或疲劳极限。

（3）易被腐蚀或空蚀的生产设备及其零部件应选用耐腐蚀或耐空蚀材料制造，并应采取防蚀措施。同时，应规定检查和更换周期。

（4）禁止使用能与工作介质发生反应而造成危害（爆炸或生成有害物质等）的材料。

（5）处理可燃气体、易燃和可燃液体的设备，其基础和本体应使用非燃烧材料制造。

（三）具有良好的稳定性

设备不应在振动、风载或其他可预见的外载荷作用下倾覆或产生允许范围外的运动。设备若通过形体设计和自身的质量分布不能满足或不能完全满足稳定性要求时，则必须设有安全技术措施，以保证其具有可靠的稳定性。若所要求的稳定性必须在安装或使用地点采取特别措施或确定的使用方法才能达到时，则应在设备上标出，并在使用说明书中有详细说明。

（四）设备操纵器、信号和显示器应满足安全要求并符合人机工程学原则

设备所设计、选用和配置的操纵器应与人体操作部位的特性（特别是功能特性）以及控制任务相适应。对于可能出现误动作或被误操作的操纵器，应采取必要的保护措施；对于设备关键部位的操纵器，一般应设电气或机械连锁装置。

（五）安全防护装置

安全防护是通过采用安全装置、防护装置或其他手段，对一些机械危险进行预防的安全技术措施，其目的是用来防止机械危险部位引起伤害的安全装置，是在操作者一旦进入危险工作状态时，能直接对操作者进行人身安全保护的机构。安全防护装置一般指配备在生产设备上起保障人员和设备安全作用的附属装置。

三、设备设施的本质安全化

实现设备安全的最根本的途径是设备的本质安全化。设备的本质安全是指一般水平的操作者在判断失误或误操作情况下，生产系统和设备能自动保证安全；当设备出现故障时，能自动发现并自动消除，确保人身和设备安全。

（一）本质安全化的目的

本质安全化的目的是运用现代科学技术，特别是现代安全科学的成就，从根本上消除能形成事故的主要条件，如果暂时达不到，则采取两种或两种以上的相对安全措施，增强人们对各种危害的抵抗能力。本质安全化强调先进技术手段和物质条件在保障现代安全生产中的重要作用，随着科学技术的进步，设备本质安全化的程度也会不断提高，不会停留在现有的水平上。

（二）本质安全化的内容

本质安全措施可以通过设备本身和控制器的安全设计来实现。如，可以用专用工具代替人手操作实现机械化，设备能自动防止操作失误和设备故障，即使操作失误，也不会导致设备发生事故；即使出现故障，能自动排除、切换或安全停机；当设备发生故障时，不论操作人员是否发现，设备能自动报警，并作出应急反应，更理想的是还能显示设备发生故障的部位。

（三）本质安全化的措施

(1)采用机械化、自动化和遥控技术。这是消除危险因素和人接触最佳方案。机械的可靠性一般比人的可靠性高，人易受生理、心理以及外界因素的影响一般认为的人失误率在1%以上。

(2)采用可靠性设计，提高机械设备的可靠性。

(3)采用安全防护装置。当无法消除危险因素时，采用安全防护装置隔离危险因素是最常用的技术措施。

(4)安装保险装置。保险装置又叫故障保险装置，这种装置的作用与安全防护装置稍有不同。它能在设备产生超压、超温、超速、超载、超位等危险因素时，进行自动控制并消除或减弱上述危险。安全阀、单向阀、超载保护装置、限速器、限位开关、爆破片、熔断器、保险丝等都是常用的保险装置。

(5)采用自监测、报警和处理系统。利用现代化仪器仪表对运行中的设备状态参数进行在线监测和故障诊断。

(6)采用冗余技术。冗余技术是可靠性设计常采用的一种技术，即在设计中增加冗余元件或冗余(备用)设备，平时只用其中一个，当发生事故时，冗余设备或冗余元件能自动切换。

(7)采用传感技术在危险区设置光电式、感应式、压力传感式传感器，当人进入危险区，可立即停机，终止危险运动。

(8)安装紧急停车开关。

(9)向操作者提供机械关键安全功能是否正常(设备的自检功能)的信息。

(10)设计程序连锁开关。设计对出现错误指令时，禁止启动的操纵器。这些关键程序只有在正常操作指令下才能启动机械。

(11)配备使操作者容易观察的、能显示设备运行状态和故障的显示器。

(12)采用多重安全保障措施。对于危险性大的作业,要求设备运行绝对安全可靠。为了防止出现故障和发生误操作,应采用双重或多重安全保障措施,使设备运行万无一失。

四、设备设施安全运行

为保证设备设施的安全运行,设备设施使用单位应从建立管理制度、培训人员等方面入手,加强使用、维修和档案多方面的安全管理。

(一)建立安全运行管理制度

为保证设备设施的安全运行,应当针对不同种类的设备设施的具体特点制定相应的管理制度。如定人定机制度、操作证制度、安全检查检验制度、维护保养制度、交接班制度等。

(1)定人定机制度。定人定机制度可以更好地落实岗位责任制,把设备设施和人员有机地结合起来。通过执行岗位责任制,可保证各项规章制度的执行,使设备处于良好的安全技术状态。重点设备重点监控,重点管理。

(2)操作证制度。主要生产设备的操作工人,包括学徒、实习生等均应经过培训,考试合格,取得操作证后,才能独立操作设备。每个工人原则上只允许操作一种型号设备。熟练技工,经一专多能专业培训,考试合格后,允许其操作取得操作证上所规定的型号的设备。特殊工种操作工须经培训取得特殊工种操作证后方能上岗。

(3)安全检查检验制度。设备运行安全检查是设备安全管理的重要措施,是防止设备故障和事故发生的有效方法。通过检查可全面掌握设备的技术状况和安全状况的变化及磨损情况,及时查明和消除设备隐患,根据检查发现的问题,开展整改,以确保设备的安全运行。

(4)维护保养制度。设备长期使用,必然造成各种零部件的松动、磨损,从而使设备状况变坏,导致动力性能下降,安全可靠性降低,甚至发生事故。因此,建立维护保养制度,根据零部件磨损规律制定出切实可行的计划,定期对设备进行清洁、润滑、检查、调整等作业,是延长各零部件使用寿命,防止早期损坏,避免运行中发生故障、事故的有效方法。

(5)交接班制度。企业的主要生产设备,有些处于三班制或四班制的日夜连续使用状态,因此必须建立设备交接班手续,形成设备交接班制度,用以明确设备维护保养的责任,提供设备使用的第一手资料,为设备故障的动态分析和生产情况分析提供准确、有效、可靠的依据。

(二)明确设备设施使用守则

人们在长期的设备设施运行管理实践中总结和提炼了一整套有效的管理措施。这些措施归纳起来有"三好"、"四会"、"四项基本要求"、"五项纪律"和"润滑五定"等。

(1)"三好"。即管好、用好、养好。管好是指操作者对设备负有保管责任,未经领导同意,不许他人动用设备的附件、仪器、仪表、工具,安全防护装置必须保持完整无损。设备运转时不得离开岗位,离开时必须停车断电,设备发生事故,立即停车断电,保护现场,及时、如实地上报事故情况。用好是指操作者严格执行操作规程,精心爱护设备,不准设备带病运转,禁止超负荷使用设备。养好是指操作者必须按照保养规定,进行清洁、润滑、调整、紧固,保持设备性能良好。

(2)"四会"。即会使用、会维护、会检查、会排除故障。会使用是指操作者要熟悉设备结构、性能、传动原理、功能范围,会正确选用速度、控制电压、电流、温度、流量、流速、压力、振幅和效率,严格执行安全操作规程,操作熟练,操作动作正确、规范。会维护是指操作者要掌握设备的维护方法、维护要点,能准确、及时、正确地做好维修保养工作,做到定时、定点、定质、定量润滑，保证油路畅通。会检查是指操作者必须熟知设备开动前和使用后的检查项目内容，正确进行检查操作。设备运行时，应随时观察设备各部位运转情况，通过看、听、摸、嗅的感觉和机装仪表判断设备运转状态，分析并查明异常产生的原因，会使用检查工具和仪器检查、检测设备，并能进行规程规定的部分解体检修工作。会排除故障是指操作者能正确分析判断一般常见故障，并可承担排除故障工作，能按设备技术性能，掌握设备磨损情况，鉴定零部件磨损情况，按技术质量要求，进行一般零件的更换工作，排除不了的疑难故障，应该及时报检、报修。

（3）"四项基本要求"。即操作工必须做到设备及其周围工作场地整齐、清洁、润滑、安全。整齐是指工具、工件放置整齐，安全防护装置齐全，线路管道完整；清洁是指设备清洁，环境干净，各滑动面无油污、无碰伤；润滑是指按时加油换油，油质符合要求，油壶、油枪、油杯齐全，油毡、油线、油标清洁，油路畅通；安全是指合理使用，精心维护保养，及时排除故障及一切危险因素，预防事故发生。

（4）"五项纪律"。即凭操作证使用设备，遵守安全操作规程；保持设备整洁，润滑良好；严格执行交接班制度；随机附件、工具、文件齐全；发生故障，立即排除或报告。

（5）"润滑五定"。即按规定的时间、规定的加油点、规定的牌号、规定的油量，由规定的操作者和设备检修保养者加油。

（三）编制设备安全操作规程

安全操作规程是为了保证安全生产而制定的操作者必须遵守的操作活动细则。它是长期与事故作斗争的经验总结，是企业落实安全生产管理制度的基本文件，也是处理伤亡事故的一种依据。设备设施安全操作规程规定操作过程该干什么，不该干什么，或设备应该处于什么样的状态，是操作人员正确操作设备的依据，是保证设备安全运行的规范。对提高设备设施可利用率，防止故障和事故发生，延长设备使用寿命等起着重要作用。

（1）操作规程编制原则。安全操作规程的编制要贯彻"安全第一，预防为主"的方针，其内容要结合设备实际运行情况，突出重点，文字力求简练、易懂、易记；条目的先后顺序力求与操作顺序一致；根据设备使用说明书的操作维护要求，结合生产及工作环境进行编制。

（2）设备安全操作规程内容。设备安全操作规程内容一般包括：

①设备安全管理规程。管理规程主要是对设备使用过程的维修保养、安全检查、安全检测、档案管理等的规定。

②设备安全技术要求。安全技术要求是对设备应处于什么样的技术状态所做的规定。

③设备操作过程规程。操作过程规程是对操作程序和过程安全要求的规定，是岗位安全操作规程的核心。

如果安全操作规程的内容较多，一般将设备系统或工作系统划分为若干部分展开编写。实际划分可根据机械设备组成情况、作业性质、操作特点等而定。

（3）安全操作规程内容一般要求。内容要符合国家、行业现行有关安全法规和标准，要切合生产实际，便于员工掌握和操作；安全规程必须根据生产工艺变化，机械设备改造以及事故、教训等，不断在生产实践中补充完善，及时修订；凡新建、改建、扩建项目在投入试生产前，均必须制定出相应的安全规程，经上级主管部门审核批准后，组织学习，考试合格，方可上岗操作；安全规程力求平易通俗易懂，言简意明，用词用字准确，格式、标点符合符合规范，字迹工整清楚。要定期对安全规程进行一次确认或修改，保持它的适应性和实用性。

（四）设备设施的安全检查

为了准确地掌握设备设施运行状况和劣化损失，及时消除隐患，保持设备设施安全性能，应该对设备设施运行中影响设备正常运行的一些关键部位定期进行检查,并形成制度化和规范化。按照作业时间间隔和内容的不同,检查工作分为日常检查、定点检查和专项检查。

(1)日常检查。日常检查由设备操作员根据规定标准,以感官为主,每日对各设备的关键部分进行技术状态检查,以了解设备运行中的声响、振动、油温和油压是否正常,并对设备进行必要的清扫、擦拭、润滑和调整。日常检查的目的是及时发现设备异常,防患于未然,保证设备正常运转。检查结果要记入日常检查表中。

(2)定期检查。定期检查由维修人员凭感官和专用检测工具,定期对设备的技术状态进行全面的检查和测定。除日常检查内容外,定期检查主要是测定设备的劣化程度,精度和设备的性能,查明设备不能正常工作的原因,记录在设备下次检修时应消除的缺陷项目中。定期检查的目的是查明设备的缺陷与隐患,确定修理的方案与时间,保证设备维修规定的功能。定期检查的对象是重点生产设备,内容比较复杂,一般需停机检查。

(3)专项检查。专项检查一般由专职维修人员针对某些特定的项目,如设备的精度、某项或某些功能参数进行定期或不定期检查测定,目的是为了解设备的技术性能、专业性能,通常要使用专业工具和专业仪器设备。

虽然设备检查的内容因设备种类和工作条件不同而差别较大,但设备检查都必须认真做好以下几个环节的工作:确定检查点,确定检查项目,确定检查周期,确定检查的方法和条件,确定检查人员,做好检查的管理工作。

(五)设备设施的安全检修

(1)检修前的准备。根据设备检修项目的要求制定设备检修方案,落实检修队伍、检修人员、检修组织、安全措施,办理《设备检修安全作业证》。设备检修负责人应根据检修方案的要求,组织检修作业人员到检修现场交代检修项目、任务、检修方案,并落实检修安全措施。设备检修如需高处作业、动火、动土、断路、吊装、抽堵盲板、进入设备等必须按规定办理相应的安全作业证。设备的清洗、置换由设备所在单位负责。设备清洗、置换后应有分析报告。检修负责人应会同设备技术负责人、工艺技术负责人检查确认是否符合检修安全的要求。检修前必须对检修作业人员进行安全教育。

(2)检修前的安全检查和措施。对检修作业使用的脚手架、起重机具、电气焊、扳手、管钳等各种工器具进行检查,凡不符合作业安全要求的工器具不得使用。采取可靠的断电措施,切断需检修设备上的电器电源,应启动复查确认无电,还应在电源开关处挂上"禁止启动"的安全标志并加锁。对检修作业使用的气体防护器材、消防器材、通讯设备、照明设备等器材设备应专人检查,保证完好可靠,并合理放置。对检修现场的爬梯、栏杆、平台、盖板进行检查,以保证安全可靠。对检修用的盲板应逐个检查,对使用的移动电动工器具,应配有漏电保护装置。检修作业现场的坑、井、洼、沟、坡度应填平,也可设置围栏和警告标志,并设置夜间警示明灯。应将检修现场的易燃易爆物品、障碍物、油污、冰雪、积水、废弃物等影响检修安全的杂物清理干净。应检查清理检修现场的消防通道、行车通道保证畅通无阻。需夜间检修的作业场所应设有足够亮度的照明装置。

(3)检修作业中的安全要求。参加检修作业人员应穿戴好劳动保护用品。检修作业的各工种人员应遵守本工种安全技术操作规程的规定。在生产和储存化学危险品的场所进行设备维修时,检修项目负责人应与当班班长联系。如生产发生异常情况危及检修人员的安全时,生产班长应立即通知人员停止作业,迅速撤离作业现场,待紧急情况消除以后,经确认安全后才可通知检修人员重新进入作业现场。

(4)检修结束后的安全要求。检修项目负责人应会同有关检修人员检查检修项目是否有遗漏，工器具和材料等是否遗漏在设备内。检修项目负责人应会同设备技术人员、工艺技术人员根据工艺技术要求检查盲板抽堵情况，因检修需要而拆移的盖板、箅子板、扶手、栏杆、防护罩等安全设施是否恢复正常。检修用的工器具应搬走，脚手架、临时电源、临时照明设备等应及时拆除。设备、屋顶、地面上的杂物、垃圾等应清理干净。检修单位应会同设备所在单位对检修的设备进行单体和联动试车，验收交接。

(5)设备设施资料档案管理。设备档案是指设备从规划、设计、制造、安装、调试、使用、维修、改造、更新直至报废的全过程中形成的图样、方案说明、凭证和记录等文件资料。它汇集并积累了设备一生的技术状况，为分析、研究设备在使用期间的使用状况，探索磨损规律和检修规律，提高设备管理水平，反馈设备制造质量和管理质量信息，均提供了重要依据。

设备档案资料按每台单机整理，存放在设备档案袋内，档案编号应与设备编号一致。设备档案袋由设备动力管理维修部门的设备管理员负责管理，保存在设备档案袋内，按照编号顺序排列，定期进行登记和资料入袋工作。要求做到：明确设备档案管理的具体负责人，不得处于无人管理状态；明确纳入设备档案的各项资料的归档路线，包括资料来源、归档时间、交接手续、资料登记等；明确登记的内容和负责登记的人员；明确设备档案的借阅管理办法，防止丢失和损坏；明确重点管理设备档案，做到资料齐全，登记齐全、正确。

五、特种设备安全管理

特种设备设施种类繁多，不同设备设施构造原理不同。由国家认定的涉及生命安全、危险性较大的设备称为特种设备。按照《特种设备安全监察条例》和有关规定，特种设备包括锅炉、压力容器(含气瓶)、压力管道、电梯、起重机械、客运索道、大型游乐设施、厂内机动车辆等设备。

(一)特种设备的主要危险

特种设备的主要危险包括：爆炸、火灾、烫伤、中毒、窒息、触电、坠落、碰撞、物体打击、设备伤害等。造成事故的主要原因有以下几个方面：设备本身质量原因；违章操作原因；安全装置原因；定期检验或维护管理不到位原因；充装环节失控原因等。

(二)特种设备安全监管方式和内容

对特种设备的管理，国家实行全过程的安全监察，即对其设计、制造、安装、使用、检验、修理和改造等环节实行全过程安全监察，俗称"一条龙"管理或"一生管理"，即从其设计开始到报废全过程实施监管。

(1)设计。锅炉、压力容器中的气瓶、氧舱和客运索道、大型游乐设施的设计实行设计文件审批制度，经国务院特种设备安全监督管理部门核准的检验检测机构鉴定，才能用于制造；压力容器设计实行设计单位资格认可制度，并实行分级管理原则，即一、二类压力容器设计单位由省质监局批准，三类压力容器、汽车槽车、铁路槽车和超高压容器的设计单位由国家质检总局批准。

(2)制造。锅炉、压力容器、压力管道元件、电梯、起重机械、客运索道、大型游乐设施及其安全附件、安全保护装置实行制造许可制度，锅炉压力容器按其压力高低、容积大小和介质的危险程度等因素，分为 A、B、C、D 四个等级，实行分级管理。A、B、C 级锅炉压力容器由国家质检总局审批发证，D 级锅炉压力容器由省质监局审批发证；锅炉、压力容器、压力管道元件、起重机械、大型游乐设施实行制造过程监督检验制度。未经监督检验合格的设备不得出厂。特种设备出厂时，制造厂家要提供设计文件、产品质量合格证明、安装及使用维修说明、监督检验证明等文件。

(3)安装。安装许可制度：锅炉、压力容器、起重机械、客运索道、大型游乐设施实行安装许可制度,电梯的安装必须由电梯制造单位或者通过合同委托、同意具有电梯安装资质的单位。安装告知制度:特种设备安装前,安装单位应书面告知当地特种设备安全监督管理部门,施工验收后 30 日内将有关技术资料移交使用单位。使用单位应该将其存入该特种设备的安全技术档案。安装监督检验制度:锅炉、压力容器、电梯、起重机械、客运索道、大型游乐设施安装过程要接受特种设备检验检测机构的监督检验,未经监督检验合格的不得交付使用。

(4)使用。实行使用注册登记制度:特种设备在投入使用前或者投入使用后 30 日,使用单位应当向当地质量技术监督部门办理设备使用注册登记,登记标记应当置于或者附着于该特种设备的显著位置;特种设备存在严重事故隐患,无改造、维修价值,或者超出安全技术规范规定使用年限,特种设备使用单位应当及时予以报废,并向原登记的特种设备安全监督管理部门办理注销;锅炉、压力容器、电梯、起重机械、客运索道、大型游乐设施的作业人员及其相关管理人员,应当按照国家有关规定经特种设备安全监督管理部门考核合格,取得国家统一的特种作业人员证书,方能从事相应的作业或管理工作。

(5)检验。在用特种设备实行定期检验制度。定期检验是为了及时发现设备潜伏的缺陷及使用中因腐蚀、磨损等原因产生的新的缺陷及使用管理中出现的问题。特种设备使用单位应当按照安全技术规范的定期检验要求,在安全合格有效期届满前一个月向特种设备检验检测机构提出定期检验要求。未经定期检验或检验不合格的特种设备,不得继续使用。

(6)气瓶充装实行充装注册制度。压力容器所含的各种气瓶,由于其反复充装及可移动的特点,对气瓶充装实行了充装注册制度。通过控制充装单位的条件、充装安全管理,消除因气瓶错装、超装及超期未检瓶的充装,从而减少各种气瓶事故。充装单位申报充装注册手续是:气瓶充装单位首先向市质监局提出注册申请,经对其审查,对符合规定条件的报省质监局审核注册发证。只有取得省质监局颁发的《气体充装站充装注册证》后方可从事充装作业。该证每五年换发一次。

气体充装站的种类有永久气体充装站(氧气、氮气)、溶解乙炔气充装站、液化气体充装站(液氨、液氯)和液化石油气充装站。气瓶充装单位应当对气瓶使用者安全使用气瓶进行指导,提供服务。

(7)修理、改造。锅炉、压力容器、电梯、起重机械、客运索道、大型游乐设施修理、改造的单位须经省级特种设备安全监督管理部门许可。电梯制造单位也可对电梯进行修理、改造工作。特种设备的修理、改造单位在施工前应书面告知当地特种设备安全监督管理部门。施工验收后 30日内将有关技术资料移交使用单位。使用单位应该将其存入该特种设备的安全技术档案。

锅炉、压力容器、电梯、起重机械、客运索道、大型游乐设施改造、重大维修过程,必须经检验检测机构进行监督检验;未经监督检验合格的不得交付使用。

第五节　职业卫生管理

党中央、国务院高度重视职业病防治工作,温家宝总理在十一届全国人大四次会议上所作政府工作报告中就强调了要加强职业病的预防控制和规范管理。2011 年 12 月 31 日,第十一届全国人民代表大会常务委员会第二十四次会议审议通过了《全国人民代表大会常务委员会关于修改〈中华人民共和国职业病防治法〉的决定》,国家主席胡锦涛签署第 52 号主席令予以公布施行。新修改的《职业病防治法》确立了安全监管部门在职业病预防环节依法实施监管的执法主体地位;赋予了安全生产监督管理部门制定相关规章;建设项目职业卫生"三同时"审查与监管;职业卫生技术服务监管资质认可与管理;工作场所职业卫生监督检查;向职业病诊断、鉴定机构提供日常监督检查信息以及对存在异议的相关资料或者工作场所职业病危害因素情况作出判定等职责。《国务院关于坚持科学发展安全发展促进安全生产形势持续稳定好转的意见》(国发[2011]40 号)对职业病危害防治工作作出了明确要求。

为了促进我国的职业病防治工作,切实履行职业卫生监管职责,国家安全监管总局根据新修改的《职业病防治法》,制定了"一规定、四办法"共 5 个部门规章。即《工作场所职业卫生监督管理规定》(国家安监总局令第 47 号)、《职业病危害项目申报办法》(国家安监总局令第 48号)、《职业健康监护管理办法》(国家安监总局令第 49 号)、《建设项目职业卫生"三同时"监督管理暂行办法》(国家安监总局令第 51 号)、《职业卫生技术服务机构监督管理暂行办法》(国家安监总局令第 50 号)等,下一步还要制定《职业病危害事故报告与调查处理办法》、《使用有毒物品作业场所职业卫生安全许可证实施办法》等部门规章,有关职业卫生标准也日渐完善,进一步完善职业卫生法律法规体系,为开展职业卫生执法工作提供法律依据。

一、职业卫生基本概念

(一)职业卫生概念

《职业安全卫生术语》(GB/T 15236—2008)中对职业卫生的定义是:以职工的健康在职业活动过程中免受有害因素侵害为目的的工作领域及其在法律、技术、设备、组织制度和教育等方面所采取的相应措施。

(二)职业性有害因素

职业性有害因素,也称职业性危害因素或职业危害因素,是指在生产过程中、劳动过程中、作业环境中存在的各种有害的化学、物理、生物因素以及在作业过程中产生的其他危害劳动者健康、能导致职业病的有害因素。

(三)职业性有害因素及其分类

1. 按其来源分类

(1)生产过程中产生的有害因素

①化学因素。包括生产性粉尘和化学有毒物质。

生产性粉尘,例如矽尘、煤尘、石棉尘、电焊烟尘等。

化学有毒物质,例如铅、汞、锰、苯、一氧化碳、硫化氢、甲醛、甲醇等。

②物理因素。例如异常气象条件(高温、高湿、低温)、异常气压、噪声、振动、辐射等。

③生物因素。例如附着于皮毛上的炭疽杆菌、甘蔗渣上的真菌、医务工作者可能接触到的生物传染性病原物等。

(2)劳动过程中的有害因素

①劳动组织和制度不合理,劳动作息制度不合理等。

②精神性职业紧张。

③劳动强度过大或生产定额不当。

④个别器官或系统过度紧张,如视力紧张等。

⑤长时间不良体位或使用不合理的工具等。

(3)生产环境中的有害因素

①自然环境中的因素,例如炎热季节的太阳辐射。

②作业场所建筑卫生学设计缺陷因素,例如照明不良、换气不足等。

2. 按《职业病危害因素分类目录》分类

2002 年卫生部颁布的《职业病危害因素分类目录》(卫法监发[2002]63 号)将职业危害因素分为十大类:①粉尘类(13 种);②放射性物质类(电离辐射)(12 种);③化学物质类(56 种);④物理因素(4 种);⑤生物因素(3 种);⑥导致职业性皮肤病的危害因素(8 种);⑦导致职业性眼病的危害因素(3 种);⑧导致职业性耳鼻喉口腔疾病的危害因素(3 种);⑨导致职业性肿瘤的职业危害因素(8 种);⑩其他职业危害因素(5 种)。

(四)职业病

1. 职业病的概念

职业病是指企业、事业和个体经济组织的劳动者在职业活动中,因接触粉尘、放射性物质和其他有毒、有害物质或有害因素等而引起的疾病。如在职业活动中,接触铍可引致铍肺,接触氟可致氟骨症,接触氯乙烯可引起肢端溶骨症,接触焦油沥青可引起皮肤黑变病等。

由国家主管部门公布的职业病目录所列的职业病称为法定职业病。界定法定职业病的 4 个基本条件是:①在职业活动中产生;②接触职业危害因素;③列入国家职业病范围;④与劳动用工行为相联系。

2. 职业病的分类

卫生部、原劳动和社会保障部于 2002 年颁布《职业病目录》(卫法监发[2002]108 号)将 10 大类共 115 种职业病列入法定职业病,包括:①尘肺 13 种;②职业性放射性疾病 11 种;③化学因素所致职业中毒 56 种;④物理因素所致职业病 5 种;⑤生物因素所致职业病 3 种;⑥职业性皮肤病 8 种;⑦职业性眼病 3 种;⑧职业性耳鼻喉口腔疾病 3 种;⑨职业性肿瘤 8 种;⑩其他职业病 5 种。

二、职业危害识别

(一)粉尘与尘肺

1. 生产性粉尘

能够较长时间悬浮于空气中的固体微粒叫做粉尘。与生产过程有关而形成的粉尘叫做生产性粉尘。生产性粉尘对人体有多方面的不良影响,尤其是含有游离二氧化硅的粉尘,能引起严重的职业病——矽肺。

不同分散度的生产性粉尘,因粉尘颗粒粒径大小的差异,其进入人体呼吸系统的情况存在差异,在生产性粉尘的采样监测与接触限值制定上,通常将其分为总粉尘与呼吸性粉尘两种类型。

(1)总粉尘:可进入整个呼吸道(鼻、咽和喉、胸腔支气管、细支气管和肺泡)的粉尘,简称"总尘"。技术上指用总粉尘采样器按标准方法在呼吸带测得的所有粉尘。

(2)呼吸性粉尘:按呼吸性粉尘标准测定方法所采集的可进入肺泡的粉尘粒子,其空气动力学直径均在 7.07 pm* 以下,空气动力学直径 5 pm 粉尘粒子的采样效率为 50%,简称"呼尘"。

2. 生产性粉尘的来源

(1)固体物质的机械加工、粉碎,其所形成的尘粒,小者可为超显微镜下可见的微细粒子,大者肉眼即可看到,如金属的研磨、切削,矿石或岩石的钻孔、爆破、破碎、磨粉以及粮谷加工等。

---

* 1 pm$=10^{-12}$ m$=10^{-6}$ μm$=1$ $\mu\mu$m

（2）物质加热时产生的蒸气可在空气中凝结成小颗粒，或者被氧化形成颗粒状物质，其所形成的微粒直径多小于 1 pm，如熔炼黄铜时，锌蒸气在空气中冷凝、氧化形成氧化锌烟尘。

（3）有机物质的不完全燃烧，其所形成的微粒直径多在 0.5 pm 以下，如木材、油、煤炭等燃烧时所产生的烟。

此外，对铸件翻砂、清砂作业时或生产中使用粉末状物质在进行混合、过筛、包装、搬运等操作时，也可产生多量粉尘；沉积的粉尘由于振动或气流的影响重又回到空气中（二次扬尘）也是生产性粉尘的一项主要来源。

3. 生产性粉尘的分类

生产性粉尘根据其性质可分为三类：

（1）无机性粉尘

①矿物性粉尘，例如煤尘、硅石、石棉、滑石等。

②金属性粉尘，例如铁、锡、铝、铅、锰等。

③人工无机性粉尘，例如水泥、金刚砂、玻璃纤维等。

（2）有机性粉尘

①植物性粉尘，例如棉、麻、面粉、木材、烟草、茶等。

②动物性粉尘，例如兽毛、角质、骨质、毛发等。

③人工有机粉尘，例如有机燃料、炸药、人造纤维等。

（3）混合性粉尘

指上述各种粉尘混合存在物。在生产环境中，最常见的是混合性粉尘。

4. 生产性粉尘的致病机理

生产性粉尘的理化性质与其生物学作用及现场防尘措施等有密切关系。在卫生学上有意义的粉尘理化性质有分散度、溶解度、比重、形状、硬度、荷电性、爆炸性及粉尘的化学成分等。

一般认为，矽肺的发生和发展与从事接触矽尘作业的工龄、粉尘中游离二氧化硅的含量、二氧化硅的类型、生产场所粉尘浓度、分散度、防护措施以及个体条件等有关。劳动者一般在接触矽尘 5～10 年才发病，有的潜伏期可长达 15～20 年。接触游离二氧化硅含量高的粉尘，也有 1～2 年发病的。其机理是由于矽尘进入肺内，可引起肺泡的防御反应，成为尘细胞。其基本病变是矽结节的形成和弥漫性间质纤维增生，主要是引起肺纤维性改变。

5. 生产性粉尘引起的职业病

生产性粉尘的种类繁多，理化性状不同，对人体所造成的危害也是多种多样的。就其病理性质可概括为以下几种。

（1）全身中毒性，例如铅、锰、砷化物等粉尘。

（2）局部刺激性，例如生石灰、漂白粉、水泥、烟草等粉尘。

（3）变态反应性，例如大麻、黄麻、面粉、羽毛、锌烟等粉尘。

（4）光感应性，例如沥青粉尘。

（5）感染性，例如破烂布屑、兽毛、谷粒等粉尘有时附有病原菌。

（6）致癌性，例如铬、镍、砷、石棉及某些光感应性和放射性物质的粉尘。

（7）尘肺，例如煤尘、矽尘、矽酸盐尘。

生产性粉尘引起的职业病中，以尘肺最为严重。尘肺是由于吸入生产性粉尘引起的以肺的纤维化为主要变化的职业病。由于粉尘的性质、成分不同，对肺脏所造成的损害、引起纤维化程度也有所不同，从病因上分析，可将尘肺分为六类：矽肺、硅酸盐肺、炭尘肺、金属尘肺、混合性尘肺、有机尘肺。

2002年卫生部与劳动保障部联合发布的《职业病目录》（卫法监发[2002]108号）公布的职业病名单中，列出了13种法定尘肺病，即矽肺、煤工尘肺、石墨尘肺、碳黑尘肺、石棉肺、滑石尘肺、水泥尘肺、云母尘肺、陶工尘肺、铝尘肺、电焊工尘肺、铸工尘肺、根据《尘肺病诊断标准》和《尘肺病理诊断标准》可以诊断的其他尘肺。

（二）生产性毒物与职业中毒

1. 生产性毒物及其危害

凡少量化学物质进入机体后，能与机体组织发生化学或物理化学作用，破坏正常生理功能，引起机体暂时或长期病理状态的，称为毒物。

在生产经营活动中，通常会生产或使用化学物质，它们发散并存在于工作环境空气中，对劳动者的健康产生危害，这些化学物质称为生产性毒物（或化学性有害物质）。

（1）毒物毒性

毒物毒性大小可以用引起某种毒性反应的剂量来表示。在引起同等效应的条件下，毒物剂量越小，表明该毒物的毒性越大。例如，60 mg的氯化钠一次进入人体，对健康无损害；60 mg的氰化钠一次进入人体，就有致人死亡的危险。这表明，氯化钠的毒性小，氰化钠的毒性大。化学物质的危害程度分级分为剧毒、高毒、中等毒、低毒和微毒5个级别。

（2）毒物的危害性

毒物的危害性不仅取决于毒物的毒性，还受生产条件、劳动者个体差异的影响。因此，毒性大的物质不一定危害性大；毒性与危害性并不等同。例如，氮气是一种惰性气体，本身无毒，一般不产生危害性。但是，当它在空气中含量高，使得空气中的氧含量减少时，吸入者会发生窒息，严重时可导致死亡。在石油化工行业，用氮气的作业场所很多，稍有不慎，就有发生氮气窒息的危险，危害性很大。

影响毒物毒性作用的因素有以下方面。

①化学结构。毒物的化学结构对其毒性有直接影响。在各类有机非电解质之间，其毒性大小依次为芳烃＞醇＞酮＞环烃＞脂肪烃。同类有机化合物中卤族元素取代氢时，毒性增加。

②物理特性。毒物的溶解度、分解度、挥发性等与毒物的毒性作用有密切关系。毒物在水中溶解度越大，其毒性越大；分解度越大，不仅化学活性增加，而且易进到呼吸道的深层部位而增加毒性作用；挥发性越大，危害性越大。一般，毒物沸点与空气中毒物浓度和危害程度成反比。

③毒物剂量。毒物进入人体内需要达到一定剂量才会引起中毒。在生产条件下，毒物剂量与毒物在工作场所空气中的浓度和接触时间有密切关系。

④毒物联合作用。在生产环境中，毒物往往不是单独存在的，而是与其他毒物共存，可对人体产生联合毒性作用。可表现为相加作用、相乘作用、拮抗作用。

⑤生产环境与劳动条件。生产环境的温度、湿度、气压、气流等能影响毒物的毒性作用。高温可促进毒物挥发，增加人体吸收毒物的速度；湿度可促使某些毒物如氯化氢、氟化氢的毒性增加；高气压可使毒物在体液中的溶解度增加；劳动强度增大时人体对毒物更敏感，或吸收量加大。

⑥个体状态。接触同一剂量的毒物，不同个体的反应可迥然不同。引起这种差异的个体因素包括健康状况、年龄、性别、营养、生活习惯和对毒物的敏感性等。一般，未成年人和妇女生理变动期（经期、孕期、哺乳期）对某些毒物敏感性较高。烟酒嗜好往往增加毒物的毒性作用。也有遗传缺陷或遗传疾病等遗传因素，造成个体对某些化学物质更为敏感。

（3）毒物作用于人体的危害表现

中毒有急性、慢性之分，也可能以身体某个脏器的损害为主，表现多种多样。

①局部刺激和腐蚀。例如，人接触氨气、氯气、二氧化硫等，可出现流泪、睁不开眼、鼻痒、鼻塞、咽干、咽痛等表现，这是因为这些气体有刺激性，严重时可出现剧烈咳嗽、痰中带血、胸闷、胸疼。高浓度的氨、硫酸、盐酸、氢氧化钠等酸碱物质，还可腐蚀皮肤、黏膜，引起化学灼伤，造成肺水肿等。

①中毒。例如，长期吸入汞蒸气，可出现头痛、头晕、乏力、倦怠、情绪不稳等全身症状，还可有流涎、口腔溃疡、手颤等体征，实验室检查尿汞高，可诊断为汞中毒。

此外，有的化学物质长期接触后，会造成女工自然流产、后代畸形；有的会增加群体肿瘤的发病率；有的则会改变免疫功能等。

2. 职业中毒

劳动者在生产过程中过量接触生产性毒物引起的中毒，称为职业中毒。例如，一个工人在生产过程中遇到大量氯气泄漏，而又因种种原因未能采取有效的个人防护，吸入高浓度氯气，产生胸闷、憋气、剧烈的咳嗽和痰中带血，这就构成了氯气中毒。由于它是在生产过程中形成，与所从事的作业密切相关，所以称之为职业中毒。当然，职业中毒并不都是急性中毒，还有慢性中毒。毒物可经呼吸道吸入，也可经皮肤吸收。总之，职业中毒的表现是多种多样的。

（1）生产性毒物存在方式

生产性毒物在生产过程中，可在原料、辅助材料、夹杂物、半成品、成品、废气、废液及废渣中存在。各种毒物由于其物理和化学性质不同，以及职业活动条件的不同，在工作场所空气中的存在状态有所不同。

（2）生产性毒物侵入人体的途径

①吸入：呈气体、蒸气、气溶胶（粉尘、烟、雾）状态的毒物经呼吸道进入体内。

进入呼吸道的毒物，可通过肺泡直接进入血液循环，其毒性作用大，发生快。大多数情况下毒物都是由此途径进入人体的。

②经皮肤吸收：在作业过程中经皮肤吸收而导致中毒者也较常见。经皮肤吸收有两种，经表皮或经过汗腺、毛囊等吸收，吸收后直接进入血液循环。

③食入：较少见，可为误食或吞入。氰化物可在口腔中经黏膜吸收。

（3）职业中毒的类型

侵入人体的生产性毒物引起的职业中毒，按发病过程可分为三种类型：

①急性中毒。由毒物一次或短时间内大量进入人体所致。多数由生产事故或违反操作规程所引起。

②慢性中毒。慢性中毒是长期小剂量毒物进入机体所致。绝大多数是由蓄积作用的毒物引起的。

③亚急性中毒。亚急性中毒介于以上两者之间，在短时间内有较大量毒物进入人体所产生的中毒现象。

接触工业毒物，无中毒症状和体征，但实验室检查体内毒物或其代谢产物超过正常值状态称为带毒状态，如铅吸收带毒状态等。

有些毒物有致癌性。接触有些毒物还可能对妇女有害，甚至会累及下一代。

（4）职业接触生产性毒物机会

①正常生产过程。存在生产性毒物的生产过程中，很多生产工序和操作岗位可接触到毒

物。如到装置内取样,样品可挥发溢出;在罐顶检查储罐储存量、进入装置设备巡检、清釜、清罐、加料、包装、储运和对原材料、半成品、成品进行质量检验分析时,均可接触到有关的化学毒物;装置排污、污水处理和设备泄漏等作业接触毒物的机会更多。

②检修与抢修。生产过程中,工艺设备复杂,需要定期进行检修,发生事故时也需要立即进行抢修。如进入塔、釜、罐检修,对设备进行吹扫置换时,会释放出有害气体。

③意外事故。许多生产过程具有高温高压、易燃易爆、有毒有害因素多的特点,一旦发生意外事故,往往造成大量毒物泄漏,增加人员接触毒物的机会。

(三)物理性职业危害因素及所致职业病

作业场所常见的物理性职业性危害因素包括噪声、振动、电磁辐射、异常气象条件(气温、气流、气压)等。

1. 噪声

(1)生产性噪声的特性、种类及来源

在生产过程中,由于机器转动、气体排放、工件撞击与摩擦所产生的噪声,称为生产性噪声或工业噪声。可归纳为以下三类。

①空气动力噪声:由于气体压力变化引起气体扰动,气体与其他物体相互作用所致。例如,各种风机、空气压缩机、风动工具、喷气发动机、汽轮机等,是由压力脉冲和气体排放发出的噪声。

②机械性噪声:机械撞击、摩擦或质量不平衡旋转等机械力作用下引起固体部件振动产生的噪声。例如,各种车床、电锯、电刨、球磨机、砂轮机、织布机等发出的噪声。

③电磁噪声:由于磁场脉冲,磁致伸缩引起电气部件振动所致。如电磁式振动台和振荡器、大型电动机、发电机和变压器等产生的噪声。

(2)生产性噪声引起的职业病——噪声聋

由于长时间接触噪声导致的听阈升高,不能恢复到原有水平的,称为永久性听力阈移,临床上称噪声聋。职业噪声还具有听觉外效应,可引起人体其他器官或机能异常。

2. 振动

生产过程中的生产设备、工具产生的振动称为生产性振动。产生振动的机械有锻造机、冲压机、压缩机、振动机、振动筛、送风机、振动传送带、打夯机、收割机等。在生产中手臂振动所造成的危害,较为明显和严重,国家已将手臂振动的局部振动病列为职业病。

存在手臂振动的生产作业主要有以下4类。

(1)使用锤打工具作业。以压缩空气为动力,如凿岩机、选煤机、混凝土搅拌机、倾卸机、空气锤、筛选机、风铲、捣固机、铆钉机、铆打机等。

(2)使用手持转动工具作业。如电钻、风钻、手摇钻、油锯、喷砂机、金刚砂抛光机、钻孔机等。

(3)使用固定轮转工具作业。如砂轮机、抛光机、球磨机、电锯等。

(4)驾驶交通运输工具或农业机械作业。如汽车、火车、收割机、脱粒机等驾驶员,手臂长时间把持操作把手,亦存在手臂振动。

3. 电磁辐射

在作业场所中可能接触的几种电磁辐射简述如下。

(1)非电离辐射

①高频作业、微波作业等

高频作业主要有高频感应加热,如金属的热处理、表面淬火、金属熔炼、热轧及高频焊接等,工人作业地带高频电磁场主要来自高频设备的辐射源,无屏蔽的高频输出变压器常是工人操作位的主要辐射源。射频辐射对人体的影响不会导致组织器官的器质性损伤,主要引起功能性改变,并具有可逆性特征,症状往往在停止接触数周或数月后可消失。

微波能具有加热快、效率高、节省能源的特点。微波加热广泛用于橡胶、食品、木材、皮革、茶叶加工等,以及医药、纺织印染等行业。烘干粮食、处理种子及消灭害虫是微波在农业方面的重要应用。微波对机体的影响分为致热效应和非致热效应两类,由于微波可选择性加热含水分组织而可造成机体热伤害,非致热效应主要表现在神经、分泌和心血管系统。

②红外线

在生产环境中,加热金属、熔融玻璃、强发光体等可成为红外线辐射源。炼钢工、铸造工、轧钢工、锻造工、玻璃熔吹工、烧瓷工、焊接工等可接触到红外线辐射。

白内障是长期接触红外辐射而引起的常见职业病,其原因是红外线可致晶状体损伤。职业性白内障已列入我国职业病名单。

③紫外线

生产环境中,物体温度达1200℃以上辐射的电磁波谱中即可出现紫外线。随着物体温度的升高,辐射的紫外线频率增高。常见的工业辐射源有冶炼炉(高炉、平炉、电炉)、电焊、氧乙炔气焊、氩弧焊、等离子焊接等。

紫外线作用于皮肤能引起红斑反应。强烈的紫外线辐射可引起皮炎,皮肤接触沥青后再经紫外线照射,能发生严重的光感性皮炎,并伴有头痛、恶心、体温升高等症状,长期遭受紫外线照射,可发生湿疹、毛囊炎、皮肤萎缩、色素沉着,甚至可导致皮肤癌的发生。

在作业场所比较多见的是紫外线对眼睛的损伤,即由电弧光照射所引起的职业病——电光性眼炎。此外,在雪地作业、航空航海作业时,受到大量太阳光中紫外线的照射,也可引起类似电光性眼炎的角膜、结膜损伤,称为太阳光眼炎或雪盲症。

④激光

激光也是电磁波,属于非电离辐射。激光被广泛应用于工业、农业、国防、医疗和科研等领域。在工业生产中主要利用激光辐射能量集中的特点,进行焊接、打孔、切割、热处理等作业。

激光对健康的影响主要由其热效应和光化学效应造成,可引起机体内某些酶、氨基酸、蛋白质、核酸等的活性降低甚至失活。

眼部受激光照射后,可突然出现眩光感、视力模糊等。激光意外伤害,除个别人会发生永久性视力丧失外,多数经治疗均有不同程度的恢复。激光对皮肤也可造成损伤。

(2)电离辐射

①凡能引起物质电离的各种辐射称为电离辐射。如各种天然放射性核素和人工放射性核素、X射线机等。

随着原子能事业的发展,核工业、核设施也迅速发展,放射性核素和射线装置在工业、农业、医药卫生和科学研究中已得到广泛应用。接触电离辐射的劳动者也日益增多。

在农业上,可利用射线的生物学效应进行动植物辐射育种,如辐照蚕茧等可获得新品种。射线照射肉类、蔬菜,可以杀菌、保鲜,延长贮存时间。在医学上,用射线照射肿瘤,可杀灭癌细胞。从事上述各种辐照的工作人员,可能受到射线的外照射。工业生产中还利用射线照像原理进行管道焊缝、铸件砂眼等的探伤。放射性仪器仪表多使用封闭源,操作不当则可造成工作人员的外照射。

②电离辐射引起的职业病——放射病

放射性疾病是人体受各种电离辐射照射而发生的各种类型和不同程度损伤(或疾病)的总称。它包括：a. 全身性放射性疾病，如急、慢性放射病；b. 局部放射性疾病，如急、慢性放射性皮炎、放射性白内障；c. 放射所致远期损伤，如放射所致白血病。

4. 异常气象条件

气象条件主要是指作业环境周围空气的温度、湿度、气流与气压等。在作业场所，由这四个要素组成的微小气候和劳动者的健康关系很大。作业场所的微小气候既受自然条件影响，也受生产条件影响。

(1)异常气象条件定义

①温度

生产环境的气温，受大气和太阳辐射的影响，在纬度较低的地区，夏季容易形成高温作业环境。生产场所的热源，如各种熔炉、锅炉、化学反应釜及机械摩擦和转动等产生的热量，都可以通过传导和对流加热空气。在人员密集的作业场所，人体散热也可对工作场所的气温产生一定影响。

②湿度

对作业环境湿度的影响主要来自车间内各种敞开液面的水分蒸发或蒸汽放散情况，如造纸、印染、缫丝、电镀、屠宰等工艺中就存在上述情况，可以使生产环境的湿度增大。潮湿的矿井、隧道以及潜涵、捕鱼等作业也可能遇到相对湿度大于80%的高湿度的作业环境。在高温作业车间也可遇到相对湿度小于30%的低湿度。影响车间内湿度的因素还包括大气气象条件。

③风速

生产环境的气流除受自然风力的影响外，也与生产场所的热源分布和通风设备有关。热源使室内空气加热，产生对流气流，通风设备可以改变气流的速度和方向。矿井或高温车间生产环境的气流方向和速度要受人工控制。

④热辐射

热辐射是指能产生热效应的辐射线，主要是指红外线及一部分可见光。太阳的辐射以及生产场所的各种熔炉、开放的火焰、熔化的金属等均能向外散发热辐射，既可以作用于人体，也可以使周围物体加热成为二次热源，扩大了热辐射面积，加剧了热辐射强度。

⑤气压

一般情况下，工作环境的气压与大气压相同，虽然在不同的时间和地点可以略有变化，但变动范围很小，对机体无不良影响。某些特殊作业如潜水作业、航空飞行等，是在异常气压下工作，此时的气压与正常气压相差很远。

(2)异常气象条件下的作业类型

①高温强热辐射作业

工作场所有生产性热源，其散热量大于 23 W/(m·h)或 84 kJ/(m³·h)的车间；或当室外实际出现本地区夏季通风室外计算温度时，工作场所的气温高于室外 2℃或 2℃以上的作业，均属高温、强热辐射作业。如冶金工业的炼钢、炼铁、轧钢车间，机械制造工业的铸造、锻造、热处理车间，建材工业的陶瓷、玻璃、搪瓷、砖瓦等窑炉车间，火力电厂和轮船的锅炉间等。这些作业环境的特点是气温高，热辐射强度大，相对湿度低，形成干热环境。

②高温高湿作业

气象条件特点是气温高、湿度大，热辐射强度不大，或不存在热辐射源。如印染、缫丝、造纸等工业中,液体加热或蒸煮,车间气温可达 35℃ 以上,相对湿度达 90% 以上。具有热害的煤矿深井井下气温可达 30℃,相对湿度达 95% 以上。

③夏季露天作业

夏季从事农田、野外、建筑、搬运等露天作业以及军事训练等,易受太阳的辐射作用和地面及周围物体的热辐射。

④低温作业

接触低温环境主要见于冬天在寒冷地区或极地从事野外作业,如建筑、装卸、农业、渔业、地质勘探、科学考察,或在寒冷天气中进行战争或军事训练。冬季室内因条件限制或其他原因而无采暖设备,亦可形成低温作业环境。在冷库或地窖等人工低温环境中工作,人工冷却剂的储存或运输过程中发生意外,亦可使接触者受低温侵袭。

⑤高气压作业

高气压作业主要有潜水作业和潜涵作业。潜水作业常见于水下施工、海洋资料及海洋生物研究、沉船打捞等。潜涵作业主要出现于修筑地下隧道或桥墩,工人在地下水位以下的深处或沉降于水下的潜涵内工作,为排出涵内的水,需通入较高压力的高压气。

⑥低气压作业

高空、高山、高原均属低气压环境,在这类环境中进行运输、勘探、筑路、采矿等生产劳动,属低气压作业。

(3)异常气象条件对人体的影响

①高温作业对机体的影响

高温作业对机体的影响主要是体温调节和人体水盐代谢的紊乱,机体内多余的热不能及时散发掉,产生蓄热现象而使体温升高。在高温作业条件下大量出汗,可使体内水分和盐大量丢失。一般生活条件下出汗量为每日 6 L 以下,高温作业工人日出汗量可达 8~10 L,甚至更多。汗液中的盐主要是氯化钠和少量钾,大量出汗可引起体内水盐代谢紊乱,对循环系统、消化系统、泌尿系统都可造成一些不良影响。

②低温作业对机体的影响

在低温环境中,皮肤血管收缩以减少散热,内脏和骨骼肌血流增加,代谢加强,骨髓肌收缩产热,以保持正常体温。如时间过长,超过了人体耐受能力,体温逐渐降低。由于全身过冷,使机体免疫力和抵抗力降低,易患感冒、肺炎、肾炎、肌痛、神经痛、关节炎等,甚至可导致冻伤。

③高、低气压作业对人体的影响

高气压对机体的影响,在不同阶段表现不同。在加压过程中,可引起耳充塞感、耳鸣、头晕等,甚至造成鼓膜破裂。在高气压作业条件下,欲恢复到常压状态时,有个减压过程。在减压过程中,如果减压过速,则可引起减压病。低气压作业对人体的影响主要是由于低氧性缺氧而引起的损害,如高原病。

(4)异常气象条件引起的职业病

①中暑

中暑是高温作业环境下发生的一类疾病的总称,是机体散热机制发生障碍的结果。中暑是高温环境下由于热平衡和(或)水盐代谢紊乱等而引起的一种以中枢神经系统和(或)心血管系统障碍为主要表现的急性热致疾病。中暑在临床上可分为三种类型,即热射病、热痉挛和热衰竭。按病情轻重可分为先兆中暑、轻症中暑、重症中暑。

重症中暑可出现昏倒或痉挛,皮肤干燥无汗,体温在 40℃ 以上等症状。

②减压病

急性减压病主要发生在潜水作业后。减压病的症状主要表现为：皮肤奇痒、灼热感、紫绀、大理石样斑纹，肌肉、关节和骨骼酸痛或针刺样剧烈疼痛，头痛、眩晕、失明、听力减退等。

③高原病

高原病是发生于高原低氧环境下的一种疾病。急性高原病分为三类：急性高原反应、高原肺水肿、高原脑水肿等。

(四)职业性致癌因素

1. 职业性致癌物的分类

与职业有关的、能引起恶性肿瘤的有害因素称为职业性致癌因素。由职业性致癌因素所致的癌症称为职业癌。

经过流行病学调查和动物实验，有明确证据表明对人有致癌作用的物质，称为确认致癌物，如炼焦油、芳香胺、石棉、铬、芥子气、氯甲甲醚、氯乙烯、放射性物质等。

2. 职业致癌物引起的职业癌

我国已将石棉、联苯胺、苯、氯甲甲醚、砷、氯乙烯、焦炉烟气、铬酸盐所致的癌症，列入职业病名单。

(五)生物因素

生物因素所致职业病是指劳动者在生产条件下，接触生物性危害因素而发生的职业病。我国将炭疽病、森林脑炎和布鲁氏杆菌病列为法定职业病。

1. 炭疽病

炭疽病是由炭疽菌引起的人畜共患的急性传染病。

炭疽病的职业性高危人群主要是牧场工人、屠宰工、剪毛工、搬运工、皮革厂工人、毛纺工、缝皮工及兽医等。

炭疽病的潜伏期较短，一般为 1～3 天，最短仅为 12 小时。临床分为皮肤型、肺型、肠型 3 种，且可继发败血症型、脑膜炎型。

2. 森林脑炎

森林脑炎是由病毒引起的自然疫源性疾病，是林区特有的疾病，传播媒介是硬蜱，有明显的季节性，每年 5 月上旬开始，6 月上、中旬达高峰，7 月后则多散发。

本病主要见于从事森林工作有关的人员，例如森林调查队员、林业工人、筑路工人等。在林业工人中采伐工和集材工的发病率高于其他工种，其中使用畜力(牛、马)的集材工发病率最高。林业工人多为男性青壮年，故森林脑炎患者多为 20～40 岁的男子。

森林脑炎起病急剧，突发高热可迅速到 40℃ 以上，并有头痛、恶心、呕吐、意识不清等，可迅速出现脑膜刺激症状，多为重症。神经系统症状以瘫痪、脑膜刺激症及意识障碍为主，常出现颈部肌肉、肩胛肌、上肢肌瘫。

3. 布鲁氏杆菌病

布鲁氏杆菌病是由布鲁氏杆菌病引起的人畜共患性传染病，传染源以羊、牛、猪为主，主要由病畜传染，因此病畜是皮毛加工等类型企业中职业性感染此病的主要途径。发热是布鲁氏杆菌病患者最常见的临床表现之一，常有多发性神经炎，多见于大神经，以坐骨神经最为多见。

(六)职业有关疾病

职业有关疾病又称工作有关疾病，主要是指职业人群中发生的、由多种因素引起的疾病。

它的发生与职业因素有关,但又不是唯一的发病因素,非职业因素也可引起发病,是在职业病名单之外的一些与职业因素有关的疾病。如,搬运工、铸造工、长途汽车司机、炉前工、电焊工等工种,由于长期弯腰、下蹲、站立或躯干前屈等可致腰背痛;长期固定姿势,长期低头,长期伏案工作等可致颈肩痛;教师与歌唱演员发生的声带结节、单调作业、轮班作业;因脑力劳动长期高度精神紧张而多发的高血压和冠心病、消化性溃疡病等。

随着社会和经济的持续发展,各行各业也在迅速发展,人们的生活方式和节奏不断加快,劳动者对精神、社会生活和健康要求的提高,新的预防医学模式随之突破旧的医学模式,需要心理学、经济学和社会学等学科相互协作配合。而员工在保护自身健康时,应培养、保持健康的心理、精神状态。

三、职业危害检测

依据职业卫生有关采样、测定等法规标准的要求,在作业现场采集样品后测定分析或者直接测量,对照国家职业危害因素接触限值有关的标准要求,是评价工作环境中存在的职业性危害因素的浓度或强度的基本方式。通过职业危害因素检测,可以判定职业危害因素的性质、分布、产生的原因和程度,也可以评价作业场所配备的工程防护设备设施的运行效果。

(一)职业接触限值(OEL)

职业性有害因素的接触限值是指劳动者在职业活动过程中长期反复接触,对绝大多数接触者的健康不引起有害作用的容许接触水平。

其中,化学有害因素的职业接触限值包括时间加权平均容许浓度、最高容许浓度、短时间接触容许浓度、超限倍数四类。

(1)时间加权平均容许浓度(PC-TWA)。指以时间为权数规定的 8 小时工作日、40 小时工作周的平均容许接触浓度。

(2)最高容许浓度(MAC)。指工作地点、在一个工作日内、任何时间有毒化学物质均不应超过的浓度。

(3)短时间接触容许浓度(PC-STEL)。指在遵守时间加权平均容许浓度前提下容许短时间(15 分钟)接触的浓度。

(4)超限倍数。对未制定 PC-STEI 的化学有害因素,在符合 8 小时时间加权平均容许浓度的情况下,任何一次短时间(15 分钟)接触的浓度均不应超过的 PC-TWA 的倍数值。

(二)职业危害因素检测

国家职业卫生有关法规标准对作业场所职业危害因素的采样和测定都有明确的规定,职业危害因素检测必须按计划实施,由专人负责,进行记录,并纳入已建立的职业卫生档案。常见政策法规主要为部门颁布的有关规章,例如《工作场所职业卫生监督管理规定》规定,存在职业危害的单位(煤矿除外)应当委托具有相应资质的中介技术服务机构,每年至少进行一次职业危害因素检测。《煤矿安全规程》、《煤矿作业场所职业危害防治规定(试行)》则对煤矿企业职业危害因素检测进行了规定。除国家主管部门颁布的有关规定外,现行职业卫生标准也对职业危害因素的布点采样等进行了详细的规定,主要职业卫生标准有《工作场所空气中有毒物质监测的采样规范》(GBZ 159—2004)与《工作场所物理因素测量》(GBZ 189.1—2007 至 GBZ 189.11—2007)有关技术规范等。

对于工作场所中存在的粉尘和化学毒物的采样来说,根据其采样方式的不同又可以分为定点采样和个体采样两种类型。定点采样是指将空气收集器放置在选定的采样点、劳动者的呼吸带进行采样；个体采样是指将空气收集器佩戴在采样对象（选定的作业人员）的前胸上部，其进气口尽量接近呼吸带所进行的采样。

（三）职业危害因素测定分析

对于多数物理性职业危害因素，在现场检测时可以借助测定设备直接进行读数外，对于作业场所空气中存在的粉尘、化学物质等有害因素，在采集作业场所样品后，还需要作进一步的分析测定。主要标准有粉尘测量有关技术规范《工作场所空气中粉尘测定》（GBZ 192.1—2007 至 GBZ 192.5—2007）、《工作场所空气有毒物质测定》（GBZ/T 160.1 至 GBZ/T 160.81）等。

四、职业危害评价

职业危害评价指依据国家有关法律、法规和职业卫生标准，对单位生产过程中产生的职业危害因素进行接触评价，对单位采取预防控制措施进行效果评价；同时也为作业场所职业卫生监督管理提供技术数据。

根据评价的目的和性质不同，可分为经常性（日常）职业危害因素检测与评价和建设项目的职业危害评价。建设项目职业危害评价又可分为新建、改建、扩建和技术改造与技术引进项目的职业危害预评价、控制效果评价与建设项目运行期间的现状评价。

（一）建设项目职业危害预评价与控制效果评价

这一类评价是职业卫生防护设施"三同时"原则的体现，同时可为新建、改建、扩建等建设项目职业危害分类的管理、项目设计阶段的防护设施设计和审查等提供科学依据。

1．评价原则

建设项目职业危害评价关系到建设项目建成并投入使用后能否符合国家职业卫生方面法律、法规、标准规范的要求，能否预防、控制和消除职业危害，保护劳动者健康及其相关权益，促进经济发展的关键性工作。这项工作不但具有较复杂的技术性，而且还有很强的政策性，因此必须以建设项目为基础，以国家职业卫生法律、法规、标准、规范为依据，用严肃的科学态度开展和完成职业危害评价任务，在评价工作过程中必须始终遵循严肃性、严谨性、公正性、可行性的原则。

2．评价的主要方法

（1）检查表法

依据现行职业卫生法律、法规、标准编制检查表，逐项检查建设项目在职业卫生方面的符合情况。该评价方法常用于评价拟建项目在选址、总平面布置、生产工艺与设备布局、车间建筑设计卫生要求、卫生工程防护技术措施、卫生设施、应急救援措施、个体防护措施、职业卫生管理等方面与法律、法规、标准的符合性。该方法的优点是简洁明了。

（2）类比法

通过与拟建项目同类和相似工作场所检测、统计数据，健康检查与监护，职业病发病情况等，类推拟建项目作业场所职业危害因素的危害情况，用于比较和评价拟建项目作业场所职业危害因素浓度（强度）、职业危害的后果、拟采用职业危害防护措施的预期效果等。类比法的关键在于，类比现场的选择应与拟建项目在生产方式、生产规模、工艺路线、设备技术、职业卫生管理等方面，有很好的可类比性。

（3）定量法

对建设项目工作场所职业危害因素的浓度（强度）、职业危害因素的固有危害性、劳动者接触时间等进行综合考虑，按国家职业卫生标准计算危害指数，确定劳动者作业危害程度的等级。

3. 评价的主要内容

（1）建设项目职业危害预评价

对建设项目的选址、总体布局、生产工艺和设备布局、车间建筑设计卫生、职业危害防护措施、辅助卫生用室设置、应急救援措施、个人防护措施、职业卫生管理措施、职业健康监护等进行评价分析与评价，通过职业危害预评价，识别和分析建设项目在建成投产后可能产生的职业危害因素及其主要存在环节，评价可能造成的职业危害及程度，确定建设项目在职业病防治方面的可行性，为建设项目的设计提供必要的职业危害防护对策和建议。

（2）建设项目职业危害控制效果评价

对评价范围内生产或操作过程中可能存在的有毒有害物质、物理因素等职业危害因素的浓度或强度，以及对劳动者健康的可能影响，对建设项目的生产工艺和设备布局、车间建筑设计卫生、职业危害防护措施、应急救援措施、个体防护措施、职业卫生管理措施、职业健康监护等方面进行评价，从而明确建设项目产生的职业危害因素，分析其危害程度及对劳动者健康的影响，评价职业危害防护措施及其效果，对未达到职业危害防护要求的系统或单元提出职业危害预防控制措施的建议。

（二）建设项目运行中的现状评价

根据评价目的的不同，建设项目运行过程中的现状评价可针对单位职业危害预防控制工作的多个方面进行，主要内容是对作业人员职业危害接触情况、职业危害预防控制的工程控制情况、职业卫生管理等方面进行评价，在掌握单位职业危害预防控制现状的基础上，找出职业危害预防控制工作的薄弱环节或者存在的问题，并给企业提出予以改进的具体措施或建议。

五、职业危害控制

职业危害的控制主要是指针对作业场所存在的职业危害因素的类型、分布、浓度、强度等情况，采用多种措施加以控制，使之消除或者降到容许接受的范围之内，以保护作业人员的身体健康和生命安全。职业危害控制的主要技术措施包括工程控制技术措施、个体防护措施和组织管理措施等。

（一）工程控制技术措施

工程控制技术措施是指应用工程技术的措施和手段（例如密闭、通风、冷却、隔离等），控制生产工艺过程中产生或存在的职业危害因素的浓度或强度，使作业环境中有害因素的浓度或强度降至国家职业卫生标准容许的范围之内。例如，控制作业场所中存在的粉尘，常采用湿式作业或者密闭抽风除尘的工程技术措施，以防止粉尘飞扬，降低作业场所粉尘浓度；对于化学毒物的工程控制，则可以采取全面通风、局部送风和排出气体净化等措施；对于噪声危害，则可以采用隔离降噪、吸声等技术措施。

（二）个体防护措施

对于经工程技术治理后仍然不能达到限值要求的职业危害因素，为避免其对劳动者造成健康损害，则需要为劳动者配备有效的个体防护用品。针对不同类型的职业危害因素，应选用合适的防尘、防毒或者防噪等个体防护用品。《劳动防护用品配备标准（试行）》（国经贸安全〔2000〕189号）、《个体防护装备选用规范》（GB 11651—2008）、《呼吸防护用品的选择、使用与维护》（GB/T 18664—2002）等法规标准对个体防护用品的选用给出了具体的要求。

（三）组织管理措施

在生产和劳动过程中，加强组织与管理也是职业危害控制工作的重要一环。通过建立健全职业危害预防控制规章制度,确保职业危害预防控制有关要素的良好与有效运行,是保障劳动者职业健康的重要手段,也是合理组织劳动过程、实现生产工作高效运行的基础。

六、职业禁忌与职业健康监护

(一)职业禁忌

指员工从事特定职业或者接触特定职业危害因素时,比一般职业人群更易于遭受职业危害的侵袭和罹患职业病,或者可能导致原有自身疾病的病情加重,或者在从事作业过程中诱发可能导致对他人生命健康构成危险的疾病的个人特殊生理或者病理状态。

(二)职业健康监护

指通过各种检查和分析,评价职业性有害因素对接触者健康影响及其程度,掌握职工健康状况,及时发现健康损害征象,以便采取相应的预防措施,防止有害因素所致疾患的发生和发展,包括开展职业健康体检、职业病诊疗、建立职业健康监护档案等。

职业健康监护的主要管理工作内容包括,按职业卫生有关法规标准的规定组织接触职业危害的作业人员进行上岗前职业健康体检;按规定组织接触职业危害的作业人员进行在岗期间职业健康体检;按规定组织接触职业危害的作业人员进行离岗职业健康体检;禁止有职业禁忌症的劳动者从事其所禁忌的职业活动;调离并妥善安置有职业健康损害的作业人员;未进行离岗职业健康体检,不得解除或者终止劳动合同;职业健康监护档案应符合要求,并妥善保管;无偿为劳动者提供职业健康监护档案复印件。

《职业健康监护技术规范》(GBZ 188—2007)对接触各种职业危害因素的作业人员职业健康体检周期与体检项目给出了具体规定。例如,该标准关于接触粉尘人员的职业健康体检规定如下。

1. 接触矽尘作业人员的职业健康体检要求

接触矽尘作业人员在上岗前、在岗期间和离岗前均应进行职业健康体检。

(1)职业健康检查内容

①症状询问:重点询问咳嗽、咳痰、胸痛、呼吸困难,是否有喘息、咯血等症状。

②体格检查:内科常规检查,重点是呼吸系统和心血管系统。

③实验室和其他检查。

a. 必检项目:后前位 X 射线高千伏胸片、心电图、肺功能。

b. 选检项目:血常规、尿常规、血清 ALT。

(2)在岗期间健康检查周期

①劳动者接触二氧化硅粉尘浓度符合国家卫生标准,每 2 年 1 次;劳动者接触二氧化硅粉尘浓度超过国家卫生标准,每 1 年 1 次。

②X 射线胸片表现为 0+作业人员医学观察时间为每年 1 次,连续观察 5 年,若 5 年内不能确诊为矽肺患者,应按一般接触人群进行检查。

③矽肺患者每年检查 1 次。

2. 接触煤尘(包括煤矽尘)作业人员的职业健康体检要求

接触煤尘(包括煤矽尘)作业人员在上岗前、在岗期间和离岗前均应进行职业健康体检。

(1)职业健康检查内容

①症状询问:重点询问呼吸系统、心血管系统疾病史、吸烟史及咳嗽、咳痰、喘息、胸痛、呼吸困难、气短等症状。

②体格检查：内科常规检查，重点是呼吸系统、心血管系统。

③实验室和其他检查。

a. 必检项目：心电图、后前位 X 射线高千伏胸片、肺功能。

b. 选检项目：血常规、尿常规、血清 ALT。

（2）在岗期间健康检查周期

①劳动者接触煤尘浓度符合国家卫生标准，每 3 年 1 次；劳动者接触煤尘浓度超过国家卫生标准，每 2 年 1 次；

②X 射线胸片表现为 0＋作业人员医学观察时间为每年 1 次，连续观察 5 年，若 5 年内不能确诊为煤工尘肺患者，应按一般接触人群进行检查。

③煤工尘肺患者每 1～2 年检查 1 次。

3. 接触其他粉尘作业人员的职业健康体检要求

其他粉尘指除矽尘、煤尘和石棉粉尘以外按现行国家职业病目录中可以引起尘肺病的其他矿物性粉尘，包括：碳黑粉尘、石墨粉尘、滑石粉尘、云母粉尘、水泥粉尘、铸造粉尘、陶瓷粉尘、铝尘（铝、铝矾土、氧化铝）、电焊烟尘等粉尘。接触其他粉尘作业人员在上岗前、在岗期间和离岗前均应进行职业健康体检。

（1）职业健康检查内容

①症状询问：重点询问咳嗽、咳痰、胸痛、呼吸困难，是否有喘息、咯血等症状。

②体格检查：内科常规检查，重点是呼吸系统和心血管系统。

③实验室和其他检查。

a. 必检项目：后前位 X 射线高千伏胸片、心电图、肺功能。

b. 选检项目：血常规、尿常规、血清 ALT。

（2）在岗期间健康检查周期

①劳动者接触粉尘浓度符合国家卫生标准，每 4 年 1 次，劳动者接触粉尘浓度超过国家卫生标准，每 2～3 年 1 次。

②X 射线胸片表现为 0＋的作业人员医学观察时间为每年 1 次，连续观察 5 年，若 5 年内不能确诊为尘肺患者，应按一般接触人群进行检查。

③尘肺患者每 1～2 年进行 1 次医学检查。

4. 职业健康监护档案要求

指单位需要建立劳动者职业健康档案，包括劳动者的职业史、职业危害接触史、职业健康检查结果和职业病诊疗等有关个人健康资料。

七、职业病前期预防

（一）职业危害申报

国家安全生产监督管理总局颁布的《职业病危害项目申报办法》（国家安监总局令第 48 号），要求在中华人民共和国境内存在或者产生职业危害的单位（煤矿企业除外），应当按照国家有关法律、行政法规及本办法的规定，及时、如实申报职业危害，并接受安全生产监督管理部门的监督管理。用人单位职业病危害项目发生重大变化后应当向原申报机关进行变更申报。

根据《职业病危害项目申报办法》，国家安全监管总局相应修订了《职业病危害项目申报表》，明确了申报内容。为提高申报工作效率，国家安全监管总局组织研发了职业病危害项目申报系统。用人单位应通过该申报系统进行申报。申报工作流程为：

（1）登录申报系统注册；

（2）在线填写和提交《申报表》；

（3）安全监管部门审查备案；

（4）打印审查备案的《申报表》并签字盖章，按规定报送地方安全监管部门。

安全监管部门收到用人单位报送的申报文件、资料后，应当在 5 个工作日内为用人单位开具《职业病危害项目申报回执》。

（二）建设项目职业卫生"三同时"管理

按照《建设项目职业卫生"三同时"监督管理暂行办法》（国家安监总局令第 51 号），用人单位应依法做好建设项目职业病危害预评价、防护设施设计、控制效果评价等工作，从源头上控制和减少职业病危害。新建、改建、扩建的工程建设项目和技术改造、技术引进项目可能产生职业危害的，建设单位应当按照有关规定，在可行性论证阶段委托具有相应资质的职业健康技术服务机构进行预评价。产生职业危害的建设项目应当在初步设计阶段编制职业危害防治专篇。建设项目的职业危害防护设施应当与主体工程同时设计、同时施工、同时投入生产和使用，职业危害防护设施所需费用应当纳入建设项目工程预算。建设项目在竣工验收前，建设单位应当按照有关规定委托具有相应资质的职业健康技术服务机构进行职业危害控制效果评价。建设项目竣工验收时，其职业危害防护设施依法经验收合格，取得职业危害防护设施验收批复文件后，方可投入生产和使用。

（三）职业卫生安全许可证管理

作业场所使用有毒物品的单位，应当按照有关规定向安全生产监督管理部门申请办理职业卫生安全许可证。其主要管理内容为按照法规标准要求确定的申办程序、条件以及有关延期、变更等的要求，向安全生产监督管理部门提交有关材料申办职业卫生安全许可证，并接受安全生产监督管理部门的监督管理。

八、劳动过程中的管理

（一）材料和设备管理

主要管理工作内容包括，优先采用有利于职业病防治和保护劳动者健康的新技术、新工艺和新材料；不生产、经营、进口和使用国家明令禁止使用的可能产生职业危害的设备和材料；单位原材料供应商的活动也必须符合安全健康要求；不采用有危害的技术、工艺和材料，不隐瞒其危害；可能产生职业危害的设备有中文说明书；在可能产生职业危害的设备醒目位置，设置警示标识和中文警示说明；使用、生产、经营可能产生职业危害的化学品，要有中文说明书；使用放射性同位素和含有放射性物质、材料的，要有中文说明书；不将职业危害的作业转嫁给不具备职业病防护条件的单位和个人；不接受不具备防护条件的有职业危害的作业；有毒物品的包装有警示标识和中文警示说明。

（二）作业场所管理

主要管理工作内容包括，职业危害因素的强度或者浓度应符合国家职业卫生标准要求生产布局合理；有害作业与无害作业分开；在可能发生急性职业损伤的有毒有害作业场所设置报警装置；在可能发生急性职业损伤的有毒有害作业场所配置现场急救用品；在可能发生急性职业损伤的有毒有害作业场所配置冲洗设备；对于可能发生急性职业损伤的有毒有害作业场所，应设应急撤离通道；在可能发生急性职业损伤的有毒有害作业场所设必要的泄险区；放射作业场所应设报警装置;放射性同位素的运输、储存应配置报警装置;一般有毒作业设置黄色区域警示线,高毒作业场所设红色区域警示线;高毒作业应设淋浴间、更衣室、物品存放专用间,还应为女工设冲洗间。

（三）作业环境管理和职业危害因素检测

主要管理工作内容包括:设专人负责职业危害因素日常检测,按规定定期对作业场所职业危害因素进行检测与评价,检测、评价的结果存入单位的职业卫生档案。

（四）防护设备设施和个人防护用品

主要管理工作内容包括:职业危害防护设施台账齐全;职业危害防护设施配备齐全;职业危害防护设施有效;有个人职业危害防护用品计划,并组织实现;按标准配备符合防治职业病要求的个人防护用品;有个人职业危害防护用品发放登记记录;及时维护、定期检测职业危害防护设备、应急救援设施和个人职业危害防护用品。

（五）履行告知义务

其主要管理工作内容包括:在醒目位置公布有关职业病防治的规章制度;签订劳动合同,并在合同中载明可能产生的职业危害及其后果,载明职业危害防护措施和待遇;在醒目位置公布操作规程,公布职业危害事故应急救援措施,公布作业场所职业危害因素监测和评价的结果,告知劳动者职业病健康体检结果;对于患职业病或职业禁忌症的劳动者,企业应告知本人。

（六）职业病诊断与病人保障

主要管理工作内容包括:及时向卫生部门和安全生产监管部门报告职业病发病情况;及时向卫生部门报告疑似职业病患者;向所在地劳动保障部门报告职业病患者;积极安排劳动者进行职业病诊断和鉴定;安排疑似职业病患者进行职业病诊断;安排职业病患者进行治疗,定期检查与康复;调离并妥善安置职业病患者;如实向职工提供职业病诊断证明及鉴定所需要的资料等。

第六节　安全生产检查

安全生产检查是单位安全生产管理的重要内容,其工作重点是辨识安全生产管理工作存在的漏洞和死角,检查生产现场安全防护设施、作业环境是否存在不安全状态,检查现场作业人员的行为是否符合安全规范,以及设备、系统运行状况是否符合现场规程的要求等。通过安全生产检查,不断堵塞管理漏洞,改善劳动作业环境,规范作业人员的行为,保证设备系统的安全、可靠运行,实现安全生产的目的。开展安全检查工作,要做到有计划、有组织、目标明确、内容具体、精心准备,搞好组织实施。

一、安全生产检查的类型

（一）定期安全生产检查

定期安全生产检查一般是通过有计划、有组织、有目的的形式来实现的,由单位统一组织实施。检查周期的确定,应根据单位的规模、性质以及地区气候、地理环境等确定。定期安全检查一般具有组织规模大、检查范围广、有深度、能及时发现并解决问题等特点。定期安全检查一般和重大危险源评估、现状安全评价等工作结合开展。

（二）经常性安全生产检查

经常性安全生产检查是由单位的安全生产管理部门、车间、班组或岗位组织进行的日常检查。一般来讲,包括交接班检查、班中检查、特殊检查等几种形式。

交接班检查是指在交接班前,岗位人员对岗位作业环境、管辖的设备及系统安全运行状况进行检查,交班人员要向接班人员说清楚,接班人员根据自己检查的情况和交班人员的交代,做好工作中可能发生问题及应急处置措施的预想。

班中检查包括岗位作业人员在工作过程中的安全检查,以及单位领导、安全生产管理部门和车间班组的领导或安全监督人员对作业情况的巡视或抽查等。

特殊检查是针对设备、系统存在的异常情况,所采取的加强监视运行的措施。一般来讲,措施由工程技术人员制定,岗位作业人员执行。

交接班检查和班中岗位的自行检查,一般应制定检查路线、检查项目、检查标准,并设置专用的检查记录本。

岗位经常性检查发现的问题应记录在记录本上,并及时通过信息系统和电话逐级上报。一般来讲,对危及人身和设备安全的情况,岗位作业人员应根据操作规程、应急处置措施的规定,及时采取紧急处置措施,不需请示,处置后则立即汇报。有些单位如化工单位等习惯做法是岗位作业人员发现危及人身、设备安全的情况,只需紧急报告,而不要求就地处置。

(三)季节性及节假日前后安全生产检查

由单位统一组织,检查内容和范围则根据季节变化,按事故发生的规律对易发的潜在危险,突出重点进行检查,如冬季防冻保温、防火、防煤气中毒等检查,夏季防暑降温、防汛、防雷电等检查。

由于节假日(特别是重大节日,如元旦、春节、劳动节、国庆节)前后容易发生事故,因而应在节假日前后进行有针对性的安全检查。

(四)专业(项)安全生产检查

专业(项)安全生产检查是对某个专业(项)问题或在施工(生产)中存在的普遍性安全问题进行的单项定性或定量检查。

如对危险性较大的在用设备、设施,作业场所环境条件的管理性或监督性定量检测检验则属专业安全生产检查。专业检查具有较强的针对性和专业要求,用于检查难度较大的项目。

(五)综合性安全生产检查

综合性安全生产检查一般指由上级主管部门或地方政府负有安全生产监督管理职责的部门,组织对生产单位进行的安全检查。

二、安全生产检查的内容

安全生产检查的内容包括软件系统和硬件系统。软件系统主要是查思想、查意识、查制度、查管理、查事故处理、查隐患、查整改。硬件系统主要是查生产设备、查辅助设施、查安全设施、查作业环境。

安全生产检查具体内容应本着突出重点的原则确定。对于危险性大、易发事故、事故危害大的生产系统、部位、装置、设备等应加强检查。一般应重点检查:易造成重大损失的易燃易爆危险物品、剧毒品、锅炉、压力容器、起重设备、运输设备、冶炼设备、电气设备、冲压机械;高处作业和本企业易发生工伤、火灾、爆炸等事故的设备、工种、场所及其作业人员;易造成职业中毒或职业病的尘毒产生点及其岗位作业人员;直接管理的重要危险点和有害点的部门及其负责人。

对非矿山企业,目前国家有关规定要求强制性检查的项目有锅炉、压力容器、压力管道、高压医用氧舱、起重机、电梯、自动扶梯、施工升降机、简易升降机、防爆电器、厂内机动车辆、客运索道、游艺机及游乐设施等；作业场所的粉尘、噪声、振动、辐射、高温低温和有毒物质的浓度等。

对矿山企业，目前国家有关规定要求强制性检查的项目有：矿井风量、风质、风速及井下温度、湿度、噪声，瓦斯、粉尘；矿山放射性物质及其他有毒有害物质，露天矿山边坡，尾矿坝，提升、运输、装载、通风、排水、瓦斯抽放、压缩空气和起重设备，各种防爆电器、电器安全保护装置，矿灯、钢丝绳等，瓦斯、粉尘及其他有毒有害物质检测仪器、仪表，自救器，救护设备，安全帽，防尘口罩或面罩，防护服、防护鞋，防噪声耳塞、耳罩。

三、安全生产检查的方法

(一)常规检查

常规检查是常见的一种检查方法。通常是由安全管理人员作为检查工作的主体，到作业场所现场，通过感观或辅助一定的简单工具、仪表等，对作业人员的行为、作业场所的环境条件、生产设备设施等进行的定性检查。安全检查人员通过这一手段，及时发现现场存在的安全隐患并采取措施予以消除，纠正施工人员的不安全行为。

常规检查主要依靠安全检查人员的经验和能力，检查的结果直接受安全检查人员个人素质的影响。

(二)安全检查表法

为使安全检查工作更加规范，将个人的行为对检查结果的影响降到最低，常采用安全检查表法。安全检查表一般由工作小组讨论制定。安全检查表一般包括检查项目、检查内容、检查标准、检查结果及评价等内容。

编制安全检查表应依据国家有关法律法规，单位现行有效的有关标准、规程、管理制度，有关事故教训，单位安全管理文化、理念，预防事故技术措施和安全措施计划，季节性、地理、气候特点等等。我国许多行业都编制并实施了适合行业特点的安全检查标准，如建筑、电力、机械、煤炭等。现场作业及安全技术检查表示例见表2-1。

表2-1　现场作业及安全技术检查表

序号	检查内容	检查标准	检查实际状况	处理要求
1	劳动防护用品	工作服符合规范，在操作现场无赤膊、穿背心、衣襟散开、系围巾、穿裙子、系领带操作等违章行为； 现场作业戴安全帽、工作帽，头发置于帽内； 现场作业无穿高跟鞋、凉鞋、拖鞋的人员； 电焊、气焊作业戴护目镜或使用防护面罩、穿绝缘鞋； 电气作业无不穿绝缘鞋的人员； 操作旋转机床无戴手套现象； 高处作业系安全带； 登高作业无穿硬底鞋的人员； 在易燃易爆作业场所没有穿化纤服装操作的人员； 加工工件有颗粒物件飞溅的场合戴防护眼镜； 其他危险场所按要求使用防护用品和用具		

续表

序号	检查内容	检查标准	检查实际状况	处理要求
2	现场作业防护措施	危险作业按规定理办审批手续,制定安全防护措施,设专人监护; 多工种、多层次同时作业,现场安排人员进行指挥和监护; 物件堆放不超高,稳妥,按定置图堆放,不占道; 工业平台、地坑、地沟等有防护栏杆或盖板吊、索具及时进行检查,状态不良或达报废标准及时报废,不再使用; 厂房内不乱停乱放自行车和其他车辆、物品; 高处作业不往地面(低处)任意扔物件; 厂房内禁骑自行车; 外来施工队在本单位作业要遵守规范,有专人管理		
3	机械设备	对停止使用、查封的设备、设施在未消除隐患前,不得安排使用; 设备传动部分防护罩(栏)缺损或未关好不得开车操作; 进入机械设备内检修运转部件,设专人监护; 不得任意开动非本人操作的设备和车辆; 不得超限(如载荷、速度、压力、温度、期限)使用设备; 设备上有安全装置(如安全照明、信号、防火、防爆装置和警示标志、显示仪表等)的,不得擅自拆除或在开车时弃之不用; 不得开动情况不明的电源或动力源开关、闸、阀等; 冲减压设备设有安全防护装置,冲床脚踏开关有防护罩; 机械旋转传动部位有防护罩		
4	起重设备	起重机械司机不得违反"十不吊"; 货梯不得载人运行; 行车设有门连锁和舱口连锁装置,并且性能良好; 行车工按规定进行班前检查,并及时对检查中发现的问题进行整改; 行车的限位器、缓冲器等各类安全防护装置齐全有效; 行车司机作业按规定鸣铃		
5	电气作业	检修带电设备时,办理停供电审批手续,并悬挂警示牌; 按规定进行审批使用临时电源线; 检修高压线路或电气设备时,按规定采取防护措施; 潮湿地面、容器内或金属构架内使用双重绝缘的电动工具工作; 防水部位的电动机、闸刀盒有防水措施电闸不得用铜丝、铁丝代替保险丝; 电源线、插座、插头应符合安全规定; 绝缘防护鞋、防护手套定期检验,有检测标签		
6	锅炉压力容器	容器内作业时要使用通风设备,有人监护; 非岗位人员不得在危险、有害、动力站房区域内逗留; 焊割封闭容器和管道采取有效安全措施; 设备运转及检验按规定记录; 氧气瓶、乙炔瓶距离符合要求		
7	其他方面	不得有擅自脱岗、串岗和在工作时间内从事与本职工作无关的活动等违反劳动纪律的行为;特种设备和要害部位认真执行登记、记录、交接班制度;不得有其他违章指挥、违章操作和违反防护用品使用规定		

被检查单位:　　　　　　检查时间:　　　　　　检查人员:

（三）仪器检查及数据分析法

有些单位的设备、系统运行数据具有在线监视和记录的系统设计，对设备、系统的运行状况可通过对数据的变化趋势进行分析得出结论。对没有在线数据检测系统的机器、设备、系统，只能通过仪器检查法来进行定量化的检验与测量。

四、安全生产检查的工作程序

（一）安全检查准备

（1）确定检查对象、目的、任务。

（2）查阅、掌握有关法规、标准、规程的要求。

（3）了解检查对象的工艺流程、生产情况、可能出现危险和危害的情况。

（4）制定检查计划，安排检查内容、方法、步骤。

（5）编写安全检查表或检查提纲。

（6）准备必要的检测工具、仪器、书写表格或记录本。

（7）挑选和训练检查人员并进行必要的分工等。

（二）安全生产检查的实施

（1）询问：询问当事人，包括企业负责人、安全员、职工，询问要做好询问记录，询问记录要双方签字确认。提问要有针对性，针对检查中发现的问题提出询问，就事论事，允许当事人拒绝回答或回答"不知道"。有时还采用问卷的方式进行，问卷要有重点，围绕存在问题提出问题，切中要害，设计的问卷答案要简明易懂。

（2）查阅资料、台账、记录、档案：发现或找出被查单位在安全制度、标准化建设、规范化管理等方面存在的与上级的规定和实际工作不相符合的地方及问题。

主要查阅的资料有：制度和操作规程，企业安全管理文件，安全管理台账记录，与安全投入有关的会计核算报表，危险物品的进销存台账，与安全有关的工艺技术文件、图纸，安全评价报告，法定检测检验报告和证书，职业健康档案，职工安全教育档案，隐患排查治理档案，重大危险源档案，应急救援预案及演练、培训、告知记录。

（3）现场踏勘：一看二听三闻四摸五感受。在闻和摸之前要确认没有危险，对发现的问题要用笔记、照相或摄像加以记录。

"看"，一看不安全行为（即"三违"），通过察看岗位人员的操作，从而发现或找出被查单位或个人在劳动纪律、到岗到位、执行制度等方面存在的不足或问题，包括特种作业和危险性作业的无证上岗、未批作业，个人劳动防护用品穿戴等方面存在的问题；二看不安全状态，通过察看被查单位现有设备、设施的性能、维修、保养、使用和现状等情况，从而发现或找出设备设施方面存在的隐患或问题，重点是检查安全设施，包括直接的本质型安全设施、间接的防护型安全设施、提示性的设施和减灾型的应急设施。

"听"，一是听设备设施运行的异常声音，二是听生产现场的噪声，以此来发现设备设施的异常和存在的职业危害因素。

"闻"，主要是闻生产现场的气体的气味，在闻的时候要注意不能让鼻子直接对着气体闻，而应用手扇起气体，让鼻子仅闻得少量的气体，对于毒害性较强的气体不能用鼻子闻而应用检测仪器进行检测。

"摸"，就是用手接触检查的物体或物质，以手感来判断物体或物质的不安全性。一般来说,不能让手的皮肤直接接触被查有毒有害物体或物质。

"感受",就是用身体去感受作业场所的安全状况,主要是感受人机功效的效果,以此判断作业场所存在的不安全因素。

(4)现场测试和测量:运用既有的科学仪器、检测设施,通过对设备、设施、现场管理、生产组织等劳动作业现场的全方位的检测、控制的分析,从而发现或判定某些因素、某个系统存在的隐患或问题。

一是对安全装置进行测试,比如报警系统、安全阀、消火栓、应急灯;二是对存在的不确定危险有害因素进行危险有害性测试,这种测试不得在生产现场进行,而应安排在实验室进行;三是对安全参数的测量,如气体浓度、液体液位、温度、接地电阻率、距离、噪声等。注意在防火防爆区域不得进行涉及火源的测试,要使用防火防爆测量仪器。测试要做好测试记录并双方签字。

(5)通过对被查现场的观察、分析、思考、推测、判定,从而充分运用熟练的业务知识和丰富的工作经验,确定或判定出工作的场所存在的隐患或问题,及早得出解决的措施和方案,从而防患于未然。

(三)检查结果处理

针对检查发现的问题,应根据问题性质的不同,提出立即整改、限期整改等措施要求,由安全管理部门会同其他有关部门,共同制定整改措施计划并组织实施。

单位自行组织的安全检查,在整改措施计划完成后,安全管理部门应组织有关人员进行验收。对于上级主管部门或地方政府负有安全生产监督管理职责的部门组织的安全检查,在整改措施完成后,应及时上报整改完成情况,申请复查或验收。

对安全检查中经常发现的问题或反复发现的问题,单位应从规章制度的健全和完善、从业人员的安全教育培训、设备系统的更新改造、加强现场检查和监督等环节入手,做到持续改进,不断提高安全生产管理水平,防范生产安全事故的发生。

第七节　事故隐患排查治理

《国务院关于进一步加强企业安全生产工作的通知》(国发[2010]23号)指出,要及时排查治理安全隐患。企业要经常性开展安全隐患排查,并切实做到整改措施、责任、资金、时限和预案"五到位"。建立以安全生产专业人员为主导的隐患整改效果评价制度,确保整改到位。对隐患整改不力造成事故的,要依法追究企业和企业相关负责人的责任。对停产整改逾期未完成的不得复产。

一、事故隐患定义及分类

(一)事故隐患定义

《安全生产事故隐患排查治理暂行规定》(国家安监总局令第16号)指出,安全生产事故隐患(以下简称事故隐患),是指单位违反安全生产法律、法规、规章、标准、规程和安全生产管理制度的规定,或者因其他因素在生产经营活动中存在可能导致事故发生的物的危险状态、人的不安全行为和管理上的缺陷。

(二)事故隐患分类

事故隐患分为一般事故隐患和重大事故隐患。一般事故隐患,是指危害和整改难度较小,发现后能够立即整改排除的隐患。重大事故隐患,是指危害和整改难度较大,应当全部或者局部停产停业,并经过一定时间整改治理方能排除的隐患,或者因外部因素影响致使单位自身难以排除的隐患。

二、单位事故隐患排查治理的主要职责

单位是事故隐患排查、治理和防控的责任主体。单位主要负责人对本单位事故隐患排查治理工作全面负责。单位隐患排查治理的主要职责有以下方面:

(1)单位应当依照法律、法规、规章、标准和规程的要求从事生产经营活动。严禁非法从事生产经营活动。

(2)单位是事故隐患排查、治理和防控的责任主体。

(3)单位应当建立健全事故隐患排查治理和建档监控等制度,逐级建立并落实从主要负责人到每个从业人员的隐患排查治理和监控责任制。

(4)单位应当保证事故隐患排查治理所需的资金,建立资金使用专项制度。

(5)单位应当定期组织安全生产管理人员、工程技术人员和其他相关人员排查本单位的事故隐患。对排查出的事故隐患,应当按照事故隐患的等级进行登记,建立事故隐患信息档案,并按照职责分工实施监控治理。

(6)单位应当建立事故隐患报告和举报奖励制度,鼓励、发动职工发现和排除事故隐患,鼓励社会公众举报。对发现、排除和举报事故隐患的有功人员,应当给予物质奖励和表彰。

(7)单位将生产经营项目、场所、设备发包、出租的,应当与承包、承租单位签订安全生产管理协议,并在协议中明确各方对事故隐患排查、治理和防控的管理职责。单位对承包、承租单位的事故隐患排查治理负有统一协调和监督管理的职责。

(8)安全监管监察部门和有关部门的监督检查人员依法履行事故隐患监督检查职责时,单位应当积极配合,不得拒绝和阻挠。

(9)单位应当每季度、每年对本单位事故隐患排查治理情况进行统计分析,并分别于下一季度 15 日前和下一年 1 月 31 日前向安全监管部门和有关部门报送书面统计分析表。统计分析表应当由单位主要负责人签字。

对于重大事故隐患,单位除依照上述要求报送外,还应当及时向安全监管部门和有关部门报告。重大事故隐患报告内容包括:隐患的现状及其产生原因,隐患的危害程度和整改难易程度分析,隐患的治理方案。

(10)对于一般事故隐患,由单位(车间、分厂、区队等)负责人或者有关人员立即组织整改。对于重大事故隐患,由单位主要负责人组织制定并实施事故隐患治理方案。重大事故隐患治理方案应当包括以下内容:治理的目标和任务,采取的方法和措施,经费和物资的落实,负责治理的机构和人员,治理的时限和要求,安全措施和应急预案。

(11)单位在事故隐患治理过程中,应当采取相应的安全防范措施,防止事故发生。事故隐患排除前或者排除过程中无法保证安全的,应当从危险区域内撤出作业人员,并疏散可能危及的其他人员,设置警戒标志,暂时停产停业或者停止使用;对暂时难以停产或者停止使用的相关生产储存装置、设施、设备,应当加强维护和保养,防止事故发生。

(12)单位应当加强对自然灾害的预防。对于因自然灾害可能导致事故灾难的隐患,应当按照有关法律、法规、标准和《安全生产事故隐患排查治理暂行规定》的要求排查治理,采取可靠的预防措施,制定应急预案。在接到有关自然灾害预报时,应当及时向下属单位发出预警通

知;发生自然灾害可能危及单位和人员安全的情况时,应当采取撤离人员、停止作业、加强监测等安全措施,并及时向当地人民政府及其有关部门报告。

(13)地方人民政府或者安全监管监察部门及有关部门挂牌督办并责令全部或者局部停产停业治理的重大事故隐患,治理工作结束后,有条件的单位应当组织本单位的技术人员和专家对重大事故隐患的治理情况进行评估;其他单位应当委托具备相应资质的安全评价机构对重大事故隐患的治理情况进行评估。

经治理后符合安全生产条件的,单位应当向安全监管部门和有关部门提出恢复生产的书面申请,经安全监管部门和有关部门审查同意后,方可恢复生产经营。申请报告应当包括治理方案的内容、项目和安全评价机构出具的评价报告等。

三、监督管理

各级安全监管部门按照职责对所辖区域内单位排查治理事故隐患工作依法实施综合监督管理;各级人民政府有关部门在各自职责范围内对单位排查治理事故隐患工作依法实施监督管理。任何单位和个人发现事故隐患,均有权向安全监管部门和有关部门报告。安全监管部门接到事故隐患报告后,应当按照职责分工立即组织核实并予以查处;发现所报告事故隐患应当由其他有关部门处理的,应当立即移送有关部门并记录备查。

安全监管部门应当指导、监督单位按照有关法律、法规、规章、标准和规程的要求,建立健全事故隐患排查治理等各项制度,定期组织对单位事故隐患排查治理情况开展监督检查。对检查过程中发现的重大事故隐患,应当下达整改指令书,并建立信息管理台账。必要时,报告同级人民政府并对重大事故隐患实行挂牌督办。

安全监管部门应当配合有关部门做好对单位事故隐患排查治理情况开展的监督检查,依法查处事故隐患排查治理的非法和违法行为及其责任者。

安全监管部门发现属于其他有关部门职责范围内的重大事故隐患的,应该及时将有关资料移送有管辖权的有关部门,并记录备查。

已经取得安全生产许可证的单位,在其被挂牌督办的重大事故隐患治理结束前,安全监管部门应当加强监督检查。必要时,可以提请原许可证颁发机关依法暂扣其安全生产许可证。

对挂牌督办并采取全部或者局部停产停业治理的重大事故隐患,安全监管部门收到单位恢复生产的申请报告后,应当在10日内进行现场审查。审查合格的,对事故隐患进行核销,同意恢复生产经营;审查不合格的,依法责令改正或者下达停产整改指令。对整改无望或者单位拒不执行整改指令的,依法实施行政处罚;不具备安全生产条件的,依法提请县级以上人民政府按照国务院规定的权限予以关闭。

第八节 安全生产投入和风险抵押金

保证必要的安全生产投入是实现安全生产的重要基础。单位必须安排适当的资金,用于改善安全设施,进行安全教育培训,更新安全技术装备、器材、仪器、仪表以及其他安全生产设备设施,以保证单位达到法律、法规、标准规定的安全生产条件,并对由于安全生产所必需的资金投入不足导致的后果承担责任。

安全生产投入资金具体由谁来保证,应根据企业的性质而定。一般说来,股份制企业、合资企业等安全生产投入资金由董事会予以保证;一般国有企业由厂长或者经理予以保证;个体工商户等个体经济组织由投资人予以保证。上述保证人承担由于安全生产所必需的资金投入不足而导致事故后果的法律责任。

一、对安全生产投入的有关规定

新中国成立以来,党中央、国务院一直重视安全生产的投入问题。从1963年国务院颁发的《关于加强企业生产中安全工作的几项规定》开始,逐步明确、规范和加大安全生产投入。《安全生产法》第十八条规定:"生产经营单位应当具备的安全生产条件所必需的资金投入,由生产经营单位的决策机构、主要负责人或者个人经营的投资人予以保证,并对由于安全生产所必需的资金投入不足导致的后果承担责任。"

《国务院关于进一步加强安全生产工作的决定》(国发[2004]2号)明确:"建立企业提取安全费用制度。为保证安全生产所需资金投入,形成企业安全生产投入的长效机制,借鉴煤矿提取安全费用的经验,在条件成熟后,逐步建立对高危行业生产企业提取安全费用制度。企业安全费用的提取,要根据地区和行业的特点,分别确定提取标准,由企业自行提取,专户储存,专项用于安全生产。"

《国务院关于进一步加强企业安全生产工作的通知》(国发[2010]23号)第22条规定:加强对高危行业企业安全生产费用提取和使用管理的监督检查,进一步完善高危行业企业安全生产费用财务管理制度,研究提高安全生产费用提取下限标准,适当扩大适用范围。

财政部、国家安全生产监督管理总局联合下发了关于印发《企业安全生产费用提取和使用管理办法》的通知(财企[2012]16号),对煤炭生产、非煤矿山开采、建设工程施工、危险品生产与储存、交通运输、烟花爆竹生产、冶金、机械制造、武器装备研制生产与试验(含民用航空及核燃料)的企业以及其他经济组织等行业单位安全生产费用提取、使用、监督作出了规定。除以上企业外,其他单位应按照相关规定满足从业人员安全教育培训,安全设施的维护,特种设备的检测、检验、应急演练、器材配置、职业卫生健康的检测、检验等要求的安全生产投入。

二、安全生产费用提取的标准

根据财政部、国家安全生产监督管理总局联合下发的关于印发《企业安全生产费用提取和使用管理办法》的通知(财企[2012]16号),安全生产费用提取标准为:

(1)非煤矿山开采企业依据开采的原矿产量按月提取。各类矿山原矿单位产量安全费用提取标准如下:

①石油,每吨原油17元;

②天然气、煤层气(地面开采),每千立方米原气5元;

③金属矿山,其中露天矿山每吨5元,地下矿山每吨10元;

④核工业矿山,每吨25元;

⑤非金属矿山,其中露天矿山每吨2元,地下矿山每吨4元;

⑥小型露天采石场,即年采剥总量50万吨以下,且最大开采高度不超过50 m,产品用于建筑、铺路的山坡型露天采石场,每吨1元;

⑦尾矿库按入库尾矿量计算,三等及三等以上尾矿库每吨1元,四等及五等尾矿库每吨1.5元。

(2)建设工程施工企业以建筑安装工程造价为计提依据。各建设工程类别安全费用提取标准如下:

①矿山工程为 2.5%；

②房屋建筑工程、水利水电工程、电力工程、铁路工程、城市轨道交通工程为 2.0%；

③市政公用工程、冶炼工程、机电安装工程、化工石油工程、港口与航道工程、公路工程、通信工程为 1.5%。

总包单位应当将安全费用按比例直接支付分包单位并监督使用，分包单位不再重复提取。

（3）危险品生产与储存企业以上年度实际营业收入为计提依据，采取超额累退方式按照以下标准平均逐月提取：

①营业收入不超过 1000 万元的，按照 4% 提取；

②营业收入超过 1000 万元至 1 亿元的部分，按照 2% 提取；

③营业收入超过 1 亿元至 10 亿元的部分，按照 0.5% 提取；

④营业收入超过 10 亿元的部分，按照 0.2% 提取。

（4）交通运输企业以上年度实际营业收入为计提依据，按照以下标准平均逐月提取：

①普通货运业务按照 1% 提取；

②客运业务、管道运输、危险品等特殊货运业务按照 1.5% 提取。

（5）冶金企业以上年度实际营业收入为计提依据，采取超额累退方式按照以下标准平均逐月提取：

①营业收入不超过 1000 万元的，按照 3% 提取；

②营业收入超过 1000 万元至 1 亿元的部分，按照 1.5% 提取；

③营业收入超过 1 亿元至 10 亿元的部分，按照 0.5% 提取；

④营业收入超过 10 亿元至 50 亿元的部分，按照 0.2% 提取；

⑤营业收入超过 50 亿元至 100 亿元的部分，按照 0.1% 提取；

⑥营业收入超过 100 亿元的部分，按照 0.05% 提取。

（6）机械制造企业以上年度实际营业收入为计提依据，采取超额累退方式按照以下标准平均逐月提取：

①营业收入不超过 1000 万元的，按照 2% 提取；

②营业收入超过 1000 万元至 1 亿元的部分，按照 1% 提取；

③营业收入超过 1 亿元至 10 亿元的部分，按照 0.2% 提取；

④营业收入超过 10 亿元至 50 亿元的部分，按照 0.1% 提取；

⑤营业收入超过 50 亿元的部分，按照 0.05% 提取。

（7）烟花爆竹生产企业以上年度实际营业收入为计提依据，采取超额累退方式按照以下标准平均逐月提取：

①营业收入不超过 200 万元的，按照 3.5% 提取；

②营业收入超过 200 万元至 500 万元的部分，按照 3% 提取；

③营业收入超过 500 万元至 1000 万元的部分，按照 2.5% 提取；

④营业收入超过 1000 万元的部分，按照 2% 提取。

（8）中小微型企业和大型企业上年末安全费用结余分别达到本企业上年度营业收入的 5% 和 1.5% 时，经当地县级以上安全生产监督管理部门、煤矿安全监察机构商财政部门同意，企业本年度可以缓提或者少提安全费用。

三、安全生产费用的使用和管理

（一）企业安全费用使用

主要包括以下范围：完善、改造和维护安全防护设施设备支出（不含"三同时"要求初期投入的安全设施），包括生产作业场所的防火、防爆、防坠落、防毒、防静电、防腐、防尘、防噪声与振动、防辐射或者隔离操作等设施设备支出，大型起重机械安装安全监控管理系统支出；配备、维护、保养应急救援器材、设备支出和应急演练支出；开展重大危险源和事故隐患评估、监控和整改支出；安全生产检查、评价（不包括新建、改建、扩建项目安全评价）、咨询和标准化建设支出；安全生产宣传、教育、培训支出；配备和更新现场作业人员安全防护用品支出；安全生产适用的新技术、新标准、新工艺、新装备的推广应用；安全设施及特种设备检测检验支出；其他与安全生产直接相关的支出。

（二）安全生产费用的管理

单位应制定安全生产投入的管理制度，明确具体的使用范围、管理程序、监督程序，每年完成后应及时总结项目和费用的完成情况。在年度财务会计报告中，单位应当报告安全费用提取和使用的具体情况，接受安全生产监督管理部门和财政部门的监督。单位违规提取和使用安全费用的，政府安全生产监督管理部门应当会同财政部门责令其限期改正，予以警告。逾期不改正的，由安全生产监督管理部门按照相关法规进行处理。

四、风险抵押金的存储和使用

财政部、国家安全生产监督管理总局、中国人民银行联合印发的《关于〈企业安全生产风险抵押金管理暂行办法〉的通知》第三条和财政部、国家安全生产监督管理总局《关于印发〈煤矿企业安全生产风险抵押金管理暂行办法〉的通知》第二章第四、五条，对风险抵押金的存储和使用都作出了明确规定。

（一）风险抵押金存储标准

（1）交通运输、建筑施工、危险化学品、烟花爆竹等行业或领域从事生产经营活动的企业存储标准：

①小型企业不低于人民币 30 万元。

②中型企业不低于人民币 100 万元。

③大型企业不低于人民币 150 万元。

④特大型企业不低于人民币 200 万元。

各省、自治区、直辖市安全生产监督管理部门及同级财政部门根据企业正常生产经营期间的规模大小和行业特点，按照产量、从业人数或销售收入等因素，参照以上标准确定本地区企业风险抵押金的具体存储标准。考虑到不影响特大型、大型企业的生产经营资金周转，每一企业风险抵押金累计达到 500 万元时不再存储。

（2）煤矿企业的存储标准

按照煤矿企业核定（设计）或者采矿许可证确定的生产能力核定，其标准为：

①3 万吨以下（含 3 万吨）以下存储 60 万～100 万元。

②3 万吨以上至 9 万吨（含 9 万吨）存储 150 万～200 万元。

③9 万吨以上至 15 万吨（含 15 万吨）存储 250 万～300 万元。

④15万吨以上,以300万元为基数,每增加10万吨增加50万元。

各省、自治区、直辖市人民政府安全生产监督管理部门及同级财政部门根据煤矿企业正常生产经营期间的规模产量和安全程度评估等有关因素,在以上相应的分档区间内确定风险抵押金具体存储数额。为了不影响特大型、大型国有煤矿企业的生产经营资金周转,当企业风险抵押金累计达到600万元时不再存储。

(二)风险抵押金存储的规定

(1)风险抵押金由企业事先按时足额存储,企业不得因变更企业法定代表人或合伙人、停产整顿等情况迟(缓)存、少存或不存风险抵押金,也不得以任何形式向职工摊派风险抵押金。

(2)风险抵押金存储数额由省(区、市)、市、县级安全生产监督管理部门及同级财政部门核定下达。

(3)风险抵押金实行专户管理。企业到经省级安全生产监督管理部门及同级财政部门指定的风险抵押金代理银行(以下简称代理银行)开设风险抵押金专户,并于核定通知送达后1个月内,将风险抵押金一次性存入代理银行风险抵押金专户;企业可以在国家规定的风险抵押金使用范围内,按照国家关于现金管理的规定通过该账户支取现金。企业风险抵押金账户的本金和利息归本企业所有,任何部门和银行不得在企业间进行调剂使用。

指定风险抵押金代理银行,实现了相关部门和代理银行在政策执行、资金管理、支出使用、数据统计等方面的统一、快捷、方便。风险抵押金由企业到代理银行专户存储,好处在于:一是资金性质清楚,既体现了资金的抵押特点,又体现了资金的所有权和使用权,产生的利息全部归本企业;二是企业与代理银行之间属于一对一存储,每个企业开设本企业户名的银行存款账户,有利于管理、利息计算和清算,账户资金的收、支、余全部是本企业的资金形态,避免了各企业之间风险抵押金混用;三是建立了安全监管部门、代理银行及主管财政、银行、监管部门的互相监督管理机制,有利于管好、用好此项资金。

(三)风险抵押金使用规定

(1)为处理本企业生产安全事故而直接发生的抢险、救灾费用支出。

(2)为处理本企业生产安全事故善后事宜而直接发生的费用支出。

企业发生生产安全事故后产生的抢险、救灾及善后处理费用,全部由企业负担,原则上应当由企业先行支付,确需动用风险抵押金专户资金的,经安全生产监督管理部门及同级财政部门批准,由代理银行具体办理有关手续。费用支出超过安全生产风险抵押金的,其超出部分仍由企业负担。

若发生下列之一情形的,省(区、市)、市、县级安全生产监督管理部门及同级财政部门可以根据企业生产安全事故抢险、救灾及善后处理工作需要,将风险抵押金部分或全部转做事故抢险、救灾和善后处理所需资金:

①企业负责人在生产安全事故发生后逃逸的。

②企业生产安全事故发生后,未在规定时间内主动承担责任,支付抢险,救灾及善后处理费用的。

(四)风险抵押金的监督管理

风险抵押金实行分级管理,由省(区、市)、市、县级安全生产监督管理部门及同级财政部门共同负责。对中央管理企业的风险抵押金,按照属地原则管理,由所在地省级安全生产监督管理部门及同级财政部门确定后报国家安全生产监督管理总局及财政部备案。

　　安全生产风险抵押金管理必须做到"专户存储、单独核算、专款专用、严禁挪用",不得在企业之间互相调剂;各级财政、审计等部门要定期对安全生产风险抵押金进行监督和检查,确保资金安全、规范运行。

　　企业持续生产经营期间,当年未发生生产安全事故、没有动用风险抵押金的,风险抵押金自然结转存储,企业在下年不再另行存储。企业当年若发生生产安全事故、动用风险抵押金的,省(区、市)、市、县级安全生产监督管理部门及同级财政部门应当重新核定企业应存储的风险抵押金数额,并及时告知企业;企业应当在核定通知送达后1个月内,按照规定标准再将风险抵押金补齐存储差额。

　　企业生产经营持续期间,其生产经营规模、产量、从业人数等国家规定的存储风险抵押金核定基础发生较大变动的,省(区、市)、市、县级安全生产监督管理部门及同级财政部门应于下年度第一季度结束前调整该企业的风险抵押金存储数额,并按照调整后的差额及时通知企业补存(退还)风险抵押金。

　　按照规定已经存储安全生产风险抵押金的企业,依法关闭、破产或者转为其他行业的.企业提出申请,经省(区、市)、市、县级安全生产监督管理部门及同级财政部门核准后,代理银行允许企业按照国家有关规定自主支配其风险抵押金专户结存资金。

　　安全生产风险抵押金在实际支出时计入企业成本,在缴纳企业所得税前列支。有关会计核算问题,按照国家统一会计制度处理。

　　在每一年度终了后3个月内,省级安全生产监督管理部门及同级财政部门要将上年度本地区风险抵押金存储、使用、管理等有关情况报国家安全生产监督管理总局及财政部。

　　各级安全生产监督管理部门、财政部门及其工作人员有挪用风险抵押金等违反规定及国家有关法律法规行为的,依照国家有关规定进行处理。

第九节　劳动防护用品管理

　　劳动防护用品的生产和使用一直受到国家的重视。《安全生产法》第三十七条中明确规定:生产经营单位必须为从业人员提供符合国家标准或行业标准的劳动防护用品,并监督、教育从业人员按照使用规则佩戴、使用。

　　劳动防护用品是保证安全生产不可缺少的措施,例如,在焊接工作时没有焊接防护面罩,强光和紫外线会伤害眼睛使焊工无法进行操作;带电作业,必须穿等电位屏蔽服和导电靴;防触电作业必须穿戴绝缘手套和绝缘鞋;在有毒气体环境下作业,必须佩戴防毒呼吸器;消防人员扑灭大火,抢救生命财产,要穿隔热防火服和面具;高寒缺水地区开凿岩石隧道,粉尘浓度很高,而又无法进行防尘工程技术措施,只有佩戴防尘口罩才能预防尘肺病;现代航天人可以到达月球或其他星球,但登月前必须解决防护装备中抵御宇宙射线、缺氧高低压等一系列问题。由此可知,劳动防护用品在人类生产活动中,对保证生产、科学工作的正常进行和保护生产者自身的安全、健康有着重要意义,有时又是唯一而不可缺少的个体装备。

一、劳动防护用品的概念及分类

　　劳动防护用品是人在生产和生活中为防御物理(如噪声、振动、静电、电离辐射、非电离辐射、物体打击、坠落、高温液体、高温气体、明火、恶劣气候作业环境、粉尘与气溶胶、气压过高、气压过低)、化学(有毒气体、有毒液体、有毒性粉尘与气溶胶、腐蚀性气体、腐蚀性液体)、生物

（细菌、病毒、传染病媒介物）等有害因素伤害人体而穿戴和配备的各种物品的总称。

国家安全生产监督管理总局 1 号令发布的《劳动防护用品监督管理规定》中指出，劳动防护用品是指由单位为从业人员配备的，使其在劳动过程中免遭或者减轻事故伤害及职业危害的个人防护装备。使用劳动防护用品，是保障从业人员人身安全与健康的重要措施，也是单位安全生产日常管理的重要工作内容。

劳动防护用品种类很多，主要有按防护用品性能、按保护部位、按防护用途三种分类方法。

（一）按防护性能分类

劳动防护用品按防护性能分类分为特种劳动防护用品和一般劳动防护用品两大类。特种劳动防护用品目录由国家安全生产监督管理总局确定并公布；未列入目录的劳动防护用品为一般劳动防护用品。

1. 特种劳动防护用品

直接消除危及职工人身安全的个人劳动防护用品称为特种劳动防护用品。

2005 年，国家安全生产监督管理总局颁布《特种劳动防护用品安全标志实施细则》（安监总规划字［2002］149 号），明确了特种劳动防护用品目录，并将特种劳动防护用品分为如下六大类：

（1）头部护具类。

（2）呼吸护具类。

（3）眼（面）护具类。

（4）防护服类。

（5）防护鞋类。

（6）防坠落护具类。

根据《劳动防护用品监督管理规定》的有关规定，劳动防护用品生产企业所生产的特种劳动防护用品，必须取得特种劳动防护用品安全标志，否则不得生产和销售。使用特种劳动防护用品的单位也不得购买、配发和使用无安全标志的特种劳动防护用品。

特种劳动防护用品安全标志标识由盾牌图形和特种劳动防护用品安全标志的编号组成（见图 2-1）。不同尺寸的图形用于不同类型的特种劳动防护用品。

图 2-1　特种劳动防护用品安全标志标识

2. 一般劳动防护用品

未列入特种劳动防护用品目录的劳动防护用品称为一般劳动防护用品。如一般的工作服、手套等。

（二）按保护部位分类

1. 头部防护用品

为防御头部不受外来物体打击和其他因素危害配备的个人防护装备，如一般防护帽、防尘帽、防水帽、安全帽、防寒帽、防静电帽、防高温帽、防电磁辐射帽、防昆虫帽等。

2. 呼吸器官防护用品

为防御有害气体、蒸气、粉尘、烟、雾由呼吸道吸入，直接向使用者供氧或清净空气，保证尘、毒污染或缺氧环境中作业人员正常呼吸的防护用具，如防尘口罩（面具）、防毒口罩（面具）等。

3. 眼（面）部防护用品

预防烟雾、尘粒、金属火花和飞屑、热、电磁辐射、激光、化学飞溅等伤害眼睛或面部的个人防护用品，如焊接护目镜和面罩、炉窑护目镜和面罩以及防冲击眼护具等。

4. 听觉器官防护用品

能够防止过量的声能侵入外耳道，使人耳避免噪声的过度刺激，减少听力损失，预防由噪声对人身引起的不良影响的个体防护用品，如耳塞、耳罩、防噪声头盔等。

5. 手部防护用品

保护手和手臂，供作业者劳动时戴用的手套（劳动防护手套），如一般防护手套、防水手套、防寒手套、防毒手套、防静电手套、防高温手套、防 X 射线手套、防酸碱手套、防油手套、防振手套、防切割手套、绝缘手套等。

6. 足部防护用品

防止生产过程中有害物质和能量损伤劳动者足部的护具，通常人们称为劳动防护鞋，如防尘鞋、防水鞋、防寒鞋、防静电鞋、防高温鞋、防酸碱鞋、防油鞋、防烫脚鞋、防滑鞋、防刺穿鞋、电绝缘鞋、防振鞋等。

7. 躯干防护用品

即通常讲的防护服，如一般防护、防水服、防寒服、防砸背心、防毒服、阻燃服、防静电服、防高温服、防电磁辐射服、耐酸碱服、防油服、水上救生衣、防昆虫服、防风沙服等。

8. 护肤用品

指用于防止皮肤（主要是面、手等外露部分）免受化学、物理等因素的危害的用品，如防毒、防腐、防射线、防油漆的护肤品等。

（三）按防护用途分类

按防止伤亡事故的用途可分为：防坠落用品、防冲击用品、防触电用品、防机械外伤用品、防酸碱用品、耐油用品、防水用品、防寒用品。

按预防职业病的用途可分为：防尘用品、防毒用品、防噪声用品、防振动用品、防辐射用品、防高低温用品等。

二、劳动防护用品的配置

《安全生产法》第三十七条规定："生产经营单位必须为从业人员提供符合国家标准或者行业标准的劳动防护用品，并监督、教育从业人员按照使用规则佩戴、使用。"

《职业病防治法》规定："用人单位必须采用有效的职业病防护设施，并为劳动者提供个人使用的职业病防护用品。"

（一）劳动防护用品选用原则

单位选用劳动防护用品时，应根据国家标准、行业标准或地方标准的相关要求，针对生产作业环境、劳动强度以及生产岗位性质，结合劳动防护用品的防护性能以及穿戴舒适、方便、不影响工作等因素，综合分析后选用。

（二）劳动防护用品发放要求

2000年，国家经贸委颁布了《劳动防护用品配备标准（试行）》（国经贸安全[2000]189号），规定了国家工种分类目录中的116个典型工种的劳动防护用品配备标准。用人单位应当按照有关标准，根据不同工种和劳动条件发给职工个人劳动防护用品。

单位发放劳动防护用品的责任有以下方面。

（1）用人单位应根据工作场所中的职业危害因素及其危害程度，按照法律、法规、标准的规定，为从业人员免费提供符合国家规定的劳动防护用品。不得以货币或其他物品替代应当配备的护品。

（2）用人单位应到定点经营单位或生产企业购买特种劳动防护用品。特种劳动防护用品必须具有"三证"和"一标志"，即生产许可证、产品合格证、安全鉴定证和安全标志。购买的特种劳动防护用品须经本单位安全管理部门验收，并应按照特种劳动防护用品的使用要求，在使用前对其防护功能进行必要的检查。

（3）用人单位应教育从业人员，按照劳动防护用品的使用规则和防护要求正确使用劳动防护用品，使从业人员做到"三会"：会检查护品的可靠性，会正确使用劳动防护用品，会正确维护保养护品。用人单位应定期进行监督检查。

（4）用人单位应按照产品说明书的要求，及时更换、报废过期和失效的护品。

（5）用人单位应建立健全防护用品的购买、验收、保管、发放、使用、更换、报废等管理制度和使用档案，并进行必要的监督检查。

三、劳动防护用品的使用管理

（1）采购验收。单位应统一进行劳动防护用品的采购，到货后应由安全管理部门组织相关人员按标准进行验收，一是验收"三证一标志"是否齐全有效；二是对相关劳动防护用品作外观检查，必要时应进行试验验收。

（2）使用前检查。从业人员每次使用劳动防护用品前应对其进行检查，单位可制定相应检查表，供从业人员检查使用，防止使用功能损坏的劳动防护用品。

（3）使用中检查。安全生产管理部门在组织开展安全检查时，应将劳动防护用品的检查列入检查表，进行经常性的检查。重点是必须在其性能范围内使用，不超极限使用等。

（4）正确使用。从业人员应严格按照使用说明书正确使用劳动防护用品。单位的领导及安全生产管理人员应经常深入现场，检查指导从业人员正确使用劳动防护用品。

单位未按国家有关规定为从业人员提供符合国家标准或者行业标准的劳动防护用品，配发无安全标志的特种劳动防护用品的，安全生产监督管理部门有权责令限期改正；逾期未改正的，可责令停产停业整顿，可以并处5万元以下的罚款；对于造成严重后果，构成犯罪的，有权依法追究刑事责任。

第三章　中小企业常用安全生产管理办法

第一节　危险有害因素辨识

危险和有害因素是指可对人造成伤亡、影响人的身体健康甚至导致疾病的因素,也称危险有害因素。

一、危险有害因素分类

（一）按生产过程危险和有害因素分类

《生产过程危险和有害因素分类》(GB/T 13861—2009)将生产过程危险和有害因素分为四大类。分别为人的因素、物的因素、环境因素和管理因素。

1. 人的因素

在生产活动中,来自人员或人为性质的危险和有害因素。

（1）心理、生理性危险和有害因素;

（2）行为性危险和有害因素。

2. 物的因素

机械、设备、设施、材料等方面存在的危险和有害因素。

（1）物理性危险和有害因素;

（2）化学性危险和有害因素;

（3）生物性危险和有害因素。

3. 环境因素

生产作业环境中的危险和有害因素。

（1）室内作业场所环境不良;

（2）室外作业场所环境不良;

（3）地下(含水下)作业环境不良;

（4）其他作业环境不良。

4. 管理因素

管理和管理责任缺失导致的危险和有害因素。

（1）职业安全卫生组织机构不健全;

（2）职业安全卫生责任制未落实;

（3）职业安全卫生管理规章制度不完善;

（4）职业安全卫生投入不足;

（5）职业健康管理不完善;

（6）其他管理因素缺陷。

需要注意的是，GB/T 13861—2009 标准代替原《生产过程危险和有害因素分类与代码》（GB/T 13861—1992）。新标准在原来标准的基础上增加了环境因素和管理因素的内容，使生产过程危险和有害因素的分类更趋规范和合理。

（二）参照事故类别进行分类

参照《企业职工伤亡事故分类》（GB 6441—1986），综合考虑起因物、引起事故的诱导性原因、致害物、伤害方式等，将危险因素分为 20 类。

（1）物体打击。指物体在重力或其他外力的作用下产生运动，打击人体，造成人身伤亡事故，不包括因机械设备、车辆、起重机械、坍塌等引发的物体打击。

（2）车辆伤害。指企业机动车辆在行驶中引起的人体坠落和物体倒塌、下落、挤压伤亡事故，不包括起重设备提升、牵引车辆和车辆停驶时发生的事故。

（3）机械伤害。指机械设备运动（静止）部件、工具、加工件直接与人体接触引起的夹击、碰撞、剪切、卷入、绞、碾、割、刺等伤害，不包括车辆、起重机械引起的机械伤害。

（4）起重伤害。指各种起重作业（包括起重机安装、检修、试验）中发生的挤压、坠落、（吊具、吊重）物体打击和触电。

（5）触电。包括雷击伤亡事故。

（6）淹溺。包括高处坠落淹溺，不包括矿山、井下透水淹溺。

（7）灼烫。指火焰烧伤、高温物体烫伤、化学灼伤（酸、碱、盐、有机物引起的体内外灼伤）、物理灼伤（光、放射性物质引起的体内外灼伤），不包括电灼伤和火灾引起的烧伤。

（8）火灾。

（9）高处坠落。指在高处作业中发生坠落造成的伤亡事故，不包括触电坠落事故。

（10）坍塌。指物体在外力或重力作用下，超过自身的强度极限或因结构稳定性破坏而造成的事故，如挖沟时的土石塌方、脚手架坍塌、堆置物倒塌等，不适用于矿山冒顶片帮和车辆、起重机械、爆破引起的坍塌。

（11）冒顶片帮。

（12）透水。

（13）爆破。指爆破作业中发生的伤亡事故。

（14）火药爆炸。指火药、炸药及其制品在生产、加工、运输、贮存中发生的爆炸事故。

（15）瓦斯爆炸。

（16）锅炉爆炸。

（17）容器爆炸。

（18）其他爆炸。

（19）中毒和窒息。

（20）其他伤害。

此种分类方法所列的危险有害因素与企业职工伤亡事故处理（调查、分析、统计）和职工安全教育的口径基本一致，为安全生产监督管理部门、行业主管部门职业安全卫生管理人员和企业广大职工、安全管理人员所熟悉，易于接受和理解，便于实际应用。

（三）按职业健康分类

参照卫生部、原劳动部、总工会等颁发的《职业病范围和职业病患者处理办法的规定》，将危害因素分为七类：

（1）生产性粉尘；

(2)毒物；

(3)噪声与振动；

(4)高温；

(5)低温；

(6)辐射(电离辐射、非电离辐射)；

(7)其他有害因素。

二、危险有害因素辨识

(一)危险有害因素辨识内容

危险有害因素辨识的主要内容有以下 8 个方面。

(1)厂址：从厂址的工程地质、地形地貌、水文、气象条件、周围环境、交通运输条件、自然灾害等进行分析、识别。

(2)厂区总平面布置：功能分区、防火间距和安全间距、动力设施、道路、贮运设施等。

(3)厂内道路及运输：装卸、人流、物流、平面和竖向交叉运输等。

(4)建(构)筑物：从厂房、库房的生产火灾危险性分类、耐火等级、结构、层数、防火间距、安全疏散等。

(5)生产工艺过程包括以下方面。

①新建、改建、扩建项目设计阶段：从根本消除的措施、预防性措施、减少危险性措施、隔离措施、连锁措施、安全色和安全标志几方面考查。

②对安全现状综合评价可针对行业和专业的特点及行业和专业制定的安全标准、规程进行分析、识别。

③根据典型的单元过程(单元操作)进行危险有害因素的识别。

典型的单元过程是各行业中具有典型特点的基本过程或者基本单元。这些单元过程的危险有害因素已经归纳总结在许多手册、规范、规程和规定中，这类方法可以使危险有害因素的识别比较系统，避免遗漏。

(6)生产设备、装置和设施：工艺设备从高温、高压、腐蚀、振动、控制、检修和故障等方面；机械设备从运动零部件和工件、操作条件、检修、误操作等方面；电气设备从触电、火灾、静电、雷击等方面进行识别。另外，还应特别注意高处作业设备、特殊单体设备(如锅炉房、乙炔站、氧气站)等的危险有害因素识别。

(7)作业环境：存在毒物、噪声、振动、辐射、粉尘、高温、低温和冷水等作业部位。

(8)安全管理措施：组织机构、管理制度、女职工保护、事故应急救援预案、安全投入、特种作业人员培训、日常安全生产管理等方面进行识别。

(二)危险有害因素辨识方法

1. 直观经验分析方法

直观经验分析方法适用于有可供参考先例、有以往经验可以借鉴的项目。

(1)对照、经验法

对照、经验法是对照有关标准、法规、检查表或依靠分析人员的观察分析能力，借助于经验和判断能力直观对评价对象的危险有害因素进行分析的方法。

(2)类比方法

类比方法是利用相同或相似工程系统或作业条件的经验和劳动安全卫生的统计资料来类

推、分析评价对象的危险有害因素。

2. 系统安全分析方法

系统安全分析方法是应用系统安全工程评价方法的部分方法进行危险有害因素辨识。系统安全分析方法常用于复杂、没有事故经验的新开发系统。常用的系统安全分析方法有事件树、事故树等分析法。

第二节　安全评价

安全评价是以实现安全为目的,应用安全系统工程原理和方法,辨识与分析工程、系统、生产经营活动中的危险有害因素,预测发生事故造成职业危害的可能性及其严重程度,提出科学、合理、可行的安全对策措施建议,做出评价结论的活动。安全评价可针对一个特定的对象,也可针对一定区域范围。

一、安全评价种类

安全评价按照实施分阶段的不同分为三类:安全预评价、安全验收评价、安全现状评价。

1. 安全预评价

在建设项目可行性研究阶段、工业园区规划阶段或生产经营活动组织实施之前,根据相关的基础资料,辨识与分析建设项目、工业园区、生产经营活动潜在的危险有害因素,确定其与安全生产法律法规、标准、行政规章、规范的符合性,预测发生事故的可能性及其严重程度,提出科学、合理、可行的安全对策措施建议,做出安全评价结论的活动。它是对项目建设前进行的预测性评价。

安全预评价是加强源头安全的一个重要内容。通过安全预评价,可以回答该建设项目依据设计方案建成后的安全性能如何,能否达到有关的安全标准;通过有关安全评价标准对系统进行总体分析,说明该建设项目系统的安全性;对项目存在的危险有害因素进行定性、定量的分析,对发生事故、危害的可能性及严重程度进行评价。安全预评价报告,是项目最终设计的重要依据之一,在设计阶段,必须落实安全预评价所提出的各项措施,切实做到建设项目在设计中"三同时"。

2. 安全验收评价

在建设项目竣工后正式生产运行前或工业园区建设完成后,通过检查建设项目安全设施与主体工程同时设计、同时施工、同时投入生产和使用的情况或工业园区内的安全设施、设备、装置投入生产和使用的情况,检查安全生产管理措施到位情况,检查安全生产规章制度健全情况,检查事故应急救援预案建立情况,审查确定建设项目、工业园区建设满足安全生产法律法规、标准、规范要求的符合性,从整体上确定建设项目、工业园区的运行状况和安全管理情况,做出安全验收评价结论的活动。

安全验收评价是为安全验收进行的准备,安全验收评价报告将作为建设单位向安全生产监督管理部门申请建设项目安全验收审批的依据。

3. 安全现状评价

针对生产经营活动中、工业园区的事故风险、安全管理等情况,辨识与分析其存在的危险有害因素,审查确定其与安全生产法律法规、规章、标准、规范要求的符合性,预测发生事故或造成职业危害的可能性及其严重程度,提出科学、合理、可行的安全对策措施建议,做出安全现状评价结论的活动。

安全现状评价既适用于对一个单位或一个工业园区的评价，也适用于某一特定的生产方式、生产工艺、生产装置或作业场所的评价。

二、安全评价原则

安全评价首先要以国家有关安全生产的方针、政策和法律、法规、标准为依据，运用定性和定量的方法对建设项目或单位存在的危险有害因素进行分析评价，提出管理对策措施，同时为政府有关部门提供安全监管的依据。安全评价具有较复杂的技术性、很强的政策性，安全评价报告的好坏，将直接关系着能否保障广大从业人员安全与健康。安全评价过程中必须遵循以下几项原则。

1. 合法性

安全评价机构必须依法取得安全评价机构资质许可，并按照取得的相应资质等级、业务范围开展安全评价。安全评价人员须是依法取得《安全评价人员资格证书》，并经从业登记的专业技术人员。安全评价机构和安全评价人员必须在国家安全监督管理部门的指导、监督下开展工作，尽最大努力为系统、工程提供符合政策、法规、标准要求的评价结论和建议。

2. 科学性

影响安全评价的因素比较多，三类评价因评价的侧重点不同，评价的项目也不相同。为保证安全评价能全面地反映出评价项目的实际情况和结论的正确性，评价人员必须根据科学的方法、程序，以严肃认真的科学态度和方法，全面、公正、客观地开展工作，作出符合实际的结论。

3. 公正性

安全评价机构、安全评价人员应科学、客观、公正、独立地开展安全评价，并真实、准确地得出评价结论，并对评价报告的真实性负责。

4. 针对性

为做出符合实际的安全评价结论，要收集大量的资料和数据，并对其进行全面的分析，对主要的危险、有害因素及重要单元要进行有针对性的重点评价，并且根据评价方法的不同，有针对性地选择评价方法。

三、安全评价程序

安全评价的程序包括前期准备，辨识与分析危险有害因素，划分评价单元，定性、定量评价，提出安全对策措施建议，得出评价结论，编制安全评价报告。

四、安全评价内容

1. 前期准备

明确评价对象，备齐有关安全评价所需的设备、工具，收集国内外相关法律法规、标准、规章、规范等资料。

2. 辨识与分析危险有害因素

根据评价对象的具体情况，辨识和分析危险有害因素，确定其存在的部位、方式，以及发生作用的途径和变化规律。

具体辨识方法参见本章第一节"危险有害因素辨识"。

3. 划分评价单元

评价单元划分应科学、合理,便于实施评价,相对独立且具有明显的特征界限。

4. 定性、定量评价

根据评价单元的特性,选择合理的评价方法,对评价对象发生事故的可能性及其严重程度进行定性、定量评价。

5. 对策措施建议

依据危险有害因素辨识结果与定性、定量评价结果,遵循针对性、技术可行性、经济合理性的原则,提出消除或减弱危险、危害的技术和管理对策措施建议。

对策措施建议应具体翔实,具有可操作性。按照针对性和重要性的不同,措施和建议可分为应采纳和宜采纳两种类型。其中"应采纳"的对策措施建议是评价对象达到安全生产法律法规、标准、行政规章、规范的要求,可以在保证安全的前提下正常开展生产经营活动的基本条件;"宜采纳"的对策措施建议则是评价对象安全生产技术和管理方面可以进一步提高的内容。

6. 安全评价结论

安全评价机构应根据客观、公正、真实的原则,严谨、明确地做出安全评价结论。

安全评价结论的内容应包括高度概括评价结果,从风险管理角度给出评价对象在评价时与国家有关安全生产的法律法规、标准、规章、规范的符合性结论,给出事故发生的可能性和严重程度的预测性结论,以及采取安全对策措施后的安全状态等。

7. 编制安全评价报告

根据不同类型的安全评价,编制相应的安全评价报告。

五、常用安全评价方法简介

安全评价方法是对系统(项目)的危险有害因素及其危险有害程度进行分析、评价的方法。目前,已形成十几种比较完善、成熟的评价方法。现简要介绍几种。

(一)安全检查表

安全检查表是分析和辨识系统危险性,进行系统安全性评价的重要技术手段。实际上就是一份实施安全检查和诊断的项目明细表,是安全检查结果的备忘录。

安全检查表在安全检查中之所以能够发挥作用,是因为安全检查表是用系统工程的观点,组织有经验的人员,首先将复杂的系统分解成为子系统或更小的单元,然后集中讨论这些单元中可能存在什么样的危险性、会造成什么样的后果、如何避免或消除等问题。由于事先组织有关人员根据理论知识、实践经验、有关标准、规范和事故情报等进行周密细致的思考,确定检查的项目和要点,以提问方式,将检查项目和要点按系统编制成表,容易做到全面周到,避免漏项。经过长时期的实践与修订,可使安全检查表更加完善。

1. 安全检查表的特点

安全检查表是进行系统安全性分析的基础,也是安全检查的重要依据,具有以下明显的特点:

(1)通过预先对检查对象进行详细调查研究和全面分析,所制订出来的安全检查表比较系统、完整,能包括控制事故发生的各种因素,可避免检查过程中的走过场和盲目性,从而提高安全检查工作的效果和质量。

(2)安全检查表是根据有关法规、安全规程和标准制定的,因此检查目的明确,内容具体,易于实现安全要求。

（3）对所拟定的检查项目进行逐项检查的过程，也是对系统危险因素辨识、评价和制订出措施的过程，既能准确地查出隐患，又能得出确切的结论，从而保证了有关法规的全面落实。

（4）检查表是与有关责任人紧密相连的，所以易于推行安全生产责任制，检查后能够做到事故清、责任明、整改措施落实快。

（5）安全检查表是通过问答的形式进行检查的过程，所以使用起来简单易行，易于被安全管理人员和广大职工掌握和接受，可经常自我检查。

（6）安全检查表是一项进行科学化管理的基本方法，具有实际意义和广泛的应用前景。

2. 安全检查表的类型

安全检查表的应用范围十分广泛，根据用途和安全检查表的内容，安全检查表可分为以下几种类型。

（1）审查设计安全检查表。新建、改建和扩建的工程项目，都必须与相应的安全设施同时设计、同时施工和同时投入生产使用，即利用"三同时"的原则，全面、系统地审查工程的设计、施工和投产等各项的安全状况。检查表中除了已列入的检查项目外，还要列入设计应遵循的原则、标准和必要数据。用于设计的安全检查表主要应包括厂址选择、平面布置、工艺过程、装置的布置、建筑物与构筑物、安全装置与设备、操作的安全性、危险物品的贮存以及消防设施等方面。

（2）厂级安全检查表。主要用于全厂性安全检查，也可用于安全技术、防火防爆、危险化学品等部门进行日常检查。其主要内容包括主要安全装置与设施、危险物品的贮存与使用、消防通道与设施、操作管理及遵章守纪等方面的情况。

（3）车间的安全检查表。用于车间进行定期检查和预防性检查的检查表，重点放在人员的不安全行为和设备、运输、加工等的不安全状态方面。其内容包括工艺安全、设备布置、安全通道、通风照明、安全标志、尘毒和有害气体的浓度、消防措施及操作管理等。

（4）岗位的安全检查表。用于岗位进行自检、互检和安全教育的检查表，重点放在因违规操作而引起的多发性事故上。其内容应根据岗位的操作工艺和设备的抗灾性能而定。要求检查内容具体、易行。

（5）专业性安全检查表。此类表格是由专业机构或职能部门所编制和使用的，主要用来进行专项或季节性的安全检查，如对电气设备、起重设备、压力容器、特殊装置与设施等的专业性检查。

3. 安全检查表的编制

编制安全检查表的过程，实质是对系统进行安全分析的过程。一个高水平的安全检查表需要专业技术的全面性、多学科的综合性和对实际经验的统一性。通过对系统的全面分析，结合有关资料，找出系统中存在的隐患、事故发生的可能途径和影响后果等，然后根据有关法规、规章制度、标准和安全技术要求，完成检查表的制定工作。为此，在安全检查表的编制过程中，应组织技术人员、管理人员、操作人员和安技人员深入现场共同编制，并通过实践检验不断修改，使之逐步完善。

为了使检查表在内容上能结合实际、突出重点、简明易行、符合安全要求，应依据以下四个方面进行编制。

（1）有关标准、规程、规范及规定。安全检查表应以国家、部门、行业、企业所颁发的有关安全健康的法令、标准、规章制度、规程以及手册等为依据。如编制生产装置的检查表，要以该产品的设计规范为依据，对检查中涉及的控制指标应规定出安全的临界值，即设计指标的容许值，超过容许值应报告并作处理。对专用设备如电气设备、锅炉压力容器、起重机具、机动车辆等，应按各相关的规程与标准进行编制，使检查表的内容在实施中均能做到科学、合理并符合法规的要求。

（2）国内外的事故案例。编制安全检查表时应认真收集国内外有关各种安全健康事故案例资料，结合编制对象，仔细分析有关的不安全行为和状态，并一一列举出来，这是杜绝事故隐患首先必须做的工作。但要注意，历史资料仅表明以往的特定部位的常见事故，在分析过程中不能墨守成规。此外，还应参照预先危险性分析、作业条件危险性评价等可靠性的分析结果，把有关的基本条件列入检查表项目中。

（3）本单位安全管理及生产中的有关经验。在总结本单位生产操作和安全管理资料的实践经验、分析各种潜在危险因素和外界环境条件基础上，确定危险部位及防范措施，编制出符合本单位实际情况的安全检查表，切忌生搬硬套。

（4）新知识、新成果、新方法、新技术、新法规和标准。在我国许多行业都编制并实施了适合行业特点的安全检查标准，如建筑、机械、化工、冶金等行业都制定了适用于本行业的安全检查表。企业在实施安全检查工作时，根据行业颁布的安全检查标准，结合新知识、新成果、新方法、新技术的特点，制订更具有可操作性的安全检查表。

安全检查表可以按生产系统、车间和岗位编写，也可以按专题编写，如对重要设备和容易出现事故的工艺流程，就应该编制该项工艺的专门安全检查表。安全检查表的形式很多，可根据不同的检查目的进行设计，也可按照统一要求的标准格式进行编制。为了使安全检查表进一步具体化，还可根据实际情况和需要增添栏目，如将各检查项目的标准或参考标准列出，或对各个项目的重要程度做出标记等。

安全检查表法是以安全检查表为依托的重要安全检查方法，也是系统安全工程的一种最简便、广泛应用的系统安全性评价方法，为检查某一系统、设备以及各种操作、管理和组织措施中的不安全因素，事先将要检查的项目，以提问的方式编制成表，以便进行系统检查的方法。

作为定性或定量或定性定量结合的安全评价，将要检查的内容系统、完整、明确地列出，对项目的安全状况进行逐项检查，结合现场条件，以"是"、"否"、"没提到"的形式回答问题。"是"表示符合条件，可以用"√"表示；"否"表示不符合条件，可以用"×"表示；有待于进一步改进，可以用"≈"表示。

最后，通过检查结果分析安全检查表，可以计算出合格项、不合格项、尚不健全项的数量以及占全部检查项的比例，找出存在的缺陷。

（二）危险度评价法

危险度评价法借鉴了日本劳动省"六阶段"的定量评价表，依据《石油化工防火设计规范》（GB 50160—1992）、《压力容器中化学介质毒性危害和爆炸危险度评价分类》（HC 20660—1991）等技术规范标准，编制了"危险度评价取值表"，规定了危险度由物质、容量、压力和操作等 5 个项目共同确定，其危险度分别按 A＝10 分，B＝5 分，C＝2 分，D＝0 分赋值计分，由累计分值确定单元危险度。其中：16 分以上为 Ⅰ 级，属高度危险；11～15 分为 Ⅱ 级，属中度危险；1～10 分为 Ⅲ 级，属低度危险。其危险度评价取值表和危险指数评分分别见表 3-1 和表 3-2。

表 3-1　危险度评价取值表

项目	分值			
	A(10 分)	B(5 分)	C(2 分)	D(0 分)
物质(系指单元中危险、有害程度最大之物质)	1. 甲类可燃气体 2. 甲类物质及液态烃类 3. 甲类固体 4. 极度危害介质	1. 乙类可燃气体 2. 甲、乙类可燃液体 3. 乙类固体 4. 高度危害介质	1. 乙$_B$、丙$_A$、丙$_B$类可燃液体 2. 丙类固体 3. 中、轻度危害介质	不属左述 A、B、C 项之物质
容量	1. 气体 1000 m³ 以上 2. 液体 100 m³ 以上	1. 气体 500～1000 m³ 2. 液体 50～100 m³	1. 气体 100～500 m³ 2. 液体 10～50 m³	1. 气体<100 m³ 2. 液体<10 m³
温度	1000℃ 以上使用,其操作温度在燃点以上	1. 1000℃ 以上使用,其操作温度在燃点以下 2. 在 250～1000℃ 以上使用,其操作温度在燃点以上	1. 在 250～1000℃ 以上使用,其操作温度在燃点以下 2. 在低于 250℃ 时使用,其操作温度在燃点以上	在低于 250℃ 时使用,其操作温度在燃点以下
压强	100 MPa	20～100 MPa	1～20 MPa	1 MPa 以下
操作	1. 临界放热和特别剧烈的放热反应操作 2. 在爆炸极限范围内或其附近的操作	1. 中等放热反应操作 2. 系统进入空气或不纯物质,可能发生的危险、操作 3. 使用粉状或雾状物质,有可能发生粉尘爆炸的操作 4. 单批式操作	1. 轻微放热反应操作 2. 在精制过程中伴有化学反应 3. 单批式操作,但开始使用机械等手段进行程序操作 4. 有一定危险的操作	无危险的操作

表 3-2　危险指数评分表

总分值	≥16 分	11～15 分	≤10 分
等级	Ⅰ	Ⅱ	Ⅲ
危险程度	高度危险	中度危险	低度危险

(三)故障树分析

通过故障树分析,要达到以下目的:识别导致事故的基本事件;对各种因素及逻辑关系做出全面准确的描述;便于查明系统内固有的或潜在的种类危险因素;使有关人员、从业人员全面了解和掌握各项防灾要点;便于进行逻辑运算,进行定性、定量分析和系统评价。

故障树分析是按工艺流程、先后次序和因果关系绘成的程序方框图,表示导致灾害、伤害事故的各种因素的逻辑关系,也称事故树分析。它由输入符号或关系符号组成,用以分析系统的安全问题或系统的运行功能问题,为判明灾害、伤害的发生途径及事故因素之间的关系,提供了一种最形象简洁的表达形式。

1. 故障树分析的基本程序

(1)熟悉系统:详细了解系统状态及各种参数,绘出工艺流程图或布置图。

(2)调查事故:设想系统可能发生的事故。

(3)确定顶上事件:要分析的对象即为顶上事件。

(4)确定目标值:根据经验教训和事故案例,经统计分析后,求解事故发生的概率,以此作为要控制的事故目标值。

(5)调查原因事件:调查与事故有关的所有原因事件和各种因素。

(6)画出故障树:从顶上事件起,逐级找出直接原因的事件,直至所要分析的深度,按其逻辑关系,画出故障树。

(7)定性分析:按故障树结构进行简化,确定各基本事件的结构重要度。

(8)计算事故发生概率:求出顶上事件发生概率。

(9)比较。

(10)定量分析。

原则上是上述十个步骤,目前我国故障树分析一般都考虑到第七步进行定性分析为止,也能取得较好效果。

2. 布尔代数与主要运算法则

在故障树分析中常用逻辑运算符号(·)、(＋)将各个事件连接起来,这种连接式称为布尔代数表达式。在求最小割集时,要用布尔代数运算法则,化简代数式。这些法则有以下方面。

(1)交换律:$A \cdot B = B \cdot A$

$A + B = B + A$

(2)结合律:$A + (B + C) = (A + B) + C$

$A \cdot (B \cdot C) = (A \cdot B) \cdot C$

(3)分配律:$A \cdot (B + C) = A \cdot B + A \cdot C$

$A + (B \cdot C) = (A + B) \cdot (A + C)$

(4)吸收律:$A \cdot (A + B) = A$

$A + A \cdot B = A$

(5)互补律:$A + A' = \Omega = 1$

$A \cdot A' = 0$

(6)幂等律:$A \cdot A = A$

$A + A = A$

(7)狄摩根定律:$(A + B)' = A' + B'$

$(A \cdot B)' = A' + B'$

(8)对合律:$(A')' = A$

(9)重叠律:$A + A'B = A + B = B' + BA$

利用布尔代数化简故障树,应遵循以下原则:

(1)如有括号,去括号将函数式展开;

(2)使用幂等律归纳相同的项;

(3)充分利用吸收律直接化简。

3. 最小割集的概念和作用

最小割集:能够引起顶上事件发生的最低限度的基本事件的集合。

最小割集的作用:最小割集表明系统的危险性;每个最小割集都是顶上事件发生的一种可能渠道,最小割集的数目越多,系统越危险。

4. 径集、最小径集的概念及作用

径集:如果故障树中某些基本事件不发生,则顶上事件就不发生。这些基本事件的集合称为径集。径集与割集的意义正好相反。

最小径集:顶上事件不发生所必需的最低限度的径集,表示哪些基本事件发生时会引起顶上事件发生,反映了系统的可靠性。

最小径集的作用:最小径集表示系统的安全性。求出最小径集,可以了解要使事故不发生,有几种可能的方案,并掌握系统的安全性如何,为控制事故提供依据。

5. 故障树建树及原则

故障树中故障和故障破坏可分为三种。

(1)主故障和故障破坏:通常属于故障部件本身的缺陷,不属于某些外力或条件,即部件自身引起的。

(2)副故障和故障破坏:不是由设备自身缺陷引起的,而是由于某些外力或条件所致。

(3)指令性故障和故障破坏:是部件的功能符合设计要求时,设备异常,由于部件功能未按要求实现的操作被称为异常。它不会对设备产生故障。

6. 故障树求解方法

故障树求解方法有四步:一是逐个标识所有门和基本事件,二是将所有门解析成基本集合,三是剔除各集合中的重复事件,四是删除所有的多余集合。

这样求解的结果是得到该故障树的最小割集表。而找到了顶上事件的最小割集,评价人员就能确定该系统的薄弱环节,从而为解决事故隐患提出合理可行的建议和措施。

(四)作业条件危险性评价法

对于一个具有危险性的作业条件,影响危险性的主要因素有三个:发生事故或危险事件的可能性,暴露于这种危险环境的情况,事故一旦发生可能产生的后果。

用公式来表示,则为:$D=L×E×C$

其中,D 为作业条件的危险性;L 为发生事故或危险事件的可能性;E 为暴露于这种危险环境的频率;C 为事故一旦发生可能产生的后果。

1. 发生事故或危险事件的可能性

发生事故或危险事件的可能性与其实际发生的概率相关。绝对不可能发生的概率为 0;而必然发生的事件,则概率为 1。一般按表 3-3 来取发生事故或危险事件的可能性分值。

表 3-3　事故或危险事件的可能性分值

分值	发生事故或危险事件的可能性	分值	发生事故或危险事件的可能性
10	完全会被预料到	0.5	可以设想,但高度不可能
6	相当可能	0.2	极不可能
3	不经常,但可能	0.1	实际上不可能
1	完全意外,极少可能		

2. 暴露于危险环境的频率

作业人员暴露于危险作业条件的次数越多、时间越长,则受到伤害的可能性也就越大。关于暴露于潜在危险环境的分值见表 3-4。

表 3-4　暴露于潜在危险环境的分值

分值	出现于危险环境的情况	分值	出现于危险环境的情况
10	连续暴露于潜在危险环境	2	每月暴露一次
6	逐日在工作时间内暴露	1	每年几次出现在潜在危险环境
3	每周一次或偶然的暴露	0.5	非常罕见的暴露

3. 发生事故或危险事件的可能结果

发生事故导致的人身伤害和经济损失可有很大范围内变化。从轻微事故到特别重大事故,其范围非常广。一般按表 3-5 来取发生事故或危险事件的可能结果分值。

表 3-5　发生事故或危险事件的可能结果分值

分值	可能结果	分值	可能结果
100	大灾难,很多人死亡	7	严重,严重伤害
40	灾难,数人死亡	3	重大,致残
15	非常严重,一人死亡	1	引人注目,需要救护

4. 危险性

确定了上述三个具有潜在危险性的作业条件分级,并按公式进行计算,即可得出危险性分值。要确定其危险程度,则按表 3-6 的标准进行评定。

表 3-6　作业条件危险程度

分值	危险程度	分值	危险程度
>320	极其危险,不能作业	20～70	可能危险,需要注意
160～320	高度危险,需立即整改	<20	稍有危险,可以接受
70～160	显著危险,需要整改		

(五)其他安全评价方法

安全评价涉及面广,要有较专业的安全知识,并熟悉有关的安全法律法规、标准及规范。其他的安全评价方法主要有:道化学火灾、爆炸指数评价法、帝国化学公司蒙德法、预先危险性分析、危险和可操作性研究、故障类型和影响分析等。这些评价方法需要多名评价人员历时较长时间,通过大量艰苦的劳动,才能做出符合实际的安全评价结论。由于这些评价方法比较专业,需要专业安全评价人员才能完成,因此,在这里我们不一一介绍。

六、安全评价方法比较

安全评价方法的分类方法很多,常用的有按评价结果的量化程度分类法、按评价的推理过程分类法、按针对的系统性质分类法、按安全评价要达到的目的分类法等。

选用评价方法时应根据对象的特点、具体条件和需要,以及评价方法的特点选用几种方法对同一对象进行评价,互相补充、分析综合、相互验证,以提高评价结果的准确性。常用的 14 种评价方法及其比较见表 3-7。

表 3-7　评价方法比较表

评价方法	评价目标	定性定量	方法特点	适用范围	应用条件	优缺点
类比法	危害程度分级、危险性分级	定性	利用类比作业场所检测、统计数据分级和事故统计分析资料类推	职业安全评价作业条件、岗位危险性评价	类比作业场所具有可比性	简便易行、专业检测量大、费用高
安全检查表	危险有害因素分析、安全等级	定性定量	按事先编制的有标准要求的检查表逐项检查,按规定赋分标准赋分,评定安全等级	各类系统的设计、验收、运行、管理、事故调查	有事先编制的各类检查表,有赋分、评级标准	简便、易于掌握、编制检查难度及工作量大

续表

评价方法	评价目标	定性定量	方法特点	适用范围	应用条件	优缺点
预先危险性分析（PHA）	危险有害因素分析、危险性等级	定性	讨论分析系统存在的危险有害因素、触发条件、事故类型，评定危险性等级	各类系统设计，施工、生产、维修前的概略分析和评价	分析评价人员熟悉系统，有丰富的知识和实践经验	简便易行，受分析评价人员主观因素影响
故障类型和影响分析（FMEA）	故障（事故）原因、影响程度	定性	列表分析系统故障类型、故障原因、故障影响，评定影响程序等级	机械电气系统、局部工艺过程，事故分析	同上，有根据分析要求编制的表格	较复杂、详尽，受分析评价人员主观因素影响
故障类型和影响危险性分析（FMECA）	故障原因、故障等级、危险指数、	定性定量	同上。在FMEA基础上，由元素故障概率、系统重大故障概率计算系统危险性指数	同上	同FMEA，有元素故障概率、系统重大故障（事故）概率数据	较FMEA复杂、精确
事件树分析（ETA）	事故原因、触发条件、事故概率、	定性定量	归纳法，由初始事件判断系统事故原因及条件内各事件概率	各类局部工艺过程、生产设备、装置事故分析	熟悉系统、元素间的因果关系，有各事件发生概率数据	简便易行，受分析评价人员主观因素影响
故障树分析（FTA）	事故原因、事故概率、	定性定量	演绎法，由事故和基本事件逻辑推断事故原因，由基本事件概率计算事故概率	宇航、核电、工艺、设备等复杂系统事故分析	熟练掌握方法和事故、基本事件间的联系，有基本事件概率数据	复杂、工作量大、精确，若故障树编制有误，易失真
格雷厄姆—金尼法	危险性等级	定性半定量	按规定对系统的事故发生可能性、人员暴露状况、危险程序赋分，计算后评定危险性等级	各类生产作业条件	赋分人员熟悉系统，对安全生产有丰富知识和实践经验	简便、实用，受分析评价人员主观因素影响
道化学火灾、爆炸指数评价法（DOW）	火灾、爆炸危险性等级，事故损失	定量	根据物质、工艺危险性计算火灾爆炸指数，判定采取措施前后的系统整体危险性，由影响范围、单元破坏系数计算系统整体经济、停产损失	生产、贮存、处理燃、爆、化学活泼性、有毒物质的工艺过程及其他有关工艺系统	熟练掌握方法、熟悉系统，有丰富知识和良好的判断能力，须有各类企业装置经济损失目标值	大量使用图表、简洁明了、参数取位宽、因人而异，只能对系统整体作宏观评价
帝国化学公司蒙德法（MOND）	火灾、爆炸毒性及系统整体危险性等级	定量	由物质、工艺、毒性、布置危险计算采取措施前后的火灾、爆炸、毒性和整体危险性指标，评定各类危险性等级	同上	熟练掌握方法、熟悉系统，有丰富知识和良好的判断能力	同上
日本劳动省六阶段法	危险性等级	定性定量	综合应用检查表定性评价、定量危险性评价、故障树分析及事件树分析等方法。评价分六个阶段，定性和定量相结合	化工厂和有关装置	熟悉系统、掌握有关方法，具有相关知识和经验，有类比资料	综合应用几种办法反复评价，准确性高，工作量大

续表

评价方法	评价目标	定性定量	方法特点	适用范围	应用条件	优缺点
危险度评价法	危险性等级	定量	确定危险度取值和危险指数	同上	同上	同上
单元危险性快速排序法	危险性等级	定量	由物质、毒性系数、工艺危险性系数计算火灾、爆炸、毒性指标,评定单元危险性等级	生产、贮存、处理燃、爆、化学活泼性、有毒物质的工艺过程及其他有关工艺系统	熟悉系统、掌握有关方法,具有相关知识和经验	是 DOW 法的简化方法。简洁方便、易于推广
危险和可操作性研究	偏离及其原因、后果,对系统的影响	定性	通过讨论,分析系统可能出现的偏离、偏离原因、偏离后果及对整个系统的影响	化工系统、热力、水利系统的安全分析	分析评价人员熟悉系统、有丰富知识和实践经验	简便易行,受分析评价人员主观因素影响

七、安全评价报告

安全评价报告是安全评价过程的具体体现和概括性总结。安全评价报告是评价对象实现安全运行的技术性指导文件,对完善自身安全管理、应用安全技术等方面具有重要作用。安全评价报告作为第三方出具的技术性咨询文件,可为政府安全生产监管、监察部门、行业主管部门等相关单位对评价对象的安全行为进行法律法规、标准、行政规章、规范的符合性判别所用。

第三节　重大危险源管理

《中华人民共和国安全生产法》第三十三条规定:生产经营单位对重大危险源应当登记建档,进行定期检测、评估、监控,并制定应急预案,告知从业人员和相关人员在紧急情况下应急采取的应急措施。单位应当按照国家有关规定将本单位重大危险源及有关安全措施、应急措施报有关地方人民政府负责安全生产监督管理的部门和有关部门备案。《国务院关于进一步加强安全生产工作的决定》中也明确规定:"搞好重大危险源的普查登记,加强国家、省(区、市)、市(地)、县(市)四级重大危险源监控工作,建立应急救援预案和生产安全预警机制。"《危险化学品安全管理条例》中也对重大危险源管理等做了具体的规定。

一、重大危险源定义及分级

(一)重大危险源定义

《危险化学品重大危险源辨识》(GB 18218—2009)将危险化学品重大危险源定义为:长期地或临时地生产、加工、使用或储存危险化学品,且危险化学品的数量等于或超过临界量的单元。其中:危险化学品是指具有易燃、易爆、有毒、有害等特性,会对人员、设施、环境造成伤害或损害的化学品;单元指一个(套)生产装置、设施或场所,或同属一个单位的且边缘距离小于500 m 的几个(套)生产装置、设施或场所;临界量指对于某种或某类危险化学品规定的数量,若单元中的危险化学品数量等于或超过该数量,则该单元定为重大危险源。

需要注意的是 GB 18218—2009《危险化学品重大危险源辨识》代替 GB 18218—2000《重

大危险源辨识》。两个标准相比主要变化如下：

将标准名称改为《危险化学品重大危险源辨识》；

将采矿业中涉及危险化学品的加工工艺和储存活动纳入了适用范围；

不适用范围增加了海上石油天然气开采活动；

对部分术语和定义进行了修订；

对危险化学品的范围进行了修订；

对危险化学品的临界量进行了修订；

取消了生产场所与储存区之间临界量的区别。

（二）重大危险源分级

重大危险源根据其危险程度，分为一级、二级、三级和四级，一级为最高级别，见表3-8。

分级指标：采用单元内各种危险化学品实际存在（在线）量与其在《危险化学品重大危险源辨识》（GB 18218—2009）中规定临界量的比值，经校正系数校正后的比值之和 R 作为分级指标。

表 3-8　危险化学品重大危险源级别和 R 值的对应关系

危险化学品重大危险源级别	R 值
一级	$R \geqslant 100$
二级	$100 > R \geqslant 50$
三级	$50 > R \geqslant 10$
四级	$R < 10$

重大危险源具体分级方法详见《危险化学品重大危险源监督管理暂行规定》（国家安全生产监督管理总局令第40号）的附件1。

二、重大危险源辨识

（一）重大危险源辨识依据

危险化学品重大危险源的辨识依据是危险化学品的危险特性及其数量，具体见表3-9和表3-10。

表 3-9　危险化学品名称及其临界量

序号	类别	危险化学品名称和说明	临界量（t）
1	爆炸品	叠氮化钡	0.5
2		叠氮化铅	0.5
3		雷酸汞	0.5
4		三硝基苯甲醚	5
5		三硝基甲苯	5
6		硝化甘油	1
7		硝化纤维素	10
8		硝酸铵（含可燃物＞0.2%）	5

续表

序号	类别	危险化学品名称和说明	临界量（t）
9	易燃气体	丁二烯	5
10		二甲醚	50
11		甲烷,天然气	50
12		氯乙烯	50
13		氢	5
14		液化石油气（含丙烷、丁烷及其混合物）	50
15		一甲胺	5
16		乙炔	1
17		乙烯	50
18	毒性气体	氨	10
19		二氟化氧	1
20		二氧化氮	1
21		二氧化硫	20
22		氟	1
23		光气	0.3
24		环氧乙烷	10
25		甲醛（含量＞90％）	5
26		磷化氢	1
27		硫化氢	5
28		氯化氢	20
29		氯	5
30		煤气（CO,CO 和 H_2、CH_4 的混合物等）	20
31		砷化三氢（胂）	12
32		锑化氢	1
33		硒化氢	1
34		溴甲烷	10
35	易燃液体	苯	50
36		苯乙烯	500
37		丙酮	500
38		丙烯腈	50
39		二硫化碳	50
40		环己烷	500
41		环氧丙烷	10
42		甲苯	500
43		甲醇	500
44		汽油	200
45		乙醇	500
46		乙醚	10
47		乙酸乙酯	500
48		正己烷	500

续表

序号	类别	危险化学品名称和说明	临界量(t)
49	易于自燃的物质	黄磷	50
50		烷基铝	1
51		戊硼烷	1
52	遇水放出易燃气体的物质	电石	100
53		钾	1
54		钠	10
55	氧化性物质	发烟硫酸	100
56		过氧化钾	20
57		过氧化钠	20
58		氯酸钾	100
59		氯酸钠	100
60		硝酸(发红烟的)	20
61		硝酸(发红烟的除外,含硝酸>70%)	100
62		硝酸铵(含可燃物≤0.2%)	300
63		硝酸铵基化肥	1000
64	有机过氧化物	过氧乙酸(含量≥60%)	10
65		过氧化甲乙酮(含量≥60%)	10
66	毒性物质	丙酮合氰化氢	20
67		丙烯醛	20
68		氟化氢	1
69		环氧氯丙烷(3-氯-1,2-环氧丙烷)	20
70		环氧溴丙烷(表溴醇)	20
71		甲苯二异氰酸酯	100
72		氯化硫	1
73		氰化氢	1
74		三氧化硫	75
75		烯丙胺	20
76		溴	20
77		乙撑亚胺	20
78		异氰酸甲酯	0.75

表 3-10　未在表 3-9 中列举的危险化学品类别及其临界量

类别	危险性分类及说明	临界量(t)
爆炸品	1.1A 项爆炸品	1
	除 1.1A 项外的其他 1.1 项爆炸品	10
	除 1.1 项外的其他爆炸品	50
气体	易燃气体:危险性属于 2.1 项的气体	10
	氧化性气体:危险性属于 2.2 项非易燃无毒气体且次要危险性为 5 类的气体	200
	剧毒气体:危险性属于 2.3 项且急性毒性为类别 1 的毒性气体	5
	有毒气体:危险性属于 2.3 项的其他毒性气体	50

类别	危险性分类及说明	临界量（t）
易燃液体	极易燃液体：沸点≤35℃且闪点＜0℃的液体；或保存温度一直在其沸点以上的易燃液体	10
	高度易燃液体：闪点＜23℃的液体（不包括极易燃液体）；液态退敏爆炸品	1000
	易燃液体：23℃≤闪点＜61℃的液体	5000
易燃固体	危险性属于4.1项且包装为Ⅰ类的物质	200
易于自燃的物质	危险性属于4.2项且包装为Ⅰ或Ⅱ类的物质	200
遇水放出易燃气体的物质	危险性属于4.3项且包装为Ⅰ或Ⅱ的物质	200
氧化性物质	危险性属于5.1项且包装为Ⅰ类的物质	50
	危险性属于5.1项且包装为Ⅱ或Ⅲ类的物质	200
有机过氧化物	危险性属于5.2项的物质	50
毒性物质	危险性属于6.1项且急性毒性为类别1的物质	50
	危险性属于6.1项且急性毒性为类别2的物质	500

注：以上危险化学品危险性类别及包装类别依据 GB 12268 确定，急性毒性类别依据 GB 20592 确定。

（二）重大危险源辨识指标

单元内存在危险化学品的数量等于或超过表 3-9、表 3-10 规定的临界量，即被定为重大危险源。单元内存在的危险化学品的数量根据处理危险化学品种类的多少区分为以下两种情况：

（1）单元内存在的危险化学品为单一品种，则该危险化学品的数量即为单元内危险化学品的总量，若等于或超过相应的临界量，则定为重大危险源。

（2）单元内存在的危险化学品为多品种时，则按下式计算，若满足下式，则定为重大危险源：

$$q_1/Q_1 + q_2/Q_2 + \cdots + q_n/Q_n \geqslant 1$$

式中，$q_1, q_2, \cdots, q_n$ 为每种危险化学品实际存在量，单位为吨（t）；$Q_1, Q_2, \cdots, Q_n$ 为与各危险化学品相对应的临界量，单位为吨（t）。

三、重大危险源申报范围

根据《关于开展重大危险源监督管理工作的指导意见》（国家安监总局安监管协调字〔2004〕56 号），重大危险源申报的类别如下：贮罐区（贮罐）、库区（库）、生产场所、压力管道、锅炉、压力容器、煤矿（井工开采）、金属非金属地下矿山、尾矿库。

具体申报范围如下所述。

1. 贮罐区（贮罐）

同前危险化学品重大危险源辨识部分。

2. 库区（库）

同前危险化学品重大危险源辨识部分。

3. 生产场所

同前危险化学品重大危险源辨识部分。

4. 压力管道

符合下列条件之一的压力管道。

（1）长输管道

①输送有毒、可燃、易爆气体，且设计压力大于 1.6 MPa 的管道；

②输送有毒、可燃、易爆液体介质,输送距离大于等于 200 km 且管道公称直径≥300 mm 的管道。

(2)公用管道

中压和高压燃气管道,且公称直径≥200 mm。

(3)工业管道

①输送 GB 5044 中,毒性程度为极度、高度危害气体、液化气体介质,且公称直径≥100 mm 的管道;

②输送 GB 5044 中极度、高度危害液体介质、GB 50160 及 GB J16 中规定的火灾危险性为甲、乙类可燃气体,或甲类可燃液体介质,且公称直径≥100 mm,设计压力≥4 MPa 的管道;

③输送其他可燃、有毒流体介质,且公称直径≥100 mm,设计压力≥4 MPa,设计温度≥400℃的管道。

5. 锅炉

符合下列条件之一的锅炉:

(1)蒸汽锅炉

额定蒸汽压力大于 2.5 MPa,且额定蒸发量大于等于 10 t/h。

(2)热水锅炉

额定出水温度大于等于 120℃,且额定功率大于等于 14 MW。

6. 压力容器

属下列条件之一的压力容器:

(1)介质毒性程度为极度、高度或中度危害的三类压力容器;

(2)易燃介质,最高工作压力≥0.1 MPa,且 PV≥100 MPa·m³ 的压力容器(群)。

7. 煤矿(井工开采)

符合下列条件之一的矿井:

(1)高瓦斯矿井;

(2)煤与瓦斯突出矿井;

(3)有煤尘爆炸危险的矿井;

(4)水文地质条件复杂的矿井;

(5)煤层自然发火期≤6 个月的矿井;

(6)煤层冲击倾向为中等及以上的矿井。

8. 金属非金属地下矿山

符合下列条件之一的矿井:

(1)瓦斯矿井;

(2)水文地质条件复杂的矿井;

(3)有自燃发火危险的矿井;

(4)有冲击地压危险的矿井。

9. 尾矿库

全库容≥100 万 m³ 或者坝高≥30 m 的尾矿库。

四、重大危险源的评估

重大危险源有下列情形之一的,应当委托具有相应资质的安全评价机构,按照有关标准的

规定采用定量风险评价方法进行安全评估,确定个人和社会风险值:

(1)构成一级或者二级重大危险源,且毒性气体实际存在(在线)量与其在《危险化学品重大危险源辨识》中规定的临界量比值之和大于或等于1的;

(2)构成一级重大危险源,且爆炸品或液化易燃气体实际存在(在线)量与其在《危险化学品重大危险源辨识》中规定的临界量比值之和大于或等于1的。

重大危险源安全评估报告应当客观公正、数据准确、内容完整、结论明确、措施可行,并包括下列内容:

(1)评估的主要依据;

(2)重大危险源的基本情况;

(3)事故发生的可能性及危害程度;

(4)个人风险和社会风险值(仅适用定量风险评价方法);

(5)可能受事故影响的周边场所、人员情况;

(6)重大危险源辨识、分级的符合性分析;

(7)安全管理措施、安全技术和监控措施;

(8)事故应急措施;

(9)评估结论与建议。

有下列情形之一的,危险化学品单位应当对重大危险源重新进行辨识、安全评估及分级:

(1)重大危险源安全评估已满三年的;

(2)构成重大危险源的装置、设施或者场所进行新建、改建、扩建的;

(3)危险化学品种类、数量、生产、使用工艺或者储存方式及重要设备、设施等发生变化,影响重大危险源级别或者风险程度的;

(4)外界生产安全环境因素发生变化,影响重大危险源级别和风险程度的;

(5)发生危险化学品事故造成人员死亡,或者10人以上受伤,或者影响到公共安全的;

(6)有关重大危险源辨识和安全评估的国家标准、行业标准发生变化的。

危险化学品单位在完成重大危险源安全评估或者安全评价后15日内,应当填写重大危险源备案申请表,包括重大危险源登记建档内容,报送所在地县级人民政府安全生产监督管理部门备案。

五、重大危险源的管理

在对重大危险源进行辨识和评估后,企业应对确认的重大危险源及时进行登记建档,按规定备案;建立完善的监测监控系统;建立健全重大危险源安全管理制度,制订重大危险源安全管理技术措施;制订事故应急救援预案,并定期进行演练。

(一)重大危险源登记建档内容

(1)辨识、分级记录;

(2)重大危险源基本特征表;

(3)涉及的所有化学品安全技术说明书;

(4)区域位置图、平面布置图、工艺流程图和主要设备一览表;

(5)重大危险源安全管理规章制度及安全操作规程;

(6)安全监测监控系统、措施说明、检测、检验结果;

(7)重大危险源事故应急预案、评审意见、演练计划和评估报告;

(8)安全评估报告或者安全评价报告;

(9)重大危险源关键装置、重点部位的责任人、责任机构名称;

(10)重大危险源场所安全警示标志的设置情况;

(11)其他文件、资料。

(二)重大危险源的监测监控

(1)重大危险源配备温度、压力、液位、流量、组分等信息的不间断采集和监测系统以及可燃气体和有毒有害气体泄漏检测报警装置,并具备信息远传、连续记录、事故预警、信息存储等功能;一级或者二级重大危险源,具备紧急停车功能。记录的电子数据的保存时间不少于30天。

(2)重大危险源的化工生产装置装备满足安全生产要求的自动化控制系统;一级或者二级重大危险源,装备紧急停车系统。

(3)对重大危险源中的毒性气体、剧毒液体和易燃气体等重点设施,设置紧急切断装置;毒性气体的设施,设置泄漏物紧急处置装置。涉及毒性气体、液化气体、剧毒液体的一级或者二级重大危险源,配备独立的安全仪表系统(SIS)。

(4)重大危险源中储存剧毒物质的场所或者设施,设置视频监控系统。

(5)安全监测监控系统符合国家标准或者行业标准的规定。

危险化学品单位应当按照国家有关规定,定期对重大危险源的安全设施和安全监测监控系统进行检测、检验,并进行经常性维护、保养,保证重大危险源的安全设施和安全监测监控系统有效、可靠运行。维护、保养、检测应当做好记录,并由有关人员签字。

(三)建立健全重大危险源安全管理制度,制定重大危险源安全管理技术措施

(1)企业应当明确重大危险源中关键装置、重点部位的责任人或者责任机构,并对重大危险源的安全生产状况进行定期检查,及时采取措施消除事故隐患。事故隐患难以立即排除的,应当及时制定治理方案,落实整改措施、责任、资金、时限和预案。

(2)危险化学品单位应当对重大危险源的管理和操作岗位人员进行安全操作技能培训,使其了解重大危险源的危险特性,熟悉重大危险源安全管理规章制度和安全操作规程,掌握本岗位的安全操作技能和应急措施。

(3)危险化学品单位应当在重大危险源所在场所设置明显的安全警示标志,写明紧急情况下的应急处置办法。并应当将重大危险源可能发生的事故后果和应急措施等信息,以适当方式告知可能受影响的单位、区域及人员。

(四)制订事故应急救援预案,并定期进行演练

(1)企业应当依法制定重大危险源事故应急预案,建立应急救援组织或者配备应急救援人员,配备必要的防护装备及应急救援器材、设备、物资,并保障其完好和方便使用;对存在吸入性有毒、有害气体的重大危险源,还应当配备便携式浓度检测设备、空气呼吸器、化学防护服、堵漏器材等应急器材和设备;涉及剧毒气体的重大危险源,还应当配备两套以上(含本数)气密型化学防护服;涉及易燃易爆气体或者易燃液体蒸气的重大危险源,还应当配备一定数量的便携式可燃气体检测设备。

(2)企业应当制订重大危险源事故应急预案演练计划,并按照下列要求进行事故应急预案演练:

①对重大危险源专项应急预案,每年至少进行一次;

②对重大危险源现场处置方案,每半年至少进行一次。

应急预案演练结束后,危险化学品单位应当对应急预案演练效果进行评估,撰写应急预案演练评估报告,分析存在的问题,对应急预案提出修订意见,并及时修订完善。

第四节　安全生产标准化

近几年来,虽然我国的安全生产形势总体稳定,安全生产状况明显趋于好转,但形势依然严峻,重特大事故时有发生。存在的主要问题是:思想认识不到位,尤其是一把手重视不够;安全投入不足;企业安全管理弱化;隐患排查治理不深入;对外包工程及外用工安全管理不严格等。针对企业普遍存在的上述主要问题,国家在不断强化日常安全监管工作的同时,认真总结安全生产工作的经验教训,提出了开展安全生产标准化建设的工作思路。《国务院安委会关于深入开展企业安全生产标准化建设的指导意见》(安委[2011]4号)、《国务院安委会办公室关于深入开展全国冶金等工贸企业安全生产标准化建设的实施意见》(安委办[2011]18号)、《国家安全监管总局　中华全国总工会　共青团中央关于深入开展企业安全生产标准化岗位达标工作的指导意见》(安监总管四[2011]82号)、《关于印发全国冶金等工贸企业安全生产标准化考评办法的通知》(安监总管四[2011]84号)等对企业开展安全生产标准化做出了具体明确的规定。

一、安全生产标准化定义、特点、作用和原则

1. 安全生产标准化定义

是指通过建立安全生产责任制,制定安全管理制度和操作规程,排查治理隐患和监控重大危险源,建立预防机制,规范生产行为,使各生产环节符合有关安全生产法律法规和标准规范的要求,人、机、物、环处于良好的生产状态,并持续改进,不断加强企业安全生产规范化建设。

2. 安全生产标准化的基本特点

(1)先进性。吸收了管理体系的思想,采用了国际通用的策划、实施、检查、改进动态循环的现代安全管理模式,以实现自我检查、自我纠正和自我完善,达到持续改进的目的,具有管理方法上的先进性。

(2)系统全面性。安全生产标准化的内容涉及安全生产的各个方面,从安全生产目标、组织机构和职责、安全投入、法律法规和安全管理制度、隐患排查和治理、培训教育、生产设备设施、作业安全、职业健康、应急救援、事故报告调查和处理、绩效评估和持续改进等13个要素提出了比较全面的要求,具有系统性和全面性。

(3)可操作性。13个要素都提出了具体、细化的内容要求。企业在贯彻安全生产标准化中,全员参与规章制度、操作规程的制定,并进行定期评估检查,这样使得规章制度、操作规程与企业的实际情况紧密结合,避免"两张皮"情况的发生,便于企业实施,有较强的可操作性。

(4)管理量化性。吸收了传统标准化分级管理的思想,有配套的评分细则,在企业自主建立和外部评审定级中,根据对比衡量,得到量化的评价结果,能够较真实地反映自身的安全管理水平和改进方向,便于企业进行有针对性的改进、完善。量化的评价结果也是监管部门分类监管的依据。

(5)强调预测预警。标准要求企业应根据生产经营状况及隐患排查治理情况,运用定量的安全生产预测预警技术,建立体现企业安全生产状况及发展趋势的预警指数系统。企业应根据安全生产标准化的评定结果和平共处安全生产预警指数所反映的趋势,对安全生产目标、指标、规章制度、操作规程等进行修改完善,持续改进,不断提高安全绩效。

3. 安全生产标准化的作用

(1)是全面贯彻我国安全法律法规、落实企业主体责任的基本手段。

(2)是体现安全管理先进思想、提升企业安全管理水平的重要方法。

（3）是改善设备设施状况、提高企业本质安全水平的有效途径。

（4）是控制风险、降低事故发生的有效办法。

（5）是建立约束机制、树立企业良好形象的重要措施。

4．开展安全生产标准化应遵循的原则

企业开展安全生产标准化工作，遵循"安全第一、预防为主、综合治理"的方针，以隐患排查治理为基础，提高安全生产水平，减少事故发生，保障人身安全健康，保证生产经营活动的顺利进行。

5．安全生产标准化与职业健康安全管理体系的异同（见表3-11）

表3-11　安全生产标准化与职业健康安全管理体系的异同

安全生产标准化	职业健康安全管理体系	二者相同点
以隐患排查治理、预测预警为基础	以危险源辨识、风险分析为基础	①均属于现代安全生产管理模式
强调现场管理，要求具体，注重实际效果	强调程序管理，提高原则性要求	②主导实现 PDCA 动态循环机制
企业自评、外部评审和政府确认公告的方式相结合	社会中介机构咨询和第三方审核的方式	③实现要素化管理 ④均由第三方实施客观公正的评审或审核
判定是否达标——实施量化分级	判定是否达标——无量化分级，相对模糊	⑤均对达到标准要求的企业颁发相应的证书
政府强制性实施	企业自愿选择	

二、企业安全生产标准化基本规范

企业安全生产标准化分为 13 个一级要素，42 个二级要素，详见表3-12。

表3-12　企业安全生产标准化的基本要素

一级要素	二级要素	一级要素	二级要素
1 目标	1.1 目标	7 作业安全	7.4 相关方管理
2 组织机构和职责	2.1 组织机构		7.5 变更
	2.2 职责	8 隐患排查和治理	8.1 隐患排查
3 安全生产投入	3.1 安全生产投入		8.2 排查范围与方法
4 法律法规与安全管理制度	4.1 法律法规、标准规范		8.3 隐患治理
	4.2 规章制度		8.4 预测预警
	4.3 操作规程	9 重大危险源监控	9.1 辨识与评估
	4.4 评估		9.2 登记建档与备案
	4.5 修订		9.3 监控与管理
	4.6 文件和档案管理	10 职业健康	10.1 职业健康管理
5 教育培训	5.1 教育培训管理		10.2 职业危害告知和警示
	5.2 安全生产管理人员教育培训		10.3 职业危害申报
	5.3 操作岗位人员教育培训	11 应急救援	11.1 应急机构和队伍
	5.4 其他人员教育培训		11.2 应急预案
	5.5 安全文化建设		11.3 应急设施、装备、物资
6 生产设备设施	6.1 生产设备设施建设		11.4 应急演练
	6.2 设备设施运行管理		11.5 事故救援
	6.3 新设备设施验收及旧设备拆除、报废	12 事故报告、调查和处理	12.1 事故报告
7 作业安全	7.1 生产现场管理和生产过程控制		12.2 事故调查和处理
	7.2 作业行为管理	13 绩效评定和持续改进	13.1 绩效评定
	7.3 警示标志		13.2 持续改进

核心要求如下。

1　目标

企业根据自身安全生产实际,制定总体和年度安全生产目标。

按照所属基层单位和部门在生产经营中的职能,制定安全生产指标和考核办法。

2　组织机构和职责

2.1　组织机构

企业应按规定设置安全生产管理机构,配备安全生产管理人员。

2.2　职责

企业主要负责人应按照安全生产法律法规赋予的职责,全面负责安全生产工作,并履行安全生产义务。

企业应建立安全生产责任制,明确各级单位、部门和人员的安全生产职责。

3　安全生产投入

企业应建立安全生产投入保障制度,完善和改进安全生产条件,按规定提取安全费用,专项用于安全生产,并建立安全费用台账。

4　法律法规与安全管理制度

4.1　法律法规、标准规范

企业应建立识别和获取适用的安全生产法律法规、标准规范的制度,明确主管部门,确定获取的渠道、方式,及时识别和获取适用的安全生产法律法规、标准规范。

企业各职能部门应及时识别和获取本部门适用的安全生产法律法规、标准规范,并跟踪、掌握有关法律法规、标准规范的修订情况,及时提供给企业内负责识别和获取适用的安全生产法律法规的主管部门汇总。

企业应将适用的安全生产法律法规、标准规范及其他要求及时传达给从业人员。

企业应遵守安全生产法律法规、标准规范,并将相关要求及时转化为本单位的规章制度,贯彻到各项工作中。

4.2　规章制度

企业应建立健全安全生产规章制度,并发放到相关工作岗位,规范从业人员的生产作业行为。

安全生产规章制度至少应包含下列内容:安全生产职责、安全生产投入、文件和档案管理、隐患排查与治理、安全教育培训、特种作业人员管理、设备设施安全管理、建设项目安全设施"三同时"管理、生产设备设施验收管理、生产设备设施报废管理、施工和检维修安全管理、危险物品及重大危险源管理、作业安全管理、相关方及外用工管理、职业健康管理、防护用品管理、应急管理、事故管理等。

4.3　操作规程

企业应根据生产特点,编制岗位安全操作规程,并发放到相关岗位。

4.4　评估

企业应每年至少一次对安全生产法律法规、标准规范、规章制度、操作规程的执行情况进行检查评估。

4.5　修订

企业应根据评估情况、安全检查反馈的问题、生产安全事故案例、绩效评定结果等,对安全生产管理规章制度和操作规程进行修订,确保其有效和适用,保证每个岗位所使用的为最新有效版本。

4.6 文件和档案管理

企业应严格执行文件和档案管理制度,确保安全规章制度和操作规程编制、使用、评审、修订的效力。

企业应建立主要安全生产过程、事件、活动、检查的安全记录档案,并加强对安全记录的有效管理。

5 教育培训

5.1 教育培训管理

企业应确定安全教育培训主管部门,按规定及岗位需要,定期识别安全教育培训需求,制订、实施安全教育培训计划,提供相应的资源保证。

应做好安全教育培训记录,建立安全教育培训档案,实施分级管理,并对培训效果进行评估和改进。

5.2 安全生产管理人员教育培训

企业的主要负责人和安全生产管理人员,必须具备与本单位所从事的生产经营活动相适应的安全生产知识和管理能力。法律法规要求必须对其安全生产知识和管理能力进行考核的,须经考核合格后方可任职。

5.3 操作岗位人员教育培训

企业应对操作岗位人员进行安全教育和生产技能培训,使其熟悉有关的安全生产规章制度和安全操作规程,并确认其能力符合岗位要求。未经安全教育培训或培训考核不合格的从业人员,不得上岗作业。

新入厂(矿)人员在上岗前必须经过厂(矿)、车间(工段、区、队)、班组三级安全教育培训。

在新工艺、新技术、新材料、新设备设施投入使用前,应对有关操作岗位人员进行专门的安全教育和培训。

操作岗位人员转岗、离岗一年以上重新上岗者,应进行车间(工段)、班组安全教育培训,经考核合格后,方可上岗工作。

从事特种作业的人员应取得特种作业操作资格证书,方可上岗作业。

5.4 其他人员教育培训

企业应对相关方的作业人员进行安全教育培训。作业人员进入作业现场前,应由作业现场所在单位对其进行进入现场前的安全教育培训。

企业应对外来参观、学习等人员进行有关安全规定、可能接触到的危害及应急知识的教育和告知。

5.5 安全文化建设

企业应通过安全文化建设,促进安全生产工作。

企业应采取多种形式的安全文化活动,引导全体从业人员的安全态度和安全行为,逐步形成为全体员工所认同、共同遵守、带有本单位特点的安全价值观,实现法律和政府监管要求之上的安全自我约束,保障企业安全生产水平持续提高。

6 生产设备设施

6.1 生产设备设施建设

企业建设项目的所有设备设施应符合有关法律法规、标准规范要求;安全设备设施应与建设项目主体工程同时设计、同时施工、同时投入生产和使用。

企业应按规定对项目建议书、可行性研究、初步设计、总体开工方案、开工前安全条件确认和竣工验收等阶段进行规范管理。

生产设备设施变更应执行变更管理制度,履行变更程序,并对变更的全过程进行隐患控制。

6.2 设备设施运行管理

企业应对生产设备设施进行规范化管理,保证其安全运行。

企业应有专人负责管理各种安全设备设施,建立台账,定期检维修。对安全设备设施应制定检维修计划。

设备设施检维修前应制定方案。检维修方案应包含作业行为分析和控制措施。检维修过程中应执行隐患控制措施并进行监督检查。

安全设备设施不得随意拆除、挪用或弃置不用;确因检维修拆除的,应采取临时安全措施,检维修完毕后立即复原。

6.3 新设备设施验收及旧设备拆除、报废

设备的设计、制造、安装、使用、检测、维修、改造、拆除和报废,应符合有关法律法规、标准规范的要求。

企业应执行生产设备设施到货验收和报废管理制度,应使用质量合格、设计符合要求的生产设备设施。

拆除的生产设备设施应按规定进行处置。拆除的生产设备设施涉及危险物品的,须制订危险物品处置方案和应急措施,并严格按规定组织实施。

7 作业安全

7.1 生产现场管理和生产过程控制

企业应加强生产现场安全管理和生产过程的控制。对生产过程及物料、设备设施、器材、通道、作业环境等存在的隐患,应进行分析和控制。对动火作业、受限空间内作业、临时用电作业、高处作业等危险性较高的作业活动实施作业许可管理,严格履行审批手续。作业许可证应包含危害因素分析和安全措施等内容。

企业进行爆破、吊装等危险作业时,应当安排专人进行现场安全管理,确保安全规程的遵守和安全措施的落实。

7.2 作业行为管理

企业应加强生产作业行为的安全管理。对作业行为隐患、设备设施使用隐患、工艺技术隐患等进行分析,采取控制措施。

7.3 警示标志

企业应根据作业场所的实际情况,按照 GB 2894 及企业内部规定,在有较大危险因素的作业场所和设备设施上,设置明显的安全警示标志,进行危险提示、警示,告知危险的种类、后果及应急措施等。

企业应在设备设施检维修、施工、吊装等作业现场设置警戒区域和警示标志,在检维修现场的坑、井、洼、沟、陡坡等场所设置围栏和警示标志。

7.4 相关方管理

企业应执行承包商、供应商等相关方管理制度,对其资格预审、选择、服务前准备、作业过程、提供的产品、技术服务、表现评估、续用等进行管理。

企业应建立合格相关方的名录和档案,根据服务作业行为定期识别服务行为风险,并采取

行之有效的控制措施。

企业应对进入同一作业区的相关方进行统一安全管理。

不得将项目委托给不具备相应资质或条件的相关方。企业和相关方的项目协议应明确规定双方的安全生产责任和义务。

7.5　变更

企业应执行变更管理制度,对机构、人员、工艺、技术、设备设施、作业过程及环境等永久性或暂时性的变化进行有计划的控制。变更的实施应履行审批及验收程序,并对变更过程及变更所产生的隐患进行分析和控制。

8　隐患排查和治理

8.1　隐患排查

企业应组织事故隐患排查工作,对隐患进行分析评估,确定隐患等级,登记建档,及时采取有效的治理措施。

法律法规、标准规范发生变更或有新的公布,以及企业操作条件或工艺改变,新建、改建、扩建项目建设,相关方进入、撤出或改变,对事故、事件或其他信息有新的认识,组织机构发生大的调整的,应及时组织隐患排查。

隐患排查前应制定排查方案,明确排查的目的、范围,选择合适的排查方法。排查方案应依据:

——有关安全生产法律、法规要求;

——设计规范、管理标准、技术标准;

——企业的安全生产目标等。

8.2　排查范围与方法

企业隐患排查的范围应包括所有与生产经营相关的场所、环境、人员、设备设施和活动。

企业应根据安全生产的需要和特点,采用综合检查、专业检查、季节性检查、节假日检查、日常检查等方式进行隐患排查。

8.3　隐患治理

企业应根据隐患排查的结果,制定隐患治理方案,对隐患及时进行治理。

隐患治理方案应包括目标和任务、方法和措施、经费和物资、机构和人员、时限和要求。重大事故隐患在治理前应采取临时控制措施并制定应急预案。

隐患治理措施包括:工程技术措施、管理措施、教育措施、防护措施和应急措施。

治理完成后,应对治理情况进行验证和效果评估。

8.4　预测预警

企业应根据生产经营状况及隐患排查治理情况,运用定量的安全生产预测预警技术,建立体现企业安全生产状况及发展趋势的预警指数系统。

9　重大危险源监控

9.1　辨识与评估

企业应依据有关标准对本单位的危险设施或场所进行重大危险源辨识与安全评估。

9.2　登记建档与备案

企业应当对确认的重大危险源及时登记建档,并按规定备案。

9.3　监控与管理

企业应建立健全重大危险源安全管理制度,制订重大危险源安全管理技术措施。

10　职业健康

10.1　职业健康管理

企业应按照法律法规、标准规范的要求,为从业人员提供符合职业健康要求的工作环境和条件,配备与职业健康保护相适应的设施、工具。

企业应定期对作业场所职业危害进行检测,在检测点设置标识牌予以告知,并将检测结果存入职业健康档案。

对可能发生急性职业危害的有毒、有害工作场所,应设置报警装置,制定应急预案,配置现场急救用品、设备,设置应急撤离通道和必要的泄险区。

各种防护器具应定点存放在安全、便于取用的地方,并有专人负责保管,定期校验和维护。

企业应对现场急救用品、设备和防护用品进行经常性的检维修,定期检测其性能,确保其处于正常状态。

10.2　职业危害告知和警示

企业与从业人员订立劳动合同时,应将工作过程中可能产生的职业危害及其后果和防护措施如实告知从业人员,并在劳动合同中写明。

企业应采用有效的方式对从业人员及相关方进行宣传,使其了解生产过程中的职业危害、预防和应急处理措施,降低或消除危害后果。

对存在严重职业危害的作业岗位,应按照 GBZ 158 要求设置警示标识和警示说明。警示说明应载明职业危害的种类、后果、预防和应急救治措施。

10.3　职业危害申报

企业应按规定,及时、如实向当地主管部门申报生产过程存在的职业危害因素,并依法接受其监督。

11　应急救援

11.1　应急机构和队伍

企业应按规定建立安全生产应急管理机构或指定专人负责安全生产应急管理工作。

企业应建立与本单位安全生产特点相适应的专兼职应急救援队伍,或指定专兼职应急救援人员,并组织训练;无需建立应急救援队伍的,可与附近具备专业资质的应急救援队伍签订服务协议。

11.2　应急预案

企业应按规定制定生产安全事故应急预案,并针对重点作业岗位制定应急处置方案或措施,形成安全生产应急预案体系。

应急预案应根据有关规定报当地主管部门备案,并通报有关应急协作单位。

应急预案应定期评审,并根据评审结果或实际情况的变化进行修订和完善。

11.3　应急设施、装备、物资

企业应按规定建立应急设施,配备应急装备,储备应急物资,并进行经常性的检查、维护、保养,确保其完好、可靠。

11.4　应急演练

企业应组织生产安全事故应急演练,并对演练效果进行评估。根据评估结果,修订、完善应急预案,改进应急管理工作。

11.5　事故救援

企业发生事故后,应立即启动相关应急预案,积极开展事故救援。

12　事故报告、调查和处理

12.1　事故报告

企业发生事故后,应按规定及时向上级单位、政府有关部门报告,并妥善保护事故现场及有关证据。必要时向相关单位和人员通报。

12.2　事故调查和处理

企业发生事故后,应按规定成立事故调查组,明确其职责与权限,进行事故调查或配合上级部门的事故调查。

事故调查应查明事故发生的时间、经过、原因、人员伤亡情况及直接经济损失等。

事故调查组应根据有关证据、资料,分析事故的直接、间接原因和事故责任,提出整改措施和处理建议,编制事故调查报告。

13　绩效评定和持续改进

13.1　绩效评定

企业应每年至少一次对本单位安全生产标准化的实施情况进行评定,验证各项安全生产制度措施的适宜性、充分性和有效性,检查安全生产工作目标、指标的完成情况。

企业主要负责人应对绩效评定工作全面负责。评定工作应形成正式文件,并将结果向所有部门、所属单位和从业人员通报,作为年度考评的重要依据。

企业发生死亡事故后应重新进行评定。

13.2　持续改进

企业应根据安全生产标准化的评定结果和安全生产预警指数系统所反映的趋势,对安全生产目标、指标、规章制度、操作规程等进行修改完善,持续改进,不断提高安全绩效。

三、安全生产标准化考评办法

(一)安全生产标准化的分级

安全生产标准化企业分为一级企业、二级企业和三级企业。一级企业由国家安全生产监督管理总局审核公告;二级企业由企业所在地省(自治区、直辖市)及新疆生产建设兵团安全生产监督管理部门审核公告;三级企业由所在地设区的市(州、盟)安全生产监督管理部门审核公告。

评审依据相应的评分标准(或评分细则),采用评分的方式进行,满分为100分,评审标准如下。

(1)一级:评审评分大于等于90分(大型集团90%以上的成员企业评审评分大于等于90分);

(2)二级:评审评分大于等于75分(集团公司80%以上的成员企业评审评分大于等于75分);

(3)三级:评审评分大于等于60分。

(二)企业安全生产标准化申请条件

(1)一级:应为大型企业集团、上市公司或行业领先企业。申请评审之日前一年内,大型企业集团、上市集团公司未发生较大以上生产安全事故,集团所属成员企业90%以上无死亡生产安全事故;上市公司或行业领先企业无死亡生产安全事故。

(2)二级:申请评审之日前一年内,大型企业集团、上市集团公司未发生较大以上生产安全事故,集团所属成员企业80%以上无死亡生产安全事故;企业死亡人员未超过1人。

（3）三级：申请评审之日前一年内生产安全事故累计死亡人员未超过2人。

（三）企业安全生产标准化考评管理程序

（1）企业自评：企业成立自评机构，按照评定标准的要求进行自评，形成自评报告。企业自评可以邀请专业技术服务机构提供支持。

（2）申请评审：企业根据自评结果，经相应的安全监管部门同意后，提出书面评审申请。

申请安全生产标准化一级企业的，经所在地省级安全监管部门同意后，向一级企业评审组织单位提出申请。

申请安全生产标准化二级企业的，经所在地市级安全监管部门同意后，向所在地省级安全监管部门或二级企业评审组织单位提出申请。

申请安全生产标准化三级企业的，经所在地县级安全监管部门同意后，向所在地市级安全生产监管部门或三级企业评审组织单位提出申请。

（3）评审与报告：评审单位按照相关评定标准的要求进行评审。评审完成后，经申请受理单位初步审查后，将符合要求的评审报告，报送审核公告的安全监管部门；对于不符合要求的评审报告，书面通知评审单位，并说明理由。

评审结果未达到企业申请等级的，经申请企业同意，限期整改后重审；或根据评审实际达到的等级，按本办法的规定，向相应的安全监管部门申请审核。

评审工作应在收到评审通知之日起三个月内完成（不含企业整改时间）。

（4）审核与公告：审核公告的安全监管部门对提交的评审报告进行审核，对符合标准的企业予以公告；对不符合标准的企业，书面通知申请受理单位，并说明理由。

（5）颁发证书和牌匾：经公告的企业，由安全监管部门或指定的评审组织单位颁发相应等级的安全生产标准化证书和牌匾。证书和牌匾有效期为3年。期满前3个月，企业可按本办法的规定申请延期，换发证书和牌匾。

四、国家安监总局已经颁布的安全生产标准化评定标准

（1）冶金企业安全生产标准化评定标准（炼铁、炼钢、煤气、轧钢、烧结球团、铁合金和焦化等7个行业）。

（2）有色行业安全生产标准化评定标准（有色重金属冶炼、有色金属压力加工、氧化铝和电解铝（含熔铸、碳素）等4个专业）。

（3）轻工业行业安全生产标准化评定标准（食品、造纸、白酒、啤酒和乳制品等5个专业）。

（4）建材行业安全生产标准化评定标准（水泥、平板玻璃和建筑卫生陶瓷等3个专业）。

（5）纺织企业安全生产标准化评定标准（1个）。

（6）商贸行业安全生产标准化评定标准（商场、仓储物流等2个专业）。

（7）烟花爆竹企业安全生产标准化评审标准（生产企业、经营企业等2个）。

（8）危险化学品从业单位安全生产标准化评审标准（1个）。

目前，国家安监总局正在制订、修订机械制造企业、家具生产企业专业的安全生产标准化评定标准。

第五节　职业健康安全管理体系

职业健康安全管理体系（occupational health and safety management system，OHSMS）是

总的管理体系的一个部分,便于组织对与其业务相关的职业健康安全风险的管理。它包括为制定、实施、实现、评审和保持职业健康安全方针所需的组织结构、策划活动、职责、惯例、程序、过程和资源。它是 20 世纪 80 年代后期兴起的现代安全生产管理模式,它与 ISO 9000、ISO 14000 等标准化管理体系一样被称为是后工业化时代的管理方法。

由于企业规模扩大和生产集约化程度不断提高,再加上我国经济体制改革对企业管理水平提出了更高的要求,要求企业采用现代化的管理模式以强化自身的安全管理,更因为企业由于自身发展的需要,其经营活动必须科学化、标准化和法律化,2001 年 12 月,原国家经贸委根据我国实际情况颁布了《职业健康安全管理体系指导意见》和《职业健康安全管理体系审核规范》。国家质量监督检验检疫总局根据我国开展职业健康安全管理体系工作的具体情况,颁布了《职业健康安全管理体系　规范》(GB/T 28001—2001)国家标准,进一步规范了我国此项工作的开展。

一、职业健康安全管理体系的运行模式

职业健康安全管理体系是一套系统化、程序化,同时具有高度自我约束、自我完善机制的科学管理体系。在我国实施职业健康安全管理体系,不仅可以强化企业的安全管理,完善企业安全生产的自我约束机制和激励机制,达到保护职工安全与健康的目的,也有利于增强企业的凝聚力和竞争力。

职业健康安全管理体系是以著名的戴明管理思想为基础,即"戴明模型"或称为 PDCA 模型。一个组织的活动可分为"计划(PLAN)、行动(DO)、检查(CHECK)、改进(ACT)"四个相互联系的环节来实现,通过此种方式可有效改善组织的职业健康安全管理绩效。

1. 计划环节

计划环节是对管理体系的总体规划,主要有:确定组织的方针、目标;配备必要资源,包括人力、物力资源等;建立组织机构,规定相应的职责、权限及其相互关系;识别管理体系运行的相关活动或过程,并规定活动或过程实施程序和作业方法等。

2. 行动环节

按照计划所规定的程序(如组织机构、程序和作业方法等)加以实施。实施过程与计划的符合性及实施的结果决定了用人单位能否达到预期目标,所以,保证所有活动在受控状态下进行是实施的关键。

3. 检查环节

检查环节是为了确保计划行动的有效实施,需要对计划实施效果进行检查衡量,并采取措施修正消除可能产生的行为偏差。

4. 改进环节

管理过程不可能是一个封闭的系统,需要随着管理的进程,针对管理活动实践中所发现的缺陷不足或根据变化的内外部条件,不断进行管理活动的调整、完善。

二、职业健康安全管理体系要素

GB/T 28001《职业健康安全管理体系　规范》标准所规定的职业健康安全管理体系依据 PDCA 管理模式,提出了由职业安全健康方针、策划、实施与运行、检查与纠正措施、管理评审所组成的五大基本运行过程。

GB/T 28001《职业健康安全管理体系　规范》第 4 部分是该规范的核心内容,包括 18 个

条款,除"4.1"总要求外,其余17个条款构成了对职业健康安全管理体系的完整要求,通常也被称为17个职业健康安全管理体系要素,它们严格规范了各类组织建立、实施和保持职业健康安全管理体系应遵循的原则和要求。

GB/T 28001《职业健康安全管理体系规范》要素如下(按标准编号次序)。

4.1 总要求

组织应建立并保持职业健康安全管理体系。

4.2 职业安全健康方针

组织应有一个经最高管理者批准的职业健康安全方针,该方针应清楚阐明职业健康安全总目标和改进职业健康安全绩效的承诺。

职业健康安全方针应:

a)适合于组织的职业健康安全风险的性质和规模;

b)包括持续改进的承诺;

c)包括组织至少遵守现行职业健康安全法规和组织接受的其他要求的承诺;

d)形成文件,实施并保持;

e)传达到全体员工,使其认识各自的职业健康安全义务;

f)可为相关方所获取;

g)定期评审,以确保其与组织保持相关和适宜。

4.3 策划

策划是组织建立与运行职业健康安全管理体系的启动阶段,目的是对如何实现职业健康安全方针作出明确的规划。该阶段包括:4.3.1 对危险源辨识、风险评价和风险控制的策划、4.3.2 法规和其他要求、4.3.3 目标和4.3.4 职业健康安全管理方案,共四个要素。

4.3.1 对危险源辨识、风险评价和风险控制的策划

组织应建立并保持程序,以持续进行危险源辨识、风险评价和实施必要控制措施。这些程序应包括:

——常规和非常规的活动;

——所有进入工作场所的人员(包括合同方人员和访问者)的活动;

——工作场所的设施(无论由本组织还是由外界所提供)。

组织应确保在建立职业健康安全目标时,考虑这些风险评价的结果和控制的效果,将此信息形成文件并及时更新。

组织的危险源辨识和风险评价的方法应:

——依据风险的范围、性质和时限性进行确定,以确保该方法是主动性的而不是被动性的;

——规定风险分级,识别可通过4.3.3和4.3.4中所规定的措施来消除或控制的风险;

——与运行经验和所采取的风险控制措施的能力相适应;

——为确定设施要求、识别培训需求和(或)开展运行控制提供输入信息;

——规定对所要求的活动进行监视,以确保其及时有效的实施。

4.3.2 法律和其他法规要求

组织应建立并保持程序,以识别和获取适用法规和其他职业健康安全要求。

组织应及时更新有关法规和其他要求的信息,并将这些信息传达给员工和其他有关的相关方。

4.3.3 目标

组织应针对其内部各有关职能和层次,建立并保持形成文件的职业健康安全目标。如可行,目标宜予以量化。

组织在建立和评审职业健康安全目标时,应考虑:

——法规和其他要求;

——职业健康安全危险源和风险;

——可选择的技术方案;

——财务、运行和经营要求;

——相关方的意见。

目标应符合职业健康安全方针,包括对持续改进的承诺。

4.3.4 职业健康安全方案

组织应制定并保持职业健康安全管理方案,以实现其目标。方案应包含形成文件的:

a)为实现目标所赋予组织有关职能和层次的职责和权限;

b)实现目标的方法和时间表。

应定期并且在计划的时间间隔内对职业健康安全管理方案进行评审,必要时应针对组织的活动、产品、服务或运行条件的变化对职业健康安全管理方案进行修订。

4.4 实施与运行

实施与运行这一大要素的目的是开发实现组织的方针、目标和指标所需的能力和支持机制,以确保体系的有效运行和计划内容的有效实施。

"实施与运行"这一大要素包括:4.4.1 机构和职责、4.4.2 培训、意识和能力、4.4.3 协商与沟通、4.4.4 文件、4.4.5 文件和资料控制、4.4.6 运行控制和 4.4.7 应急准备和响应,共七个要素。

4.4.1 结构和职责

对组织的活动、设施和过程的职业健康安全风险有影响的从事管理、执行和验证工作的人员,应确定其作用、职责和权限,形成文件,并予以沟通,以便于职业健康安全管理。

职业健康安全的最终责任由最高管理者承担。组织应在最高管理者中指定一名成员(如:某大组织内的董事会或执委会成员)作为管理者代表承担特定职责,以确保职业健康安全管理体系的正确实施,并在组织内所有岗位和运行范围执行各项要求。

管理层应为实施、控制和改进职业健康安全管理体系提供必要的资源。

注:资源包括人力资源,专项技能、技术和财力资源。

组织的管理者代表应有明确的作用、职责和权限,以便:

a)确保按本标准建立、实施和保持职业健康安全管理体系要求;

b)确保向最高管理者提交职业健康安全管理体系的绩效报告,以供评审,并为改进职业健康安全管理体系提供依据。

所有承担管理职责的人员,都应该表明其对职业健康安全绩效持续改进的承诺。

4.4.2 培训、意识和能力

对于其工作可能影响工作场所内职业健康安全的人员,应有相应的工作能力。在教育、培训和(或)经历方面,组织应对其能力作出适当的规定。

组织应建立并保持程序,确保处于各有关职能和层次的员工都意识到:

——符合职业健康安全方针、程序和职业健康安全管理体系要求的重要性;

——在工作活动中实际的或潜在的职业健康安全后果,以及个人工作的改进所带来的职业健康安全效益。

——在执行职业健康安全方针和程序,实现职业健康安全管理体系要求,包括应急准备和响应要求(见4.4.7)方面的作用和职责;

——偏离规定的运行程序的潜在后果。

培训程序应考虑不同层次的:

——职责、能力及文化程度;

——风险。

4.4.3 协商和沟通

组织应具有程序,确保与员工和其他相关方就相关职业健康安全信息进行相互沟通。

组织应将员工参与和协商的安排形成文件,并通报相关方。

员工应:

——参与风险管理方针和程序的制定和评审;

——参与商讨影响工作场所职业健康安全的任何变化;

——参与职业健康安全事务;

——了解谁是职业健康安全的员工代表和指定的管理者代表(见4.4.1)。

4.4.4 文件

组织应以适当的媒介(如:纸或电子形式)建立并保持下列信息:

a)描述管理体系核心要素及其相互作用;

b)提供查询相关文件的途径。

注:重要的是按有效性和效率要求使文件数量尽可能少。

4.4.5 文件和资料控制

组织应建立并保持程序,控制本标准所要求的所有文件和资料,以确保:

a)文件和资料易于查找;

b)对文件和资料进行定期评审,必要时予以修订并由被授权人员确认其适宜性;

c)凡对职业健康安全体系的有效运行具有关键作用的岗位,都可得到有关文件和资料的现行版本;

d)及时将失效文件和资料从所有发放和使用场所撤回,或采取其他措施防止误用;

e)对出于法规和(或)保留信息的需要而留存的档案文件和资料予以适当标识。

4.4.6 运行控制

组织应识别与所认定的、需要采取控制措施的风险有关的运行和活动。组织应针对这些活动(包括维护工作)进行策划,通过以下方式确保它们在规定的条件下执行:

a)对于因缺乏形成文件的程序而可能导致偏离职业健康安全方针、目标的运行情况,建立并保持形成文件的程序;

b)在程序中规定运行准则;

c)对于组织所购买和(或)使用的货物、设备和服务中已识别的职业健康安全风险,建立并保持程序,并将有关的程序和要求通报供方和合同方。

d)建立并保持程序,用于工作场所、过程、装置、机械、运行程序和工作组织的设计,包括考虑与人的能力相适应,以便从根本上消除或降低职业健康安全风险。

4.4.7 应急准备和响应

组织应建立并保持计划和程序,以识别潜在的事件或紧急情况,并作出响应,以便预防和减少可能随之引发的疾病和伤害。

组织应评审其应急准备和响应的计划和程序,尤其是在事件或紧急情况发生后。

如果可行,组织还应定期测试这些程序。

4.5　检查和纠正措施

组织应通过 4.5 检查和纠正措施这一基本过程来经常和定期的监督、测量和评价管理体系的运行情况,对发生偏离 OHS 方针、目标和指标的情况及时加以纠正,并防止事故、事件和不符合事项的再次发生。

"检查和纠正措施"这一大要素包括:4.5.1　绩效测量和监视、4.5.2　事故、事件、不符合、纠正和预防措施、4.5.3　记录和记录管理和 4.5.4　审核四个要素。

4.5.1　绩效测量和监视

组织应建立和保持程序,对职业健康安全绩效进行常规监视和测量。程序应规定:

——适用于组织需要的定性和定量测量;

——对组织的职业健康安全目标的满足程度的监视;

——主动性的绩效测量,即监视是否符合职业健康安全管理方案、运行准则和适用的法规要求;

——被动性的绩效测量,即监视事故、疾病、事件和其他不良职业健康安全绩效的历史证据;

——记录充分的监视和测量的数据和结果,以便于后面的纠正和预防措施的分析。

如果绩效测量和监视需要设备,组织应建立并保持程序,对此类设备进行校准和维护,并保存校准和维护活动及其结果予的记录。

4.5.2　事故、事件、不符合、纠正和预防措施

组织应建立并保持程序,确定有关的职责和权限,以便:

a)处理和调查:

——事故;

——事件;

——不符合;

b)采取措施减少因事故、事件或不符合而产生的影响;

c)采取纠正和预防措施,并予以完成;

d)确认所采取的纠正和预防措施的有效性。

这些程序应要求,对于所有拟定的纠正和预防措施,在其实施前应先通过风险评价过程进行评审。

对消除实际和潜在不符合原因而采取的任何纠正或预防措施,应与问题的严重性和面临的职业健康安全风险相适应。

组织应实施并记录因纠正和预防措施而引起的对形成文件的程序的任何更改。

4.5.3　记录和记录管理

组织应建立和保持程序,以标识、保存和处置职业健康安全记录以及审核和评审结果。

职业健康安全记录应字迹清楚、标识明确,并可追溯相关的活动。职业健康安全记录的保存和管理应便于查阅、避免损坏、变质或遗失。应规定并记录保存期限。

应按照适于体系和组织的方式保存记录,用于证实符合标准的要求。

4.5.4　审核

组织应建立并保持审核的方案和程序,定期开展职业健康安全管理体系审核,以便:

a）确定职业健康安全管理体系是否：

1）符合职业健康安全管理的策划安排，包括满足本标准的要求；

2）得到了正确的实施和保持；

3）有效地满足组织的方针和目标。

b）评审以往审核的结果；

c）向管理者提供审核结果的信息。

审核方案，包括日程安排，应基于组织活动的风险评价结果和以往审核的结果。审核程序应既包括审核的范围、频次、方法和能力，又包括实施审核和报告审核结果的职责和要求。

如果可能，审核应由与所审核活动无直接责任的人员进行。

4.6　管理评审

组织的最高管理者应按规定的时间间隔对职业健康安全管理体系进行评审，以确保体系的持续适宜性、充分性和有效性。管理评审过程应确保收集到必要的信息以供管理者进行评价。管理评审应形成文件。

管理评审应根据职业健康安全管理体系审核的结果、环境的变化和对持续改进的承诺，指出可能需要修改的职业健康安全管理体系方针、目标和其他要素。

三、建立职业健康安全管理体系的步骤

不同的组织在建立、完善职业健康安全管理体系时，可根据自己的特点和具体情况，采取不同的步骤和方法。但总体来说，建立职业健康安全管理体系一般要经过下列基本步骤。

1. 前期准备

作为前期准备工作，包括最高管理者在内的全员培训，是建立和保持职业健康安全管理体系的基本保证，组织要针对不同的人员，组织不同形式的培训，为保证职业健康安全管理体系的顺利实施，组织应明确管理者代表，确定体系建立负责机构，以及与体系有关的各单位的工作任务。

2. 初始评审

初始评审是建立职业健康安全管理体系的基础和关键环节。其主要目的是了解组织职业健康安全管理现状，为建立体系收集信息，确定职业健康安全绩效持续改进的依据。

3. 体系策划

包括制定职业健康安全方针、目标和管理方案；进行职能分析和机构确定；进行职能分配；确定职业健康安全管理体系文件结构和各层次文件清单等。

4. 文件编写

文化是职业健康安全管理体系的主要特点之一，对体系策划的结果形成适用的权威性的文件，是对各类组织风险有效控制和管理的保证。

5. 体系运行

通过体系运行，检验体系策划与设计及文件的充分性、有效性和适宜性，充分发现体系存在的问题，利用体系自我发现、自我纠正和自我完善的机制，使体系不断得到完善。

6. 监督和评审

及时发现职业健康安全管理体系运行过程中出现的问题，是体系不断完善和改进的重要手段，通过体系自身的各种监督，检查体系是否按计划运行，判定体系的有效性、适宜性和充分性。

7. 纠正和预防

为保证体系能够有效发挥作用,对检查中发现的问题必须采取纠正措施,以保证体系按计划实施,为防止类似的问题重复出现,还应制订相应的预防措施,并保证实施。

8. 持续改进和保持

"建立和保持"是职业健康安全管理体系的重要要求,体系能否持续有效和适用,保持是关键,体系保持是根据组织情况和外部环境的变化而动态适应的过程。

四、职业健康安全管理体系的审核

1. 审核的定义

GB/T 28001—2001 将审核定义为"为获得审核证据并对其进行客观评价,以确定满足审核的程度所进行的系统的、独立的并形成文件的过程"。根据其定义,审核是由两个过程所组成。

第一是"获得审核证据"的过程。根据 ISO 9000 的定义,审核证据是指"与审核准则有关的能够证实的记录、事实陈述和其他信息"。这些证据中常见的"记录"包括运行中的各种记录,如,安全检查记录、组织执行相关法律法规的记录、方针和目标以及管理方案执行情况的记录、事故和职业病记录、应急记录、内部审核报告以及管理评审报告等。而"事实陈述"是指审核过程中有意义的访谈结果。"其他信息"则主要指现场审核时通过观察、获取和收集人员的不安全行为、机物的不安全状态或环境的不安全条件。

第二是对这些审核证据"进行客观的评价以确定满足审核准则的程度"的过程。常用的审核准则包括:审核标准,GB/T 28001—2001;相关的法律、法规、标准;组织的职业健康安全管理体系文件。

2. 审核的分类

审核分内部审核和外部审核。内部审核又称为第一方审核;外部审核又分为第二方审核及第三方审核。

职业健康安全管理体系内部审核与外部审核的区别见表 3-13。

表 3-13　职业健康安全管理体系内部审核与外部审核的区别

序号	项目	内部审核	外部审核
1	委托方、审核方和受审方	无委托方、审核和受审方,均属同一个组织	第二方审核时委托方为需方,审核方为需方自己或需方委托的一个审核机构;受审方为供方,第三方审核时,审核方为体系审核机构,受审方为某个组织;委托方可以是受审方,也可以是其他组织
2	审核的主要目的和重点	主要目的在于改进自身的体系,故重点是发现问题,纠正和预防不符合项	主要目的在于决定是否批准认证,故重点是评价受审方的体系
3	前期准备工作	由组织的管理层组建审核组或指定某职能机构主管审核工作	了解受审方情况,预审文件,决定是否受理申请(第三方审核)
4	审核计划	例行审核,编制年度滚动计划,每月审核一个或几个部门,半年或一年覆盖全部要素及部门	集中审核所有有关部门和要素,进行现场审核
5	样本量及审核深度	时间比较充裕,样本量可取得较多,审核可以较深	时间较短,样本量及深度相对较小

序号	项目	内部审核	外部审核
6	首末次会议	虽也有较正规的首末次会议,但由于都是同一组织的人,不用互相介绍,其他内容也可简化,故首次会议较简短	正确的首末次会议,审核组长应作全面说明,包括人员介绍、审核程序、方法以及保密原则的声明等
7	不符合问题的分类	按性质分类,目的在于抓住重点问题纠正,以及评价体系改进情况	按严重程序分类,目的在于决定是否予以通过认证(第三方审核)或认可(第二方认定)
8	纠正措施	重视纠正措施,对纠正措施计划可作具体咨询,对纠正措施完成情况不仅要跟踪验证,还要分析研究其有效性	对纠正措施不能作咨询,对纠正措施计划的实施要跟踪验证
9	监督审核	无此内容	认证认可后,每年至少要进行1次监督检查
10	审核员的注册	目前我国尚无内部审核员注册制度	认证机构的审核员必须取得国家注册审核员资格

五、职业健康安全管理体系认证实施程序

职业健康安全管理体系认证是依据审核准则,由获得认可资格的认证机构,对受审核方的职业健康安全管理体系实施认证及认证评定,确认受审核方的职业健康安全管理体系的符合性及有效性,并颁发认证证书与标志的过程。

职业健康安全管理体系认证具有以下特征:认证的对象是组织的职业健康安全管理体系;认证的依据是职业健康安全管理体系规范;认证的方法,是由认证机构派遣审核人员对组织的职业健康安全管理体系进行评定,提交审核报告,提出审核结论;获得认证的结果,组织通过认证机构的审核,最终取得认证机构的职业健康安全管理体系认证证书和认证标志,证书和标志将向外部相关方证明,该组织的职业健康安全管理体系符合职业健康安全管理体系规范的要求;认证的性质指职业健康安全管理体系认证是第三方从事的活动,第三方是独立于第一方(供方)和第二方(需方)之外的一方,与第一方和第二方既无行政的隶属关系,又无经济上的利害关系,强调职业健康安全管理体系认证要由第三方实施是为了确保认证活动的公正性。

六、职业健康安全管理体系审批发证后的监督管理

认证后监督包括监督审核和管理,对监督审核和管理过程发现的问题应及时地处置,并在特殊情况下组织临时性监督审核。获证单位认证证书有效期为3年,有效期届满时,可通过复评,获得再次认证。

(1)监督审核。监督审核是指认证机构对获得认证的组织在证书有效期限内,所进行的定期或不定期的审核。其目的是通过对获得证书单位的职业健康安全管理体系的验证,确保受审核方的职业健康安全管理体系持续地符合《职业健康安全管理体系规范》、体系文件以及法律、法规和其他要求,确保持续有效地实现既定的职业健康安全方针和目标,并有效运行。

根据中国认证机构国家认可委员会的相关文件规定,认证机构对组织职业健康安全管理体系监督的频次与深度应视组织的具体情况决定,通常每年至少一次(对初次通过认证组织的首次监督评审应在获证后半年内进行)。监督审核分为例行(定期)监督审核和不定期监督审核。

(1)复评。获证单位在认证证书有效期届满时,应重新提出认证申请,认证机构受理后,重

新对组织进行的审核称为复评。

为了满足组织的职业健康安全管理体系持续满足《职业健康安全管理体系规范》的要求，且职业健康安全管理体系得到了很好的实施和保持，认证机构应对组织职业健康安全管理体系定期进行复评，复评周期一般不超过 3 年。复评应在认证证书有效期终止前 3 个月进行，认证机构根据复评结果，作出是否换发证书的决定。

七、职业健康安全管理体系要素与企业安全生产标准化基本规范的一般要求与核心要素对比(见表 3-14)

表 3-14　职业健康安全管理体系要素与企业安全生产标准化基本规范的对比

序号	职业健康安全管理体系(OSHMS)	企业安全生产标准化
1	4.2 职业健康安全方针	4.1 原则 4.2 建立和保持
2	4.3.1 对危险源辨识、风险评价和风险控制的策划	
3	4.3.2 法规和其他要求	5.4.1 法律法规、标准规范
4	4.3.3 目标	5.1 目标
5	4.3.4 职业健康安全管理方案	
6	4.4.1 机构与职责	5.2 组织机构和职责 5.3 安全生产投入
7	4.4.2 培训、意识和能力	5.5 教育培训
8	4.4.3 协商和沟通	
9	4.4.4 文件	5.4.2 规章制度 5.4.3 操作规程
10	4.4.5 文件和资料控制	5.4.6 文件和档案管理
11	4.4.6 运行控制	5.6 生产设备设施 5.7 作业安全 5.8 隐患排查和治理 5.9 重大危险源监控 5.10 职业健康
12	4.4.7 应急准备和响应	5.11 应急救援
13	4.5.1 绩效测量和监视	5.4.4 评估
14	4.5.2 事故、事件、不符合、纠正和预防措施	5.12 事故报告、调查和处理
15	4.5.3 记录与记录管理	
16	4.5.4 审核	4.3 评定和监督
17	4.6 管理评审	5.13 绩效评定和持续改进

第四章 生产安全事故应急救援与调查处理

防止和减少生产安全事故,减轻事故危害后果,保证从业人员身体健康和生产稳定进行,是安全生产工作的直接目标和最终目标,本章围绕这一目标,在介绍生产安全事故一般知识的同时,重点介绍生产安全事故的应急救援和调查处理,分析事故发生的原因及规律,提出针对性的防范措施,防止事故重复发生。

第一节 生产安全事故一般知识

《安全生产法》提出了"生产安全事故"这一概念,并授权国务院制定这类事故调查和处理的具体办法。2007 年 3 月 28 日国务院颁发了《生产安全事故报告和调查处理条例》(国务院令第493 号),自 2007 年 6 月 1 日起施行。本节主要依据这一行政法规,对相关问题进行说明。

一、生产安全事故的定义

《生产安全事故报告和调查处理条例》第二条规定:"生产经营活动中发生的造成人身伤亡或者直接经济损失的生产安全事故的报告和调查处理,适用本条例。"该规定明确此类事故首先必须是发生在生产经营活动中的,而事故通常是指突然发生的、违背人们意愿的、造成人员伤亡、疾病或财产及其他损失的意外事件。根据上述规定和事故的定义,生产安全事故应当定义为:生产经营活动中发生的造成人身伤亡或者直接经济损失的意外事件。任何单位或个人只要是在生产经营活动中发生此类事件均应认定为生产安全事故。

二、生产安全事故的分级

根据生产安全事故造成的人员伤亡或者直接经济损失,分为以下等级:

(1)特别重大事故,是指造成 30 人以上死亡,或者 100 人以上重伤(包括急性工业中毒,下同),或者 1 亿元以上直接经济损失的事故;

(2)重大事故,是指造成 10 人以上 30 人以下死亡,或者 50 人以上 100 人以下重伤,或者5000 万元以上 1 亿元以下直接经济损失的事故;

(3)较大事故,是指造成 3 人以上 10 人以下死亡,或者 10 人以上 50 人以下重伤,或者1000 万元以上 5000 万元以下直接经济损失的事故;

(4)一般事故,是指造成 3 人以下死亡,或者 10 人以下重伤,或者 1000 万元以下直接经济损失的事故。

上述各事故中所称的"以上"包括本数,"以下"不包括本数。

三、生产安全事故的分类

生产安全事故包括单位和个人在生产经营活动中发生的道路交通事故、火灾事故、工矿商贸生产安全事故、水上交通事故、渔业船舶事故、特种设备事故、农机事故、铁路交通事故、航空飞行事故、森林火灾事故。主要事故种类说明如下。

（一）道路交通事故

《中华人民共和国道路交通安全法》（2004 年 5 月 1 日施行，最新修订于 2011 年 5 月 1 日施行）中规定，道路交通事故是指车辆在道路上因过错或者意外造成的人身伤亡或者财产损失的事件。该类事故中多数属于生产安全事故，生产安全事故统计按本节第二部分规定的标准执行。全部交通事故统计按公安部《关于修订道路交通事故等级划分标准的通知》（公通字〔1991〕113 号）规定的标准执行。按道路交通事故统计分为以下四类：

（1）轻微事故。指一次造成轻伤 1～2 人或者财产损失不足 1000 元，非机动车事故不足 200 元的事故。

（2）一般事故。指一次造成重伤 1～2 人或者轻伤 3 人以上，或者财产损失不足 3 万元的事故。

（3）重大事故。指一次造成死亡 1～2 人或者重伤 3 人以上 10 人以下，或者财产损失 3 万元以上不足 6 万元的事故。

（4）特大事故。指一次造成死亡 3 人以上或者重伤 10 人以上，或者死亡 1 人、同时重伤 8 人以上，或者死亡 2 人、同时重伤 5 人以上，或者财产损失 6 万元以上的事故。

（二）火灾事故

《火灾统计管理规定》（公通字〔1996〕82 号）中规定，凡在时间或空间上失去控制的燃烧所造成的灾害，都为火灾。该类事故中部分属于生产安全事故，生产安全事故统计按本节第二部分规定的标准执行。全部火灾事故统计按照《火灾统计管理规定》执行。《火灾统计管理规定》规定，按照一次火灾所造成的人员伤亡和财产损失，将火灾事故分为以下三类：

（1）特大火灾事故。指一次死亡 10 人以上，或者重伤 20 人以上，或者死亡、重伤合计 20 人以上，或者受灾 50 户以上，或者直接财产损失 100 万以上的事故。

（2）重大火灾事故。指一次死亡 3 人以上，或者重伤 10 人以上，或者死亡、重伤合计 10 人以上，或者受灾 30 户以上，或者直接财产损失 30 万以上的事故。

（3）一般火灾事故。指构不成重大以上事故的事故。

（三）工矿商贸生产安全事故

工矿商贸生产安全事故是指工矿商贸行业（领域）的生产经营单位在生产经营过程中发生的造成人员伤亡和财产损失的事故。

1. 工矿商贸事故按造成人身伤害的原因分类

（1）物体打击：指失控物体的重力或惯性力造成的人身伤害事故。适用于落下物、飞来物、滚石、崩块所造成的伤害。如砖头、工具从建筑物等高处落下，打桩、锤击造成物体飞溅等，都属于此类伤害。但不包括因爆炸引起的物体打击。

（2）车辆伤害：指由运动中的机动车辆引起的机械伤害事故。适用于机动车辆在行驶中的挤、压、撞车或倾覆等事故，以及在行驶中上下车、搭乘矿车或放飞车、车辆运输挂钩事故，跑车事故。

（3）机械伤害：指由运动中的机械设备引起伤害的事故。适用于在使用、维修机械设备与工具引起的绞、碾、碰、割、戳、切等伤害。如工件或刀具飞出伤人；切屑伤人；手或身体被卷入；手或其他部位被刀具碰伤；被转动的机构缠住等。

（4）起重伤害：指从事起重作业时引起的机械伤害事故。适用于各种起重作业中发生的脱钩砸人,钢丝绳断裂抽人,移动吊物撞人,绞入钢丝绳或滑车等伤害。同时包括起重设备在使用、安装过程中的倾翻事故及提升设备过卷、蹲罐等事故。

(5)触电:指电流流经人体,造成生理伤害的事故。适用于触电、雷击伤害。如人体接触带电的设备金属外壳,裸露的临时线,漏电的手持电动工具;起重设备误触高压线或感应带电;雷击伤害;触电坠落等事故。

(6)淹溺:是指人落入水中,水侵入呼吸系统造成伤害的事故。用于船舶、排筏、设施在航行、停泊、作业时发生的落水事故。

(7)灼烫:指因接触酸、碱、蒸汽、热水或因火焰、高温、放射线引起的皮肤及其他器官、组织损伤的事故。适用于烧伤、烫伤、化学灼伤、放射性皮肤损伤等伤害。不包括电烧伤以及火灾事故引起的烧伤。

(8)火灾:是指造成人身伤亡的企业火灾事故。不包括非企业原因造成的火灾事故,如居民火灾蔓延到企业的事故。

(9)高处坠落:指作业人员在工作面上失去平衡,在重力作用下坠落引起的伤害事故。适用于脚手架、平台、房顶、桥梁、山崖等高于地面的坠落,也适用于由地面踏空失足坠入洞、坑、沟、升降口、漏斗等情况。

(10)坍塌:指建筑物、构筑物、堆置物等倒塌以及土石塌方引起的伤害事故。适用于因设计或施工不合理而造成的倒塌,以及土方、岩石发生的塌陷事故。如建筑物倒塌,脚手架倒塌,挖掘沟、坑、洞时土石的塌方等事故。

(11)冒顶片帮:是指矿井工作面、巷道侧壁由于支护不当、压力过大造成的坍塌,称为片帮;顶板垮落称为冒顶。二者同时发生,称为冒顶片帮。适用于矿山、地下开采、掘进及其他坑道作业发生的坍塌事故。

(12)透水:指矿山、地下开采或其他坑道作业时,意外水源造成的伤亡事故。适用于井巷与含水岩层、地下含水带、溶洞或与被淹巷道、地面水域相通时,涌水成灾的事故。不适用于地面水害事故。

(13)放炮:是指施工时,放炮作业造成的伤亡事故。适用于各种爆破作业。如:采石、采矿、采煤、开山、修路、拆除建筑物等工程进行的放炮作业引起的伤亡事故。

(14)瓦斯爆炸:指可燃性气体瓦斯、煤尘与空气混合形成了浓度达到燃烧极限的混合物,接触火源时,引起的化学性爆炸事故。主要适用于煤矿,同时也适用于空气不流通,瓦斯、煤尘积聚的场合。

(15)火药爆炸:指火药与炸药在生产、运输、贮藏的过程中发生的爆炸事故。适用于火药与炸药在加工、配料、运输、贮藏、使用过程中,由于震动、明火、摩擦、静电作用,或因炸药的热分解作用,发生的化学性爆炸事故。

(16)锅炉爆炸:是指锅炉发生的物理性爆炸事故。适用于使用工作压力大于 0.7 大气压、以水为介质的蒸汽锅炉,但不适用于铁路机车、船舶上的锅炉以及列车电站和船舶电站的锅炉。

(17)容器爆炸:指压力容器破裂引起的气体爆炸,即物理性爆炸,包括容器内盛装的可燃性液化气,在容器破裂后,立即蒸发,与周围的空气混合形成爆炸性气体混合物,遇到火源时产生的化学爆炸,也称容器的二次爆炸。

(18)其他爆炸:凡不属于上述爆炸的事故均列入其他爆炸。

(19)中毒和窒息:中毒是指人接触有毒物质引起的人体急性中毒事故,如误食有毒食物,呼吸有毒气体;窒息是指因为氧气缺乏,发生突然晕倒,甚至死亡的事故,如在废弃的坑道、竖井、涵洞、地下管道等不通风的地方工作,发生的伤害事故。两种现象合为一体,称为中毒和窒息事故。

(20)其他伤害:凡不属于上述伤害的事故均称为其他伤害。如扭伤、跌伤、冻伤、野兽咬伤、钉子扎伤等。

在进行上述分类时,要注意有些生产安全事故是由多因素导致的,当多因素共存时,应以先发的、诱导性因素作为分类依据,并在分类时突出事故的专业特征,以保证事故分类时的统一性和准确性。

2. 工矿商贸事故人员伤害程度的判定

目前,我国现行的事故人员伤害程度的判定标准有《劳动部关于重伤事故范围的意见》([60]中劳护久字第 56 号)、《企业职工伤亡事故分类》(GB 6441—86)和《事故伤害损失工作日标准》(GB/T 15499—1995)。

(1)死亡。当场死亡或负伤后一个月内死亡的。

(2)轻伤。职工负伤后休一个工作日以上,按《事故伤害损失工作日标准》(GB/T 15499—1995)事故伤害损失工作日不到 105 日,构不成重伤的事故。

(3)重伤。以下情况均应认定为重伤。

按照《事故伤害损失工作日标准》(GB/T 15499—1995)事故伤害损失工作日达到或超过105 日的伤害。

按照《劳动部关于重伤事故范围的意见》([60]中劳护久字第 56 号),凡有下列情形之一的应当认定为重伤:

①经医师诊断已成为残废或可能成为残废的。

②伤势严重,需要进行较大的手术才能挽救的。

③人体要害部位严重灼伤、烫伤或虽非要害部位,但灼伤、烫伤占全身面积三分之一以上的。

④严重骨折(胸骨、肋骨、脊椎骨、锁骨、肩胛骨、腕骨、腿骨和脚骨等受伤引起骨折)、严重脑震荡等。

⑤眼部受伤较剧,有失明可能的。

⑥手部伤害:大拇指轧断一节的;食指、中指、无名指、小指任何一只轧断两节或任何两指各轧断一节的;局部肌腱受伤甚剧,引起机能障碍,有不能自由伸屈的残废可能的。

⑦脚部伤害:脚趾轧断三指以上的;局部肌腱受伤甚剧,引起机能障碍,有不能行走自如的残废可能的。

⑧内部伤害:内脏损伤,内出血或伤及腹膜等。

⑨凡不在上述范围以内的伤害,经医生诊察后,认为受伤较重,可根据实际情况参考上述各点,由企业行政会同基层工会做个别研究,提出意见,由当地劳动部门(现在由安全生产监督管理部门)审查确定。

3. 工矿商贸生产安全事故直接经济损失统计

根据《企业职工伤亡事故经济损失统计标准》(GB 6721—1986),工矿商贸生产安全事故直接经济损失是指因事故造成人身伤亡及善后处理支出的费用和毁坏财产的价值。包括人身伤亡后所支出的费用,善后处理费用,财产损失价值等。

因事故导致产值减少、资源破坏和受事故影响而造成其他损失的价值,包括停产、减产损失价值,工作损失价值,资源损失价值,处理环境污染的费用,补充新职工的培训费用,其他损失费用属于间接经济损失,不应计算在直接经济损失内。

第二节 事故应急救援

在现代工业生产和交通运输过程中,存在的大量高速、高温、高压等大能量设施设备和大量有毒有害物质,这些设施设备和物质一旦失控,便会发生造成人员伤亡、财产损失和环境污染的各类事故。安全生产的目标是防止事故发生,但当事故不可避免地发生时就应及时采取应对措施,防止事故扩大,减少事故损失。事故应急救援就是防止事故扩大,减少事故损失的应对措施。

一、事故应急救援的概念

事故应急救援是指在正常生产生活的过程中,当发生了具有破坏性质的意外事件时,应对这种紧迫情况,所采取的防止事故扩大,减少事故损失的抢险抢救行动。

二、事故应急救援的基本任务

重大事故具有发生突然、扩散迅速、危害严重、涉及范围广的特点,为尽可能降低事故危害后果,应急救援必须迅速、准确、有效地完成下列基本任务。

(1)组织营救受害人员。抢救受害人员是应急救援的首要任务,在应急救援行动中,要迅速撤离在危险区域内的人员,或者采取有效措施保护危险区域内的人员;快速、有序地实施现场急救与伤员转送;视情况撤离危害可能波及的区域内人员。在撤离过程中,应积极组织群众开展自救和互救工作。

(2)查找和控制事故源。查找和控制事故源是防止事故扩大,减少事故损失的关键环节。在应急救援行动中,要迅速查找和判明导致事故发生的直接原因,并采取针对性的措施进行有效控制,防止事故扩大和危害蔓延。

(3)消除危害后果。在控制事故源的同时,要针对事故对人体、动植物、土壤、空气等已经造成和可能造成的危害,迅速采取封闭、隔离、洗消、监测等措施,防止对人的继续危害和对环境的继续污染。

三、事故应急预案

(一)事故应急预案的概念

为有效实施事故应急救援,必须制定事故应急预案。

事故应急预案是指政府或企业为降低事故的危害程度,减少事故损失,快速有效地组织抢险救援,以对危险源的评价和事故预测结果为依据而预先制定的事故控制和抢险救灾方案,是事故救援活动的指南,有时也称为事故应急响应计划。

(二)事故应急预案所包含的内容

1. 根据生产经营单位的实际情况,其事故应急预案分为综合应急预案、专项应急预案和现场处置方案。

(1)生产经营单位风险种类多、可能发生多种类型事故的,应当制定本单位的综合应急预案。综合应急预案应当包括本单位的应急指挥、组织机构及其职责、预案体系及响应程序、事故预防及应急队伍、物资保障、应急培训及预案演练等主要内容。

(2)针对某一种类的风险,应当根据可能发生的事故类型,制定相应的专项应急预案。专项应急预案应当包括危险性分析、可能发生的事故特征、应急组织机构与职责、预防措施、应急处置程序、措施和应急队伍、物资保障等内容。

（3）对于危险性较大的重点岗位，应当制定重点工作岗位的现场处置方案。现场处置方案应当包括危险性分析、可能发生的事故特征、应急处置程序、应急处置要点、处置人员职责和注意事项等内容。

生产经营规模不大、危险性较小的单位，其综合应急预案和专项应急预案可合并编制。

生产经营单位编制的综合应急预案、专项应急预案和现场处置方案之间应当相互衔接，并与所涉及的政府及有关部门和周边单位的应急预案相互衔接，形成体系，适应应急救援工作需要。

涉及重大危险源的单位应针对该重大危险源编制专项应急预案。

2. 事故应急预案包括方针与原则、应急策划、应急准备、应急响应、现场恢复、预案管理与评审改进等关键要素和下列具体内容：

（1）对紧急情况或事故灾害及其后果的预测、辨识和评价。

（2）规定应急救援各方组织的详细职责。

（3）应急救援行动的指挥与协调。

（4）应急救援中可用的人员、设备、设施、物资、经费保障和其他资源，包括社会和外部援助资源等。

（5）在紧急情况或事故灾害发生时保护生命、财产和环境安全的具体措施。

（6）现场恢复。

（7）其他，如应急培训和演练，法律法规的要求等。

（三）事故应急预案的编制

单位编制事故应急预案，按下列程序进行：

1. 成立由各有关部门组成的预案编制小组，指定负责人。

2. 进行危险源辨识分析和应急能力评估。辨识危险源及可能发生的重大事故风险，并进行影响范围和后果分析；分析应急资源需求，评估现有的应急能力。

3. 编制应急预案。根据危险分析和应急能力评估的结果，按照《生产经营单位安全生产事故应急预案编制导则》（AQ/T 9002—2006）的要求，确定最佳方案。

4. 评审与发布。预案编成后应分别组织单位内部人员和聘请外部专家对预案进行评审修改，以确保应急预案的科学性、合理性以及与实际情况的符合性。预案经评审完善后，由主要负责人签署发布，并按规定报送当地安全监管部门备案。

四、事故应急救援的准备

事故应急预案发布后应组织落实预案规定的各项工作，做好应急准备。

（一）开展应急预案的教育和培训

制定应急预案培训计划，采取多种形式开展应急预案的宣传、教育和培训。普及生产安全事故预防、避险、自救和互救知识；了解应急预案内容，熟悉应急职责、应急程序和岗位应急处置方案；提高从业人员安全意识和应急处置技能，并建立培训档案。应急程序、措施的要点应当张贴在生产现场，并设有明显的标志。

（二）建立指挥机构和救援队伍

建立指挥机构和各工作组织，并对相关人员进行职责培训；成立专、兼职专业救援队伍并对救援人员进行安全知识和技能培训。

（三）储备应急物资并定期检查

按照应急预案的要求配备相应的应急物资及装备,建立使用状况档案,定期检测和维护,使其处于良好状态。

（四）组织开展应急演练

生产经营单位应当根据本单位事故预防的重点,制定本单位的应急预案演练年度计划,每年至少组织一次综合或专项应急预案演练,每半年至少组织一次现场处置方案演练。应急预案演练计划于每年的一月底前报应急预案备案部门。应急预案演练结束后十五个工作日内应将演练情况报应急预案备案部门。

演练结束后应当组织对应急预案演练效果进行评估,查找、纠正存在的问题,对应急预案进行修改补充,修改补充后的应急预案经单位负责人批准后要报原备案部门备案。

五、事故应急救援实施

单位发生事故后,应当立即启动事故相应应急预案,并采取有效措施,组织抢救,防止事故扩大,减少人员伤亡和财产损失。并按照规定将事故信息及应急预案启动情况报告安全生产监督管理部门和其他负有安全生产监督管理职责的部门。

事故应急救援应在坚持预防为主和做好应急准备的前提下,贯彻统一指挥、分级负责、区域为主、单位自救与社会救援相结合的原则。

发生火灾、中毒、危险物品泄漏等危险事件后要及时报警。在进行应急处置的同时及时向当地政府和有关部门报告。

在进行现场处置时要注意坚持"三优先"原则：

（一）抢救人员和保证救援人员安全优先;

（二）控制事故源,防止事故扩大优先;

（三）保护环境优先。

在进行应急救援的同时,有关单位和人员应当妥善保护事故现场以及相关证据,因抢救人员、防止事故扩大以及疏通交通等原因,需要移动事故现场物件的,应当做出标志,绘制现场简图并做出书面记录,妥善保存现场重要痕迹、物证。

附:两个预案实例

一、小型精细化工公司生产安全事故应急预案

1 编制目的

为防止重大生产安全事故发生,完善应急管理机制,迅速有效地控制和处置可能发生的事故,保护员工人身和公司财产安全,本着预防与应急并重的原则,制定本预案。

2 危险性分析

2.1 企业概况

某精细化工公司位于北京市×××××。公司占地面积约 2008 m²,其中库房面积约 458.73 m²,现有职工 13 人。主要生产经营电泳漆、浓缩液、稳定剂、溶剂、光盘保护漆、有机添加剂等。

2.2 危险性分析

本公司生产经营的危险化学品与人体皮肤和眼睛直接接触可能造成灼伤,发生泄漏容易

造成人员中毒,其蒸汽与空气能够形成爆炸性混合物;生产和库存的原料、产品与高热源、强氧化剂等接触,易发生火灾爆炸。

3 应急组织机构与职责

公司成立危险化学品事故应急救援指挥部和相应的应急救援工作组。

3.1 指挥部组成人员和职责

总指挥:总经理

副总指挥:安全主管

成员:其他相关管理人员

总经理不在的情况下由安全主管进行现场指挥。

指挥部主要职责:

(1)组织制定本单位安全生产规章制度;

(2)保证本单位安全生产投入的有效实施;

(3)组织安全检查,及时消除安全事故隐患;

(4)组织制定并实施安全事故应急预案;

(5)负责现场急救的指挥工作;

(6)及时、准确报告生产安全事故。

3.2 工作组组成成员和职责

灭火组:负责消防、抢险。

成员:(略)。

救护组:负责现场医疗、救护。

成员:(略)。

警戒组:负责治安、交通管理。

成员:(略)。

通讯联络组:负责通讯、供应、后勤。

成员:(略)。

运输组:负责运送伤员

成员:(略)。

4 预防与预警

4.1 事故预防措施

(1)建立健全各种规章制度,落实安全生产责任;

(2)定期进行安全检查,强化安全生产教育;

(3)车间、库房加强通风、完善避雷设施;

(4)采用便捷有效的消防、治安报警措施;

(5)保证消防设备、设施、器材的有效使用。

4.2 报警与通讯

公司将用于个体防护、医疗救援、通讯装备及器材配备齐全,并确保器材始终处于完好状况。

应急电话如下。

火警:119;

匪警:110;

医疗急救:120;

区环保局：×××××。

5 应急响应

5.1 灭火处置方案

(1)发现火情，现场工作人员立即采取措施处理，防止火势蔓延并迅速报告；

(2)灭火组按照应急处置程序采用适当的消防器材进行扑救；

(3)总指挥根据事故报告立即到现场进行指挥（总指挥不在现场由副总指挥负责指挥）；

(4)警戒组依据可能发生的危险化学品事故类别、危害程度级别，划定危险区，对事故现场周边区域进行隔离和交通疏导；

(5)救护组进行现场救护，如有需要立即将伤员送至医院；

(6)通讯组视火情拨打"119"报警求救，并到明显位置引导消防车；

(7)扑救人员要注意人身安全。

5.2 泄漏处理方案

泄漏处理包括泄漏源控制及泄漏物处理两大部分。

5.2.1 泄漏源控制

(1)生产过程中可通过关闭有关阀门、停止作业或采取改变工艺流程、物料走副线等方法，并采用合适的材料和技术手段堵住漏处；

(2)包装桶发生泄漏，应迅速将包装桶移至安全区域，并更换。

5.2.2 泄漏物处理

(1)少量泄漏用不可燃的吸收物质包容和收集泄漏物(如沙子、泥土)，并放在容器中等待处理。

(2)大量泄漏可采用围堤堵截、覆盖、收容等方法，并采取以下措施：

①立即报警：通讯组及时向环保、公安、卫生等部门报告和报警；

②现场处置：在做好自身防护的基础上，快速实施救援，控制事故发展，并将伤员救出危险区，组织群众撤离，消除事故隐患；

③紧急疏散：警戒组建立警戒区，将与事故无关的人员疏散到安全地点；

④现场急救：救护组选择有利地形设置急救点，做好自身及伤员的个体防护，防止发生继发性损害；

⑤配合有关部门的相关工作。

(3)泄漏处理时注意事项：

①进入现场人员必须配备必要的个人防护器具；

②严禁携带火种进入现场；

③应急处理时不要单独行动。

5.3 化学品灼伤处置方案

5.3.1 化学性皮肤烧伤

(1)立即移离现场，迅速脱去被化学物污染的衣裤、鞋袜等；

(2)立即用大量清水或自来水冲洗创面 10～15 分钟；

(3)新鲜创面上不要任意涂抹油膏或红药水；

(4)视烧伤情况送医院治疗，如有合并骨折、出血等外伤要在现场及时处理。

5.3.2 化学性眼烧伤

(1)迅速在现场用流动清水冲洗；

(2)冲洗时眼皮一定要掰开；

（3）如无冲洗设备，可把头埋入清洁盆水中，掰开眼皮，转动眼球洗涤。

5.4　中毒处置方案

（1）发生急性中毒应立即将中毒者送医院急救，并向院方提供中毒的原因、毒物名称等；

（2）若不能立即到达医院，可采取现场急救处理：吸入中毒者，迅速脱离中毒现场，向上风向转移至新鲜空气处，松开患者衣领和裤带；口服中毒者，应立即用催吐的方法使毒物吐出。

6　附则

（1）定期组织安全生产培训，熟悉各种应急处置技术；

（2）定期组织应急处置技术演练，应急预案综合演练每半年不少于1次。

7　附件（略）

二、服装加工公司火灾事故应急预案

1　编制目的

为防止重大火灾事故发生，出现火灾情况下做出快速、正确的反应，在事故发生第一时间内有效地扑灭火灾、抢救伤员、疏散伤员和物资，把火灾损失减少到最低限度，特制定本预案。

2　企业概况

某服装加工公司，位于北京市××××××，占地16000 m²，建筑面积6900 m²；职工总数243人。

办公楼：1600 m²，三层结构。

车　间：3000 m²，二层结构。

宿舍楼：1600 m²，三层结构。

食　堂：700 m²，一层结构。

办公楼：安全出口两个，宽度1.6 m。

车　间：安全出口三个，宽度1.4 m。

宿舍楼：安全出口两个，宽度1.6 m和1.2 m。

3　消防设施配置

车间一、二层分别设防火报警探头等62个。车间内设有六组双头消防栓，院内分别设置3组双头消防栓。共设置灭火器44个，按规定检测检修。

其中，

办公楼：一层3个、二层3个、三层2个，共8个。

宿舍楼：一层1个、二层1个、三层1个，共3个。

车间楼：一层正门开关柜南侧2个；一层西门开关柜1个；一层毛领车间1个；一层整理车间西门2个；一层里布车间1个；一层辅料库东门2个（门外侧），西门2个（北侧）；一层成品库4个；二层维修室对面3个；二层缝制车间东门2个，西门2个；东烫台对面1个；二层裁剪车间东门2个；二层小车间东门2个，西门1个；配电室2个；伙房2个；锅炉房1个，共33个。

4　危险性分析

服装行业人员密集，电器线路复杂，易燃物品多，一旦出现火源易蔓延引起火灾造成群死群伤。

服装厂库房内的服装衣料的原料可燃且数量多，各种织物的燃烧速度要比普通木材燃烧速度快得多。同时，由于服装厂大量使用电熨斗导致火灾的因素增多。加工服装的各种衣料大多是化纤成分，一旦发生火灾产生的各种毒气比普通的火灾产生的毒气毒性更强。

存放服装的仓库是重点防火点。存放的原料和成品应采取垫板存放，若原料长时间直接置于地面,受潮发霉后容易自燃,须定期进行检查。

火灾因素识别:电器开关、用电线路;加热熨斗;伟明树脂胶的使用;食堂液化气罐的存放、使用。

5 应急组织机构及与职责

设立事故现场指挥组、通信联络组、火灾扑救组、人员抢救组、物资疏散组、后勤保障组。

(1)现场指挥组

组长:总经理。

现场指挥:副总经理。

主要职责:定期组织安全检查,消除安全隐患;对企业职工进行安全教育,掌握安全消防知识;对消防设备和设施及时进行监测和更新,保障处于有效使用状态;当接到火灾报警后,迅速通知各组负责人,到现场按自身任务迅速施救;组织全体职工进行应急预案演练。

(2)通信联络组

现场值班员、办公室值班员。

主要职责:在指挥组领导下,负责与消防、医院、公安等有关部门的联系,确保通信畅通。

(3)人员抢救组

负责人:(略)。

主要职责:对火场内被困人员实施解救或送至医院,听从指挥人员调动,不得擅自进入火区。

(4)火灾扑救组

负责人:(略),义务消防人员15名。

主要职责:在指挥组的统一领导下,利用单位内所有的灭火设施灭火。

(5)物资疏散组

负责人:(略)。

主要职责:对火灾现场或有可能受到火灾威胁的火灾现场周围的危险品、价值较高的贵重物品进行抢救疏散。

(6)后勤保障组

负责人:(略)。

主要职责:负责有关灭火、抢救物资的保障,公安、消防等有关部门的接待,以及灭火相关工作,如保护现场,接待有关人员,协助火灾前期调查等。

6 应急响应

(1)第一发现火情人员或得知火情的值班人立即报警119。

报警要求:说明失火的具体的地址、失火的位置、单位名称、失火物品名称、火势大小、火灾现场有无危险品、报警人姓名、报警所使用的电话号码。

(2)现场值班员或负责人将火情通知指挥组总指挥(或其他负责人),迅速在指定位置集合,听从统一安排部署。

(3)各组成员由本组负责人通知,按部署迅速展开行动。

所有应急人员接到通知后要立即到现场。在应急抢险过程中,本着"救人先于救火"的原则进行。参与抢救的人员要勇敢、机智、沉着,做到紧张有序,一切行动听指挥,有问题要及时上报指挥组。

本方案一经实施,要组织相关人员进行演练,使每一个人熟知自己的任务。如人员、电话等其他情况有变,要及时对原方案进行修改。

7 附件(略)

第三节 生产安全事故报告和调查处理

生产安全事故报告和调查处理是安全生产管理的重要内容,是保证事故得到及时处理,有效地促进事故单位接受事故教训,有针对性的改进安全生产工作,防止事故重复发生的重要措施。

事故调查处理应当坚持实事求是、尊重科学的原则,及时、准确地查清事故经过、事故原因和事故损失,查明事故性质,认定事故责任,总结事故教训,提出整改措施,并对事故责任者依法追究责任。

事故调查处理还应当坚持"四不放过"的原则,即:事故原因未查清不放过;责任人员未处理不放过;整改措施未落实不放过;有关人员未受到教育不放过。促进事故发生单位和全社会接受事故教训,加强安全生产工作。

一、事故报告

事故报告是指生产安全事故发生后,事故现场人员、事故发生单位及其负责人向当地政府有关部门报告事故情况的行为。事故报告应当及时、准确、完整,任何单位和个人对事故不得迟报、漏报、谎报或者瞒报。

(一)报告的程序及时限

生产安全事故发生后,事故现场有关人员应当立即向本单位负责人报告;单位负责人接到报告后,应当于 1 小时内向事故发生地县级以上人民政府安全生产监督管理部门报告;同时,发生下列事故还要向负有安全生产监督管理职责的有关部门报告。

(1)发生道路交通事故、火灾事故、爆炸品爆炸事故、剧毒品危害事故要报告公安部门;

(2)发生特种设备事故要报告质量技术监督部门;

(3)发生海上交通事故要报告海事部门;

(4)发生渔业生产(含养殖)事故要报告海洋渔业部门;

(5)发生城市燃气事故要报告市政管理或城乡建设部门;

(6)发生急性中毒事故要报告卫生部门;

(7)交通运输、车辆维修、交通设施和公路施工等单位发生事故要报告交通部门;

(8)建筑施工、市政建设施工等单位发生事故要报告城乡建设部门。

在进行上述报告的同时,事故发生单位还应向本单位的行业主管部门报告。

情况紧急时,事故现场有关人员可以根据上述要求直接向事故发生地有关政府部门报告。中小企业、个体工商户可直接报告乡镇政府、街道办事处的安全生产管理机构。

安全生产监督管理部门和负有安全生产监督管理职责的有关部门应按规定逐级上报事故情况,每级上报的时间不得超过 2 小时。

自事故发生之日起 30 日内,事故造成的伤亡人数发生变化的,应当及时补报。道路交通事故、火灾事故自发生之日起 7 日内,事故造成的伤亡人数发生变化的,应当及时补报。

(二)报告的内容

事故发生单位应当用电话、传真、互联网等快速方法向政府有关部门报告下列情况:

(1)事故发生单位概况;

(2)事故发生的时间、地点以及事故现场情况;

(3)事故的简要经过;

(4)事故已经造成或者可能造成的伤亡人数(包括下落不明的人数)和初步估计的直接经济损失;

(5)已经采取的措施;

(6)其他应当报告的情况。

二、事故调查

事故调查是指成立事故调查组,查明事故发生的经过、原因、人员伤亡情况及直接经济损失,认定事故的性质和事故责任,提出对事故责任者的处理建议,总结事故教训,提出防范和整改措施,提交事故调查报告的整个工作过程。

(一)事故调查的分工

生产安全事故调查实行分级负责。

(1)轻伤事故由生产经营单位组织事故调查组进行调查。事故调查组通常由本单位有关负责人和安全、生产、技术管理人员及工会代表参加。

(2)一般事故由县级人民政府组织事故调查组进行调查,未造成人员伤亡的,县级人民政府也可以委托事故发生单位组织事故调查组进行调查。

(3)较大事故由设区的市级人民政府组织事故调查组进行调查。

(4)重大事故由省级人民政府组织事故调查组进行调查。

(5)特别重大事故由国务院或者国务院授权有关部门组织事故调查组进行调查。

(二)政府事故调查组的组成

事故调查组的组成应当遵循精简、效能的原则。根据事故情况,事故调查组由有关人民政府、安全生产监督管理部门、负有安全生产监督管理职责的有关部门、监察机关、公安机关以及工会派人组成,并应当邀请人民检察院派人参加。根据事故调查的需要,事故调查组可以聘请有关专家参与调查。

事故调查组成员应当具有事故调查所需要的知识和专长,并与所调查的事故没有直接利害关系。事故调查组组长由负责事故调查的人民政府指定。事故调查组组长主持事故调查组的工作。

(三)事故调查组的职责

(1)查明事故发生的经过、原因、人员伤亡情况及直接经济损失;

(2)认定事故的性质和事故责任;

(3)提出对事故责任者的处理建议;

(4)总结事故教训,提出防范和整改措施;

(5)提交事故调查报告。

(四)事故调查组的权利

事故调查组有权向有关单位和个人了解与事故有关的情况,并要求其提供相关文件、资料,有关单位和个人不得拒绝。

事故发生单位的负责人和有关人员在事故调查期间不得擅离职守,并应当随时接受事故调查组的询问,如实提供有关情况。

(五)事故调查取证

事故调查取证主要包括内容:

(1)事故现场物证收集。事故现场物证包括破损部件、碎片、残留物、致害物等,搜集到的所有物件均应贴上标签,注明所在地点、时间、管理者,所有物件都应保持原样,不准冲洗擦拭,对危害健康的物品,应采取不损坏原始证据的安全防护措施。

　　(2)事故事实材料收集。事故事实材料包括以下内容:

　　发生事故的单位、地点、时间;受害人和肇事者的姓名、性别、年龄、文化程度、职业、技术等级、工龄、本工种工龄等;受害人和肇事者的技术状况、接受安全教育情况;出事当天,受害人和肇事者什么时间开始工作、工作内容、工作量、作业程序、操作时的动作(或位置);受害人和肇事者过去的事故记录。

　　事故发生的有关事实:事故发生前设备、设施等的性能和质量状况;使用的材料,必要时进行物理性能或化学性能实验与分析;有关设计和工艺方面的技术文件、工作指令和规章制度方面的资料及执行情况;关于工作环境方面的状况,包括照明、湿度、温度、通风、道路工作面状况以及工作环境中的有毒、有害物质取样分析记录;个人防护措施状况:包括有效性、质量、使用范围;出事前受害人和肇事者的健康状况;其他可能与事故致因有关的细节或因素。

　　(3)事故人证材料收集记录

　　在事故调查取证时,应尽可能与事故发生时每一位现场人员(包括受害人)进行交谈,同时也要与事故发生前的现场人员以及在事故发生后立即赶到事故现场的人员进行交谈,并制作"调查询问笔录",保证每一次交谈记录的准确性、完整性。

　　(4)事故现场摄影、拍照及事故现场图绘制

　　在收集事故现场的资料时,要尽可能通过对事故现场进行录像,来获得更清楚的信息。事故现场图的形式,可以是事故现场示意图、流程图、受害者位置图等。

　　(六)事故原因分析

　　事故原因分析分为直接原因分析和间接原因分析。

　　(1)直接原因,是指在时间上和空间上与事故最近,直接导致事故发生的因素,主要包括以下三类:

　　①人的不安全行为。是指违反安全规章制度和操作规程违章操作(作业)、违章指挥(组织)、违反劳动纪律等行为,还包括不小心、失手、设备操作失误等导致事故发生的行为。

　　②物的不安全状态。是指设施、设备质量差或有缺陷、故障(漏电)、安全防护装置损坏或缺少、用电线路老化、临时用电线路设置不当等导致事故发生的物质因素。

　　③环境的不安全因素。是指物理方面的声、光、色彩、振动,化学方面的有毒有害物质,生物方面的有害微生物在作业场所存在,还包括地质条件、气象条件和周边建、构筑物等环境不良因素。

　　(2)间接原因,是指促使直接原因形成的因素。主要包括管理上的缺陷和漏洞。

　　①技术管理缺陷。包括:主要装置、机械、建筑的设计,建筑物竣工后的检查保养等技术方面不完善,机械装备的布置,工厂地面、室内照明以及通风、机械工具的设计和保养,危险场所的防护设备及警报设备,防护用具的维护和配备等所存在的技术缺陷。

　　②教育培训欠缺。包括:对从业人员安全教育培训不够,使从业人员安全知识和经验缺乏,对作业过程中的危险性及其安全作业方法不知道、轻视或不理解;作业技能训练不足,安全操作技能缺乏;作业坏习惯没及时纠正等。

　　③安全生产管理缺陷。包括:主要领导人及相关人员对安全责任心不强,不认真履行职责;安全生产责任制和规章制度不健全、不完善、不落实;无设备检查保养制度;无岗位(设备)

操作规程或原规程不完善,劳动组织不合理等。

间接原因还包括作业人员身体有缺陷或疲劳、醉酒;有不满、对抗情绪;心情烦躁、紧张;性格偏狭、固执等。

(3)主要原因,是指对事故发生起主要作用的因素。主要原因既可以是直接原因,也可以是间接原因。

(七)认定事故性质、责任

1. 事故性质认定

根据导致事故发生的主要原因进行事故性质认定。生产安全事故按其性质分为责任事故、非责任事故、破坏性事故。

(1)责任事故,是指由于工作人员的违章和渎职行为而造成的事故,包括物的不安全状态和环境的不安全因素造成的事故。

(2)非责任事故,是指由于自然因素造成且人力不可抗拒的事故,或在发明创造、科学试验中,超出所能预料的事故。

(3)破坏性事故,是指行为人为达到一定目的而故意制造的事故。破坏性事故由公安部门处理。

2. 事故责任认定

对被认定为责任事故的生产安全事故要进行事故责任认定。

(1)认定事故责任人

根据事故调查所确定的事实,通过分析相关人员与事故直接原因、间接原因、主要原因的关系,确定事故责任人。事故责任分为直接责任、主要责任、领导责任、管理责任等。

直接责任者,指其行为与事故的发生有直接关系的人员。

主要责任者,指对事故的发生起主要作用的人员。

领导责任者,指对事故的发生负有领导责任的人员。

管理责任者,指对事故的发生负有管理责任的人员。

(2)认定事故责任单位

涉及多个单位的生产安全事故应当认定事故责任单位。

事故责任单位的认定要根据该单位的法定权利与义务,通过合同、协议、承诺确定的在与事故有关的生产经营活动中的权利与义务,所属人员在事故中的过错及该过错对事故发生所起的作用来确定。单位事故责任通常分为主要责任、次要责任、一定责任、管理责任。

(八)提出对事故责任者的处理建议

根据事故责任单位的性质和其对事故发生所负的责任,对事故责任单位提出责令做出检查、限期改正或者罚款、吊销许可证等行政处罚处理建议;根据事故责任人的身份和其对事故发生所负的责任,提出责令做出检查,给予行政处分、党纪处分,给予取消有关资质、罚款等行政处罚和追究刑事责任等处理建议。

(九)总结事故教训,提出防范和整改措施

1. 总结事故教训

总结事故教训要以事故原因和事故性质为依据。通常,总结事故教训可从以下几个方面考虑:

(1)是否贯彻落实了有关的安全生产的法律、法规和技术标准。

（2）是否制定了完善的安全管理制度。

（3）是否制定了合理的安全技术防范措施。

（4）安全管理制度和技术防范措施执行是否到位。

（5）安全培训教育是否到位，职工的安全意识是否到位。

（6）有关部门的监督检查是否到位。

（7）企业负责人是否重视安全生产工作。

（8）是否存在官僚主义和腐败现象，因而造成了事故的发生。

（9）是否落实了有关"三同时"的要求。

（10）是否有合理有效的事故应急预案和措施等等。

2. 提出防范和整改措施

提出防范和整改措施是针对导致事故发生的原因，采取的针对性的安全措施。主要包括：

（1）安全技术整改措施

安全技术整改措施是针对导致事故发生的直接原因采取的，对防止事故发生起着直接有效的作用。在完善直接防范措施的同时，如果条件允许应当采用先进的生产设备、工艺和作业方法，采用先进的安全设施、设备，提高生产系统的可靠性，增强本质安全。

（2）安全管理整改措施

安全管理整改措施是通过建立、健全并认真执行各项安全生产规章制度等管理手段，将企业的安全生产工作整合、完善、优化，将人、机、物、环境等涉及安全生产的各个环节有机地结合起来，在保证安全的前提下正常开展生产经营活动，使安全技术对策措施发挥最大的作用。

（3）安全培训和教育

事故发生单位应将事故情况向本单位全体员工进行说明，结合事故教训，对全体员工进行深入的安全教育培训，增长其安全知识，熟悉有关的安全生产规章制度和安全操作规程，掌握本岗位的安全操作技能，明确本单位、本岗位的危险因素、事故应急处置措施。

（十）撰写事故调查报告书

事故调查结束后事故调查组应当撰写事故调查报告，事故调查报告包括下列内容：

（1）事故发生单位概况；

（2）事故发生经过和事故救援情况；

（3）事故造成的人员伤亡和直接经济损失；

（4）事故发生的原因和事故性质；

（5）事故责任的认定以及对事故责任者的处理建议；

（6）事故防范和整改措施。

事故调查报告应当附具有关证据材料。事故调查组成员应当在事故调查报告上签名。事故调查报告报送负责事故调查的人民政府后，事故调查工作即告结束。事故调查的有关资料应当归档保存。

三、事故处理与责任追究

事故调查报告报政府批复后，事故发生单位应当按照批复的要求，认真吸取事故教训，落实范和整改措施，防止事故再次发生。防范和整改措施的落实情况应当接受工会和职工的监督。政府有关监管部门应当对事故发生单位落实防范和整改措施的情况进行监督检查。

有关机关应当按照政府的批复，依照法律、行政法规规定的权限和程序，对事故发生单位和有关人员进行行政处罚;对负有事故责任的国家工作人员进行处分;负有事故责任的人员涉嫌犯罪的,应当依法追究刑事责任。事故发生单位也应当按照政府的批复,对本单位负有事故责任的人员进行处理。

对事故责任者要追究的法律责任,分为行政责任、民事责任、刑事责任。

（一）行政责任

行政责任分为职务过错责任和行政过错责任。

（1）职务过错责任是指行政机关工作人员在执行公务中因滥用职权或违法失职行为而应承担的法律责任（包括国有企业及其工作人员）,该责任由事故责任人承担,追究的形式是给予行政处分。

对行政机关工作人员的行政处分分为:警告、记过、记大过、降级、撤职、开除六种;对国有企业工作人员的行政处分分为:警告、记过、记大过、降级、撤职、留用察看、开除七种,并可给予一定的罚款。

（2）行政过错责任是指行政管理相对人（法人、自然人）因违反行政管理法规而应承担的法律责任。该责任由事故单位和事故责任人承担,追究的形式是给予行政处罚。

行政处罚的种类有:警告,罚款,责令改正、责令限期改正、责令停止违法行为,没收违法所得、没收非法生产设备,责令停产停业整顿、责令停产停业、责令停止建设、责令停止施工,暂扣或者吊销有关许可证,暂停或者撤销有关执业资格、岗位证书,关闭,拘留。

《生产安全事故报告和调查处理条例》对涉及生产安全事故行政处罚的处罚条款有:

第三十五条　事故发生单位主要负责人有下列行为之一的,处上一年年收入40%至80%的罚款;属于国家工作人员的,并依法给予处分;构成犯罪的,依法追究刑事责任:

（一）不立即组织事故抢救的;

（二）迟报或者漏报事故的;

（三）在事故调查处理期间擅离职守的。

第三十六条　事故发生单位及其有关人员有下列行为之一的,对事故发生单位处100万元以上500万元以下的罚款;对主要负责人、直接负责的主管人员和其他直接责任人员处上一年年收入60%至100%的罚款;属于国家工作人员的,并依法给予处分;构成违反治安管理行为的,由公安机关依法给予治安管理处罚;构成犯罪的,依法追究刑事责任:

（一）谎报或者瞒报事故的;

（二）伪造或者故意破坏事故现场的;

（三）转移、隐匿资金、财产,或者销毁有关证据、资料的;

（四）拒绝接受调查或者拒绝提供有关情况和资料的;

（五）在事故调查中作伪证或者指使他人作伪证的;

（六）事故发生后逃匿的。

第三十七条　事故发生单位对事故发生负有责任的,依照下列规定处以罚款:

（一）发生一般事故的,处10万元以上20万元以下的罚款;

（二）发生较大事故的,处20万元以上50万元以下的罚款;

（三）发生重大事故的,处50万元以上200万元以下的罚款;

（四）发生特别重大事故的,处200万元以上500万元以下的罚款。

第三十八条　事故发生单位主要负责人未依法履行安全生产管理职责,导致事故发生的,依照下列规定处以罚款;属于国家工作人员的,并依法给予处分;构成犯罪的,依法追究刑事责任:

（一）发生一般事故的，处上一年年收入 30％的罚款；

（二）发生较大事故的，处上一年年收入 40％的罚款；

（三）发生重大事故的，处上一年年收入 60％的罚款；

第四十条　事故发生单位对事故发生负有责任的，由有关部门依法暂扣或者吊销其有关证照；对事故发生单位负有事故责任的有关人员，依法暂停或者撤销其与安全生产有关的执业资格、岗位证书；事故发生单位主要负责人受到刑事处罚或者撤职处分的，自刑罚执行完毕或者受处分之日起，5 年内不得担任任何生产经营单位的主要负责人。

（二）民事责任

民事责任是指行为人违反自己的民事义务或侵犯他人的民事权利所应承担的法律责任。民事责任主要表现为财产责任，并带有明显的补偿性质，这种财产责任在生产安全事故处理中主要体现在为工伤救治与补偿和死亡补偿与赔偿，为员工缴纳了工伤保险的单位其财产责任主要由社会劳动保险事业机构承担，没有缴纳的由事故单位承担。相关救治、补偿、赔偿标准见《工伤保险条例》、《山东省安全生产条例》。

（三）刑事责任

刑事责任是指行为人施行了刑事违法行为（触犯刑法）所应承担的法律责任，该责任由事故责任人承担。涉及生产安全事故的刑事责任追究主要有：

重大责任事故罪——《刑法》第一百三十四条　在生产、作业中违反有关安全管理的规定，因而发生重大伤亡事故或者造成其他严重后果的，处 3 年以下有期徒刑或者拘役；情节特别恶劣的，处 3 年以上 7 年以下有期徒刑。强令他人违章冒险作业，因而发生重大伤亡事故或者造成其他严重后果的，处 5 年以下有期徒刑或者拘役；情节特别恶劣的处 5 年以上有期徒刑。

重大劳动安全事故罪——《刑法》第一百三十五条　安全生产设施或者安全生产条件不符合国家规定，因而发生重大伤亡事故或者造成其他严重后果的，对直接负责的主管人员和其他直接责任人员，处 3 年以下有期徒刑或者拘役。情节特别恶劣的，处 3 年以上 7 年以下有期徒刑。

（现行的重大伤亡事故立案标准是：死亡 1 人或重伤 3 人以上。）

失职、渎职罪——《刑法》第一百六十八条　国有公司、企业的工作人员，由于严重不负责任或者滥用职权，造成国有公司、企业破产或者严重损失，致使国家利益遭受重大损失的，处三年以下有期徒刑或者拘役；致使国家利益遭受特别重大损失的，处三年以上七年以下有期徒刑。

国有事业单位的工作人员有前款行为，致使国家利益遭受重大损失的，依照前款的规定处罚。

国有公司、企业、事业单位的工作人员，徇私舞弊，犯前两款罪的，依照第一款的规定从重处罚。

危险物品肇事罪——《刑法》第一百三十六条规定：违反爆炸性、易燃性、放射性、毒害性、腐蚀性物品的管理规定，在生产、储存、运输、使用中发生重大事故，造成严重后果的，处 3 年以下有期徒刑或者拘役；后果特别严重的处 3 年以上 7 年以下有期徒刑。

不报、谎报安全事故罪——《刑法修正案》在《刑法》第一百三十九条后新增加了一款：在安全事故发生后，负有报告职责的人员不报或者谎报事故情况，贻误事故抢救，情节严重的，处 3 年以下有期徒刑或者拘役；情节特别严重的，处 3 年以上 7 年以下有期徒刑。

第五章 中小企业常用安全技术管理简介

第一节 机械安全技术管理

机械是现代生产经营活动中不可缺少的装备,在给人们带来高效、快捷和方便的同时,也带来了不安全因素。机械安全技术是指从人的安全需要出发,在使用机械的全过程的各种状态下,达到使人的身心免受外界因素危害的存在状态和保障条件。

一、机械的组成

机械是由若干相互联系的零部件按一定规律装配组成,能够完成一定功能的装置。机械设备在运行中,至少有一部分按一定的规律做相对运动。一般机械装置由原动机、传动部分、控制操纵系统、支承装置和执行部分组成。

(1)原动机。原动机是驱动整部机器以完成预定功能的动力源。通常一台机器只用一个原动机,复杂的机器也可能有几个动力源。现代机器中使用的原动机大都是以电动机和热力机为主。

(2)传动部分。机器中所用传动部分,是用来将原动机和工作机联系起来,传递运动和动力或改变运动形式的部分。例如把旋转运动变为直线运动,高转速变为低转速,小转矩变为大转矩等。

(3)控制系统及辅助系统。控制系统是用来控制机器的运动及状态的系统,如机器的启动、制动、换向、调速、压力、温度、速度等。它包括各种操纵器和显示器。

(4)执行部分。执行部分是用来完成机器预定功能的组成部分。它是通过利用机械能(如刀具或其他器具与物料的相对运动或直接作用)来改变物料的形状、尺寸、状态或位置的机构。

二、机械设备的危险

1. 静止状态的危险

静止状态的危险是指设备处于静止状态时存在的危险。当人接触或与静止设备做相对运动时可引起的危险,包括刀具在加工零件时造成的烫伤、刺伤、割伤的伤害等,机械设备突出的较长的机械部分,毛坯、工具、设备边缘锋利飞边和粗糙表面等。

2. 直线运动的危险

直线运动的危险是指作直线运动的机械所引起的危险。可分为接近式危险和经过式危险。接近式危险是指当人处在机械直线动的正前方而未躲让时,将受到运动机械的撞击或挤压。经过式危险是指人体经过运动的部件引起的危险。

3. 旋转运动的危险

旋转运动的危险是指人体或衣服卷进旋转机械部位引起的危险。包括卷进单独旋转运动机械部件中的危险,卷进旋转运动中两个机械部件间的危险,卷进旋转机械部件与固定构件间的危险,卷进旋转机械部件与直线运动部件间的危险,旋转运动加工件打击或绞轧的危险,旋转运动件上凸出物的打击,旋转运动和直线运动引起的复合运动等。

4. 振动部件夹住的危险

如机械的一些振动部件的振动引起被振动部件夹住的危险。

5. 飞出物击伤的危险

如被锻造加工中飞出的工件、机械加工中未夹紧的刀具飞出击伤的危险。

6. 电气系统造成伤害的危险

机械设备的动力绝大多数是电能,因此每台机构、设备都有自己的电气系统。电气系统对人的伤害主要是电击、电伤等。

7. 手用工具造成伤害的危险

一般有手锤的锤头飞出伤人,扁铲头部卷边、毛刺飞出伤人等。

8. 其他的伤害

机械设备还可能因发出强光、高温,放出化学能、辐射能以及尘毒危害物质等等,造成对人体的伤害。

三、机械伤害类型

1. 绞伤

直接绞伤手部。如外露的齿轮、皮带轮等直接将手指,甚至整个手部绞伤或绞掉;将操作者的衣袖、裤脚或者穿戴的个人防护用品如手套、围裙等绞进去,随着绞伤人,甚至可将人体被绞致死;将女工的长发绞进去,如车床上的光杠、丝杠等将女工的长发绞进去。

2. 物体打击

旋转的零部件由于其本身强度不够或者固定不牢固,从而在转运动时甩出去,将人击伤。如车床的卡盘,如果不用保险螺丝固住或者固定不牢,在打反车时就会飞出伤人。

3. 压伤

如冲床和压机造成手冲压伤,锻锤造成的压伤,切板机造成的剪切等。

4. 砸伤

如高处的零部件掉下来砸伤人,吊运的物体掉下来砸伤人。

5. 挤伤

如零部件在做直线运动时,将人身某部分挤住,造成伤害。

6. 烫伤

如刚切下来的切屑具有较高的温度,如果接触手、脚、脸部的皮肤,就会造成烫伤。

7. 剃割伤

如金属切屑都有锋利的边缘,像刀刃一样,接触到皮肤,就会剃伤或割伤。最严重的是飞出的切屑打入眼睛,会造成眼睛伤害甚至失明。

四、机械伤害原因

安全隐患可存在于机器的设计、制造、运输、安装、使用、维护、报废等机器的整个生命的各个环节。用安全系统的认识分析观点,可以从物的不安全状态、人的不安全行为和安全管理上的缺陷找到原因。

1. 物的不安全状态

物的安全状态是保证机械安全的重要前提和物质基础。在机械生命周期中各环节的安全隐患，都可能导致机械伤害的发生。如设计不合理、计算错误、安全系数取值偏小、对使用条件估计不足等；制造环节加工质量差、偷工减料、以次充好等；安装运输过程中野蛮作业，使机器的组成元件受到损伤而埋下隐患等。在使用过程中，缺乏必要的安全防护、润滑保养不良、零部件超过其使用寿命而未及时更换、不符合卫生标准的不良作业环境等，都可以造成机械伤害事故。

2. 人的不安全行为

人的行为受到生理、心理等多种因素的影响。缺乏安全意识和安全操作技能差，是引发机械伤害的主要原因。例如不了解机器性能及存在的危险、不按安全操作规程操作、缺乏自我保护意识和处理意外情况的能力等。指挥失误、操作失误、监护失误等是人的不安全行为的常见表现形式。人的不安全行为大量表现在不安全的工作习惯上，例如工具随手乱放、清理机器或测量工件不停机等。

3. 安全管理缺陷

安全管理缺陷是造成机械伤害的间接原因，但在一定程度上又是主要原因。它反映了一个单位的安全管理水平。安全管理水平包括领导的安全意识，对设备的监管，对人员使用、维护机械的安全技能进行教育和培训，安全规章制度的建立等。

五、机械设备一般安全规定

机械设备一般安全规定是保证安全运行的一些基本要求。在生产作业过程中，只要遵守这些规定，就能及时消除隐患，避免事故的发生。

1. 布局要求

机械设备的布局要合理，应便于操作人员装卸工件、加工观察清除杂物，同时也应便于维修人员的检查和维修。

2. 强度、刚度符合要求

机械设备的零部件的强度、刚度应符合安全要求，安装应牢固不致经常发生故障。

3. 安装必要的安全装置

机械设备根据有关安全要求，必须装设合理、可靠、不影响操作的安全装置。

(1)对于做旋转运动的零部件应装设防护罩或防护挡板、防护栏等安全防护装置，以防发生绞伤。

(2)对于超压、超载、超温度、超时间、超行程等能发生危险事故的部件，应装设保险装置，如超负荷限制器、行程限制器、安全阀、温度控制器、时间继电器等等，以便当危险情况发生时，由于保险装置作用而排除险情，防止事故的发生。

(3)对于某些动作需要对人们进行警告或提醒注意时，应安装报警装置或警告标志等。如电铃、喇叭等声音信号，还有各种灯光信号、各种警告标志牌等。

(4)对于某些动作顺序不能搞颠倒的零部件应装设连锁装置。必须在前一个动作完成之后，才能进行后一动作。这样就保证不致因动作顺序搞错而发生事故。

4. 机械设备的电气装置的安全要求

供电的导线必须正确安装，不得有任何破损的地方；电机绝缘应良好，其接线板应有盖板防护，以防直接接触；开关、按钮等应完好无损，其带电部分不得裸露在外；应有良好的接地或接零装置，连接的导线要牢固，不得断开。交接班时共同检查接地或接零线，有问题时要立即找电气维修人员整改，不得带故障运行。

5. 操纵手柄以及脚踏开关的要求

重要的手柄应有可靠的定位及锁紧装置，同轴手柄应有明显的长短差别；脚踏开关应有防护罩或藏入床身的凹入部分内，以免掉下的零件落到开关上，启动机械设备而伤人。

6. 环境要求和操作要求

机械设备的作业现场要有良好的环境，即照度要适宜，湿度与温度要适中，噪声和振动要小，零件、工夹具等要摆放整齐。每台机械设备应根据其性能、操作顺序等制定出安全操作规程检查、润滑、维护等制度，以便操作者遵守。

六、机械设备操作安全要求

(1)要保证机械设备不发生事故，不仅机械设备本身要符合安全要求，而且更重要的是要求操作者严格遵守安全操作规程。当然，机械设备的安全操作规程因其种类不同而内容各异，但其安全守则基本相同。

(2)必须正确穿戴好个人防护用品和用具。该穿戴的必须穿戴，不能穿戴的就一定不要穿戴。

(3)操作前要对机械设备进行安全检查，而且要空车运转一下，确认正常后，方可投入运行。

(4)机械设备严禁带故障运行，千万不能凑合使用。

(5)机械设备的安全装置必须按规定正确使用，不准将其拆掉使用。

(6)机械设备使用的刀具、工夹具以及加工的零件等一定要装卡固，不得松动。

(7)机械设备在运转时，严禁用手调整；也不得用手测量零件，清扫杂物等。如必须进行时，则应首先关停机械设备。

(8)机械设备运转时，操作者不得离开工作岗位，以防发生问题无人处置。

(9)工作结束后，应切断电源，把刀具和工件从工作位置退出，并整理好工作场地，将零件、夹具等摆放整齐，打扫好机械设备的卫生。

七、安全规程通则

(1)全体员工除认真执行与本职有关的安全规程、规则外，都必须遵守本规程。

(2)工作前按规定穿戴好防护用品，女职工不准留过长发辫。

(3)上班前不准喝酒，工作中坚守岗位，严禁打闹、睡觉，并不准把小孩带入工作岗位。单人操作设备因故离开岗位时，必须停车、断电。

(4)不是自己操作的设备，未经领导批准，不得随意开动。学员未经考试合格和领导批准，不准独立操作设备。

(5)新工人、实习生、干部劳动、初到工作岗位，必须进行安全教育并指定专人负责指导他们的工作。电气、起重、锅炉、焊接、车辆驾驶等工种的工人，必须经过培训和考试合格，持证上岗操作。

(6)各种设备、机动工具开动使用前，要检查确认安全后，才准开动使用。

(7)各种安全防护装置、信号标志、仪表及指示器等，不准任意拆除，并须经常检查或定期校验，保持齐全有效。

(8)工作地点和通行道路，必须经常保持整洁畅通。工件毛坯要码放整齐安全可靠。

(9)原材料、成品、半成品和废料,必须码放整齐放在指定地点,并不得妨碍通行和装卸时候的便利与安全。

(10)各种机动车辆行驶中不准爬上、跳下。各种设备运转中不准触动危险部分。机动车在厂内行驶要严格执行机动车安全管理规定,不准高速行车。

(11)电气设备和线路的绝缘必须良好。电气设备的金属外壳,必须采取可靠的接地或接零措施。非电气人员不准接、拆电气设备和线路。

(12)行灯的电压不得超过 36 伏。使用电钻等手持电动工具除有良好的接地或接零措施外,必须戴绝缘手套。

(13)各种设备和工具不准任意超负荷、超重、超压、超速、超高、超长、超温使用。

(14)检查、修理机械或电气设备时,必须停电挂牌。合闸前检查确认无人检修时方准合闸,停电牌随挂随取,非工作人员严禁合闸。

(15)使用行车或电葫芦时,严格执行有关制度和指挥信号,禁止任何人站在吊运物品上或在下面停留、行走。

(16)砂轮机必须有防护罩,使用时要戴好眼镜,并严格遵守砂轮机安全操作规程。

(17)高空作业必须扎好安全带,戴好安全帽,禁止投扔工具、材料。

(18)路面施工时要按规定设遮拦、标志。夜间要设红灯标志。不要在交通道上坐卧。行走要走指定的通道,不要图近路走危险地区。

(19)起重搬运工作,要有专人指挥,大型安装工程要制订安全措施。

(20)多人作业要统一指挥,密切配合,反对各行其是,盲目蛮干。

(21)变、配电室、空压站、锅炉房等要害部位,必须悬挂明显标志,非岗位人员,未经领导批准,严禁入内。

(22)各种消防工具、器材,要经常保持良好,不得乱用和随意移动。

(23)凡标有"禁止烟火"的场所,不得吸烟,并严禁明火作业。

(24)下班后要做好交接班工作。无接班者时,要切断电源,熄灭火种,清理好场地。

(25)发生事故或恶性未遂事故时,要保持现场,并立即报告领导。

八、典型机械设备危险及防护措施

1. 压力机械危险和防护

(1)主要危险

误操作。工序单一,操作频繁,容易引起人的精神紧张和身体疲劳。如果是手工上下料,特别是在采用脚踏开关的情况下,极易发生误动作,从而造成轧手事故,或设备受到损坏。

动作失调。速度快,生产率高,在手工上下料的情况下,体力消耗大,容易产生动作失调而发生事故。最主要是在送进和取出加工件过程中,手足失去平衡时,在找材料位置时,以及取出压模中被卡住的材料时。

多人配合不好。对多人操作的压力机,如果配合不好,也容易发生事故。

设备故障。压力机械本身的一些故障,如离合器失灵,调整模具时滑块下滑,脚踏开关失控等,都会出现人身伤害。人们认为安全装置能够保障安全,往往放松对安全装置出现故障的检查。

(2)安全防护措施

开始操作前,必须认真检查防护装置是否完好,离合器制动装置和感应光栅装置是否灵活和安全可靠。应把工作台上的一切不必要的物件清理干净,以防工作时震落到脚踏开关上,造成冲床突然启动而发生事故。

不得随意更改编码器的安全保护角度。

冲小工件时,不得用手,应该有专用工具,最好安装自动送料装置。

操作者对脚踏开关的控制必须小心谨慎,装卸工件时,脚应离开开关,严禁无关人员在脚踏开关的周围停留。

如果工件卡在模子里,应用专用工具取出,不准用手拿,并应将脚从脚踏板上移开。并增加电器连锁,防止打连车。

多人操作时,必须互相协调配合好,并确定专人负责指挥。

2. 剪板机械危险和防护

(1)主要危险

剪板机是将金属板料按生产需要剪切成不同规格的块料。剪板有上下刀口,一般将下刀口装在工作台上,上刀口做往复运动以完成剪切。某一特定剪板机所能剪切坯料的最大厚度和宽度,以及坯料的大强度极限值均有限制,超过限定值使用便可能毁坏机器。剪板的刀口非常锋利,是个危险的"虎口",而工作中操作的手指又经常接近刀口,所以操作不当,就会发生剪切手指等严重事故。

(2)安全防护措施

工作前要认真检查剪板机各部分是否正常,电气设备是否完好,安全防护装置是否可靠,润滑系统是否畅通。然后加润滑油,试车,一切完好,方可使用。两人以上协同操作时,必须确定一个人统一指挥,检查台面及周围确无障碍时,方可开动机床切料。

剪板机不准同时剪切两种不同规格、不同材质的板料。禁止超厚度剪切,剪切的板面要求表面平整,不准剪切无法压紧的较窄板料。

操作剪板机时要精神集中,送料时手指应离开刀口以外,并且要离开压紧装置。送料、取料要防止钢板划伤,防止剪落钢板伤人。脚踏开关应装坚固的防护盖板,防止重物掉下落在脚上或误踏。开车时不准加油或调整机床。

各种剪板机要根据规定的剪板厚度,适当调整刀口间隙,防止使用不当而发生事故。

剪板机的制动器应经常检查,保证可靠,防止因制动器松动,致上刀口突然落下伤人。

板料和剪切后的条料边缘锋利,有时还有毛刺,应防止刮伤。

在操作过程中,采用安全的手用工具完成送料、定位、取件及清理边角料等操作,可防止手指被模具轧伤。

3. 车削加工危险和防护

(1)车削加工危险

车削加工最主要的不安全因素是切屑的飞溅,以及车床的附加工件造成的伤害。

切削过程中形成的切屑卷曲、边缘锋利,特别是连续而且成螺状的切屑,易缠绕操作者的手或身体造成伤害。崩碎屑飞向操作者。

车削加工时暴露在外的旋转部分,钩住操作者的衣服或将手卷入转动部分造成伤害事故,长棒料工件和异形加工物的突出部分更容易伤人。

车床运转中用手清除切屑、测量工件或用砂布打磨工件毛刺,易造成手与运动部件相撞。

工件及装夹附件没有夹紧,就开机工作,易使工件等飞出伤人。工件、半成品及手用工具、夹具、量具放置不当,如卡盘扳手插在卡盘孔内,易造成扳手飞落、工件弹落的伤人事故。

机床局部照明不足或灯光刺眼,不利操作者观察切削过程,而产生错误操作,导致伤害事故。

车床周围布局不合理、卫生条件不好、切屑堆放不当,也易造成事故。

车床技术状态不好、缺乏定期检修、保险装置失灵等,也会造成机床事故而引起的伤害事故。

（2）安全防护措施

采取断屑措施,如使用断屑器或在车刀上磨出断屑槽等,以减少铁屑对人体的伤害。

在车床上安装活式透明防护挡板,或用气流或乳化液对切屑进行冲洗,也可改变切屑的射出方向。

使用防护罩式安全装置将危险部位罩住。如采用安全形鸡心夹、安全拨盘等。

对切削下来的带状切屑、螺旋状长切屑,应用钩子进行清除,切忌用手拉。

除车床上装有自动测量的量具外,均应停车测量工件,并将刀架到安全位置。

用砂布打磨工件表面时,要把刀具移到安全位置,并注意不要让身体和衣服接触到工件表面。

磨内孔时,不可用手指支持砂布,应用木棍代替,同时,设备速度不宜过快。

禁止把工具、夹具或工件放在车床身上和主轴变速箱上。

4. 铣削加工危险和防护

（1）铣削加工危险

高速旋转的铣刀及铣削中产生的振动和飞屑是主要的不安全因素。

（2）安全防护措施

为防止铣刀伤手事故,可在旋转的铣刀上安装防护罩。铣床要有减振措施。

在切屑飞出的方向安装合适的防护网或防护板。操作者工作时要戴防护眼镜,铣铸铁零件时要戴口罩。

在开始切削时,铣刀必须缓慢地向工件进给,切不可有冲击现象,以免影响机床精度或损坏刀具刃口。

加工工件要垫平、卡牢,以免工作过程中,发生松脱造成事故。

调整速度和方向,以及校正工件、工具时均需停车后进行。

工作时不应戴手套。随时用毛刷清除床面上的切屑,清除铣刀上的切屑要停车进行。

铣刀用钝后,应停车磨刀或换刀,停车前先退刀,当刀具未全部离开工件时,切勿停车。

5. 钻削加工危险和防护

（1）钻削加工危险

在钻床上加工工件时,主要危险来自旋转的主轴、钻头、钻夹随钻头一起旋转的长螺旋形切屑。

旋转的钻头、钻夹及切屑易卷住操作者的衣服、手套和长发。

工件装夹不牢或根本没有夹具而用手握住进行钻削,在切削力作用下,工件松动歪斜,甚至随钻头一起旋转而伤人。

切削中用手清除切屑、用手制动钻头、主轴而造成伤害事故。

使用修磨不当的钻头、钻削量过大等易使钻头折断而造成伤害事故。

卸下钻头时,用力过大,钻头落下砸伤脚。

机床照明不足或有刺眼光线、制动装置失灵等都是造成伤害事故的原因。

（2）安全防护措施

在旋转的主轴、钻头四周设置圆形可伸缩式防护网。采用带把手楔铁，可完全防止卸钻头时，钻头落地伤人。

各运动部件应设置性能可靠的锁紧装置，台钻的中间工作台、立钻的回转工作台、摇臂钻的摇臂及主轴箱等，钻孔前都应锁紧。

凡需紧固才能保证加工质量和安全的工件，必须牢固地夹紧在工作台上，尤其是轻型工件更需夹紧牢固，切削中发现松动，严禁用手扶持或运转中紧固。安装钻头及其他工具前，应认真检查刃口是否完好地与钻套配合。刀具上是否黏附着切屑等。

工作时不准戴手套。不要把工件、工具及附件放置在工作台或运行部件上，以防落下伤人。

使用摇臂钻床时，在横臂回转范围内不准站人，不准堆放障碍物。钻孔前横臂必须紧固。

钻薄铁板时，下面要垫平整的木板。较小的薄板必须卡牢，快要钻透时要慢进。

钻深孔时要经常抬起钻头排屑，以防钻头被切屑挤死而折断。

工作结束时，应将横臂降到最低位置，主轴箱靠近立柱可伸缩式防护网。

6. 刨削加工危险和防护

（1）刨削加工危险

直线往复运动部件（如牛头刨床滑枕、龙门刨床工作台等）发生飞车，或将操作者压向固定物（如墙壁、柱子等），工件"走动"甚至滑出，飞溅的切屑等是主要的不安全因素。

（2）安全防护措施

对高速切削的刨床，为防止工作台飞出伤人，应设置限位开关、液压缓冲器或刀具切削缓冲器。工件、刀具及夹具装夹要牢固，以防切削中产生工件"走动"，甚至滑出以及刀具损坏或折断，而造成设备和人身事故。

工作台、横梁位置要调整好，以防开车后，工件与滑枕或横梁撞击。

机床运转中，不要装卸工件、调整刀具、测量和检查工件，以防刀具、滑枕撞击。

机床开动后，不能站在工作台上，以防机床失灵造成伤害事故。

7. 磨削加工危险和防护

（1）磨削加工危险

旋转砂轮的破碎及磁力吸盘事故是主要原因。

（2）安全防护措施

开车前必须检查工件的装置是否正确，紧固是否可靠，磁力吸盘是否正常，否则，不允许开车。

开车时应用手调方式使砂轮和工件之间留有适当的间隙，开进刀量小，以防砂轮崩裂。

测量工件或调整机床及清洁工作都应停车后再进行。

为防止砂轮破损时碎片伤人，磨床须装有防护罩，禁止使用没防护罩的砂轮进行磨削。

第二节　电气安全技术管理

电是使用最广泛最便利的能源，已成为当代人生产生活的重要依赖。如果不懂得用电安全常识和缺少安全防护措施，或由于安全管理缺位和运行维护不当等，也会给受到电的伤害。从能量的角度看，电气事故是电能失去控制造成的事故。

电气事故往往导致人身事故和设备事故，而且可能同时发生。如何防止人身事故和设备事故甚至电气二次事故,是电气安全技术的重要任务。本节主要按照电能形态,对预防触电事故、静电事故、雷击事故、电磁辐射事故和电气装置事故的安全技术作一介绍。

一、触电事故基本知识

触电事故是由电流及其转换成的能量造成的事故。为了更好地预防触电事故,我们应该了解触电事故的种类、方式与规律。

1. 触电事故的分类

按照触电事故的构成方式分为电击和电伤。

(1)电击

通常所说触电指的是电击。电击是电流对人体内部组织的伤害,是最危险的一种伤害,绝大多数的触电死亡事故都是由电击造成的。

按照发生电击时电气设备的状态,电击分为直接接触电击和间接接触电击。前者是触及设备和线路正常运行时的带电体发生的电击,也称为正常状态下的电击;后者是触击正常状态下不带电,而当设备或线路故障时意外带电的带电体时发生的电击,也称为故障状态下的电击。

(2)电伤

电伤是由电流的热效应、化学效应、机械效应等效应对人造成的伤害。电伤分为电弧烧伤、电流灼伤、皮肤金属化、电烙印、机械性损伤、电光眼等伤害。电弧烧伤是由弧光放电造成的烧伤,是最危险的电伤。电弧温度高达8000℃,可造成大面积、大深度的烧伤,甚至烧焦、烧毁四肢及其他部位。

2. 触电事故方式

按照人体触及带电体的方式和电流流过人体的途径,电击可分为单相触电、两相触电和跨步电压触电。

(1)单相触电

当人体直接碰触带电设备其中的一相时,电流通过人体流入大地,这种触电现象称为单相触电。对于高压带电体,人体虽未直接接触,但由于超过了安全距离,高电压对人体放电,造成单相接地而引起的触电,也属于单相触电。

(2)两相触电

人体同时接触带电设备或线路中的两相导体,或在高压系统中,人体同时接近不同相的两相带电导体,而发生电弧放电,电流从一相导体通过人体流入另一相导体,构成一个闭合回路,这种触电方式称为两相触电。发生两相触电时,作用于人体上的电压等于线电压,这种触电是最危险的。

(3)跨步电压触电

当电气设备发生接地故障,接地电流通过接地体向大地流散,在地面上形成电位分布时,若人在接地短路点周围行走,其两脚之间的电位差,就是跨步电压。由跨步电压引起的人体触电,称为跨步电压触电。

3. 触电事故规律

为防止触电事故,应当了解触电事故的规律。根据对触电事故的分析,从触电事故的发生率上看,可找到以下规律:

(1)触电事故季节性明显

统计资料表明,每年第二三季度事故多。特别是6~9月,事故最为集中。主要原因为,一是这段时间天气炎热、人体衣单而多汗,触电危险性较大;二是这段时间多雨、潮湿,地面导电性增强,容易构成电击电流的回路,而且电气设备的绝缘电阻降低,容易漏电。

(2)低压设备触电事故多

统计资料表明,低压触电事故远远多于高压触电事故。其主要原因是低压设备远远多于高压设备,与之接触的人比与高压设备接触的人多得多,而且都比较缺乏电气安全知识。应当指出,在专业电工中,情况是相反的,即高压触电事故比低压触电事故多。

(3)携带式设备和移动式设备触电事故多

统计资料表明,携带式设备和移动式设备触电事故多。其主要原因是这些设备是在人的紧握之下运行,不但接触电阻小,而且一旦触电就难以摆脱电源;设备需要经常移动,工作条件差,设备和电源线都容易发生故障或损坏;此外,单相携带式设备的保护零线与工作零线容易接错,也会造成触电事故。

(4)电气连接部位触电事故多

统计资料表明,很多触电事故发生在接线端子、缠接接头、压接接头、焊接接头、电缆头、灯座、插销、插座、控制开关、接触器、熔断器等分支线、接户线处。主要是由于这些连接部位机械牢固性较差、接触电阻较大、绝缘强度较低以及可能发生化学反应的缘故。

(5)错误操作和违章作业造成的触电事故多

统计资料表明,有85％以上的事故是由于错误操作和违章作业造成的。其主要原因是由于安全教育不够、安全制度不严和安全措施不完善、操作者素质不高等。

(6)不同行业触电事故不同

冶金、矿业、建筑、机械行业触电事故多。由于这些行业的生产现场经常伴有潮湿、高温、现场混乱、移动式设备和携带式设备多以及金属设备多等不安全因素,以致触电事故多。

(7)不同年龄段的人员触电事故不同

中青年工人、非专业电工、合同工和临时工触电事故多。其主要原因是由于这些人是主要操作者,经常接触电气设备;而且,这些人经验不足,又比较缺乏电气安全知识,其中有的责任心还不够强,以致触电事故多。

从造成事故的原因上看,很多触电事故都不是由单一原因,而是由两个以上的原因造成的。但触电事故的规律不是一成不变的,例如,低压触电事故多于高压触电事故在一般情况下是成立的,但对于专业电气工作人员来说,情况往往是相反的。

二、防触电安全技术

1. 直接接触电击预防技术

绝缘、屏护、间距等措施都是防止直接接触触电电击的防护措施。

(1)绝缘

绝缘是用绝缘物把带电体封闭起来。电气设备的绝缘应符合其相应的电压等级、环境条件和使用条件;电气设备的绝缘不得受潮,表面不得有粉尘、纤维或其他污物,不得有裂纹或放电痕迹,表面光泽不得减退,不得有脆裂、破损,弹性不得消失,运行时不得有异味;绝缘的电气指标主要是绝缘电阻。绝缘电阻用兆欧表测量。

(2)屏护

屏护是采用遮栏、护罩、护盖、箱闸等将带电体同外界隔绝开来。屏护装置应有足够的尺寸。应与带电体保证足够的安全距离:遮栏与低压裸导体的距离不应小于0.8 m;网眼遮栏与裸导体之间的距离,低压设备不宜小于 0.15 m,10 kV 设备不宜小于 0.35 m。屏护装置应安装牢固。金属材料制成的屏护装置应可靠接地(或接零)。遮栏、栅栏应根据需要挂标示牌。遮栏出入口的门上应根据需要安装信号装置和连锁装置。

(3)间距

间距是将可能触及的带电体置于可能触及的范围之外。其安全作用与屏护的安全作用基本相同。带电体与地面之间、带电体与树木之间、带电体与其他设施和设备之间、带电体与带电体之间均需保持一定的安全距离。安全距离的大小决定于电压高低、设备类型、环境条件和安装方式等因素。架空线路的间距须考虑气温、风力、覆冰和环境条件的影响。

在低压操作中,人体及其所携带工具与带电体的距离不应小于 0.1 m。

2. 间接接触电击预防技术

保护接地与保护接零是防止间接接触电击最基本的措施,正确掌握应用,对防止事故的发生十分重要。

(1)IT 系统(保护接地)

IT 系统就是保护接地系统。IT 系统的字母 I 表示配电网不接地或经高阻抗接地,字母 T 表示电气设备外壳接地。见图 5-1。所谓接地,就是将设备的某一部位经接地装置与大地紧密连接起来。保护接地的做法是将电气设备在故障情况下可能呈现危险电压的金属部位经接地线、接地体间大地紧密地连接起来。

其安全原理是把故障电压限制在安全范围以内,以保证电气设备(包括变压器、电机和配电装置)在运行、维护和检修时,不因设备的绝缘损坏而导致人身事故。

保护接地适用于各种不接地配电网。在这类配电网中,凡由于绝缘损坏或其他原因而可能呈现危险电压的金属部分,除另有规定外,均应接地。

在 380 V 不接地低压系统中,一般要求保护接地电阻 R≤4 Ω。当配电变压器或发电机的容量不超过 100 kV·A 时,要求 R≤10 Ω。

(2)TT 系统

TT 系统的第一个字母 T 表示配电网直接接地、第二个字母 T 表示电气设备外壳接地。见图 5-2。

TT 系统的接地 PE 也能大幅度降低漏电设备上的故障电压,但一般不能降低到安全范围以内。因此,采用 TT 系统必须装设漏电保护装置或过电流保护装置,并优先采用前者。

TT 系统主要用于低压用户,即用于未装备配电变压器,从外面引进低压电源的小型用户。

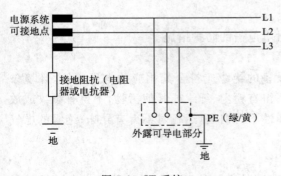

图 5-1　IT 系统

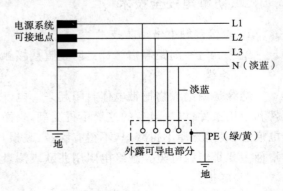

图 5-2　TT 系统

（3）TN 系统（保护接零）

TN 系统相当于传统的保护接零系统。典型的 TN 系统。一般地，PE 是保护零线。TN 系统中的字母 N 表示电气设备在正常情况下不带电的金属部分与配电网中性点之间，亦即与保护零线之间紧密连接。保护接零的安全原理是当某相带电部分碰连设备外壳时，形成该相对零线的单相短路；短路电流促使线路上的短路保护元件迅速动作，从而把故障设备电源断开，消除电击危险。虽然保护接零也能降低漏电设备上的故障电压，但一般不能降低到安全范围以内。其第一位的安全作用是迅速切断电源。

TN 系统分为 TN—C，TN—S，TN—C—S 三种类型。见图 5-3、图 5-4 和图 5-5。TN—S 系统的安全性能最好。有爆炸危险环境、火灾危险性大的环境及其他安全要求高的场所应采用 TN—S 系统；厂内低压配电的场所及民用楼房应采用 TN—C—S 系统。

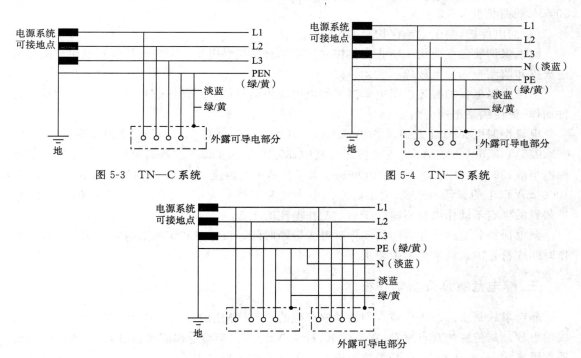

图 5-3　TN—C 系统　　　　　　　　　图 5-4　TN—S 系统

图 5-5　TN—C—S 系统

3. 其他电击预防技术

（1）双重绝缘和加强绝缘

双重绝缘指工作绝缘（基本绝缘）和保护绝缘（附加绝缘）。前者是带电体与不可触及的导体之间的绝缘，是保证设备正常工作和防止电击的基本绝缘；后者是不可触及的导体与可触及的导体之间的绝缘，是当工作绝缘损坏后用于防止电击的绝缘。加强绝缘是具有与上述双重绝缘相同水平的单一绝缘。

具有双重绝缘的电气设备属于Ⅱ类设备。Ⅱ类设备的电源连接线应按加强绝缘设计。Ⅱ类设备在其明显部位应有"回"形标志。

（2）安全电压

安全电压是在一定条件下、一定时间内不危及生命安全的电压。具有安全电压的设备属于Ⅲ类设备。安全电压限值是在任何情况下，任意两导体之间都不得超过的电压值。我国标准规定工频安全电压有效值的限值为 50 V。我国规定工频有效值的额定值有 42 V、36 V、24 V、12 V 和 6 V。凡特别危险环境使用的携带式电动工具应采用 42 V 安全电压;凡有电击危险环境使用的手持照明灯和局部照明灯应采用 36 V 或 24 V 安全电压;金属容器内、隧道内、水井内以及周围有大面积接地导体等工作地点狭窄、行动不便的环境应采用 12 V 安全电压;水上作业等特殊场所应采用 6 V 安全电压。

（3）电气隔离

电气隔离指工作回路与其他回路实现电气上的隔离。电气隔离是通过采用 1:1,即一次边、二次边电压相等的隔离变压器来实现的。电气隔离的安全实质是阻断二次边工作的人员单相触电时电流的通路。

电气隔离的电源变压器必须是隔离变压器,二次边必须保持独立,应保证电源电压 $U \leqslant$ 500 V、线路长度 $L \leqslant 200$ m。

（4）漏电保护（剩余电流保护）

漏电保护装置主要用于防止间接接触电击和直接接触电击。漏电保护装置也用于防止漏电火灾和监测一相接地故障。

电流型漏电保护装置以漏电电流或触电电流为动作信号。动作信号经处理后带动执行元件动作,促使线路迅速分断。

电流型漏电保护装置的动作电流分为 0.006、0.01、0.015、0.03、0.05、0.075、0.1、0.2、0.3、0.5、1、3、5、10、20 A 等 15 个等级。其中,30 及 30 mA 以下的属高灵敏度,主要用于防止触电事故;30 mA 以上、1000 及 1000 mA 以下的属中灵敏度,用于防止触电事故和漏电火灾;1000 mA 以上的属低灵敏度,用于防止漏电火灾和监视一相接地故障。为了避免误动作,保护装置的额定不动作电流不得低于额定动作电流的 1/2。

漏电保护装置的动作时间指动作时最大分断时间。快速型和定时限型漏电保护装置的动作时间应符合国家标准的有关要求。

三、静电危害及安全防护技术

静电事故是工艺过程中或人们活动中产生的,相对静止的正电荷和负电荷形式的能量造成的事故。从传统的观点来看,它是化工、石油、粉碎加工等行业引起火灾、爆炸等事故的主要诱发因素之一,也是亚麻、化纤等纺织行业加工过程中的质量及安全事故隐患之一,还是造成人体电击危害的重要原因之一。

1. 静电的产生

最常见产生静电的方式是接触—分离起电。当两种物体接触,其间距离小于 25×10^{-8} cm 时,将发生电子转移,并在分界面两侧出现大小相等、极性相反的两层电荷。当两种物体迅速分离时即可能产生静电。下列工艺过程比较容易产生和积累危险静电:

（1）固体物质大面积的摩擦。

（2）固体物质的粉碎、研磨过程;粉体物料的筛分、过滤、输送、干燥过程;悬浮粉尘的高速运动。

（3）在混合器中搅拌各种高电阻率物质。

（4）高电阻率液体在管道中高速流动、液体喷出管口、液体注入容器。

（5）液化气体、压缩气体或高压蒸气在管道中流动或由管口喷出时。

（6）穿化纤布料衣服、穿高绝缘鞋的人员在操作、行走、起立等。

2. 静电的特点

(1)静电电压高。固体静电可达 20×10^4 V 以上,液体静电和粉体静电可达数万伏,气体和蒸气静电可达 10000 V 以上,人体静电也可达 10000 V 以上。

(2)静电泄漏慢。由于积累静电的材料的电阻率都很高,其静电泄漏很慢。

(3)绝缘导体与静电非导体的危险性。带有相同数量静电荷和表现电压的绝缘的导体要比非导体危险性大。

(4)远端放电。根据感应起电原理,静电可以由一处扩散到另一处,并可在预想不到的地方放电,或使人受到电击。

(5)尖端放电。静电电荷在导体表面上的分布同导体的几何形状有密切关系,因此在导体尖端部分电荷密度最大,电场最强,能够产生尖端放电。

(6)静电屏蔽。可以用接地的金属网、容器等将带静电的物体屏蔽起来,不使外界遭受静电危害。

(7)静电的影响因素多。静电的产生和积累受材质、杂质、物料特征、工艺设备、、工艺参数、湿度和温度等因素的影响,事故的随机性强。

3. 静电的危害

静电的危害主要有三个方面。

(1)引起爆炸和火灾。静电能量虽然不大,但因其电压很高而容易发生放电,出现静电火花,在有可燃液体的作业场所,可能由静电火花引起火灾;在有气体、蒸气爆炸性混合物或有粉尘纤维爆炸性混合物的场所,可能由静电火花引起爆炸。此外,在带电绝缘体与接地体之间产生的表面放电导致着火的概率亦很高。

(2)静电电击。静电造成的电击,可能发生在人体接近带电物体的时候,也可能发生在带静电电荷的人体接近接地体的时候。电击程度与所储存的静电能量有关,能量愈大,电击愈严重。但由于一般情况下,静电的能量较小,虽然不会直接使人致命,但会在电击后产生恐惧心理,工作效率下降。

(3)静电妨碍生产。在某些生产过程中,如不消除静电,将会妨碍生产或降低产品质量。

4. 设备设施静电防护技术

静电最为严重的危险是引起爆炸和火灾。为防止静电导致火灾爆炸事故的发生,静电的防护技术经常采用下列几个措施。

(1)环境危险程度控制。静电引起爆炸和火灾的条件之一是有爆炸性混合物存在。为了防止静电的危险,可采取取代易燃介质、降低爆炸性混合物的浓度、减少氧化剂含量等控制所在环境爆炸和火灾危险程度的措施。

(2)采用工艺法控制静电的产生。工艺控制法就是从工艺流程、设备结构、材料选择和操作管理等方面采取措施,限制静电的产生或控制静电的积累,使之达不到危险的程度。比如,限制输送物料流速,选用合适的材料,改变灌注方式,加速静电电荷的消散方式等。

(3)泄漏导走法防静电措施。泄漏导走法即在工艺过程中,采用空气增湿、加抗静电添加剂、静电接地和规定静止时间的方法,将带电体上的电荷向大地泄漏消散,以期得到安全生产的保证。

(4)采用静电中和器。静电中和器又叫静电消除器。静电中和器是能产生电子和离子的装置。由于产生了电子和离子,物料上的静电电荷得到异性电荷的中和,从而消除静电的危险。静电中和器主要用来消除非导体上的静电。

（5）加强静电安全管理。静电安全管理包括制订关联静电安全操作规程、制订静电安全指标、静电安全教育、静电检测管理等内容。

5．人体防静电

人体防静电主要是防止带电体向人体放电或人体带静电所造成的危害，人体静电的防止，既可利用接地、穿防静电鞋、防静电工作服等具体措施，减少静电在人体上积累，又要加强规章制度和安全技术教育保证静电安全操作，具体措施如下：

（1）人体接地。在人体必须接地的场所，应装设金属接地棒——消电装置。工作人员随时用手接触接地棒，以清除人体所带有的静电。

（2）工作地面导电化。采用导电性地面是一种接地措施，不但能导走设备上的静电，而且有利于导除积累在人体上的静电。用洒水的方法使混凝土地面、嵌木胶合板湿润，使橡皮、树脂和石板的黏合面以及涂刷地面能够形成水膜，增加其导电性。

（3）确保安全操作。在工作中，应尽量不做与人体带电有关的事情，如接近或接触带电体；在有静电危险的场所，不得携带与工作无关的金属物品，如钥匙、硬币、手表、戒指等，也不许穿带钉子鞋等进入现场。

四、雷电危害及安全防护技术

雷电是自然界的一种大气放电现象。当雷电电流流过地表的被击物时，具有极大的破坏性，其电压可达数百万伏至数千万伏，电流达几十万安，造成人畜伤亡，建筑物炸毁或燃烧，线路停电，电气设备损坏及电子系统中断等严重事故。

1．雷电的种类

从危害角度分类，雷电可分为直击雷、感应雷（包括静电感应和电磁感应）和雷电侵入波三种。

（1）直击雷。直击雷是带电积雨云接近地面至一定程度时，与地面目标之间的强烈放电。直击雷的每次放电含有先导放电、主放电、余光三个阶段。大约50%的直击雷有重复放电特征。

（2）感应雷。感应雷也称作雷电感应，分为静电感应雷和电磁感应雷。由于雷电流的强大电场和磁场变化产生的静电感应和电磁感应，造成屋内电线、金属管道和大型金属设备放电，引起建筑物内的爆炸危险品或易燃品燃烧。

（3）雷电侵入波。雷电侵入波是指雷电在架空线路、金属管道上会产生冲击电压，使雷电波沿线路或管道迅速传播。若侵入建筑物内，可造成配电装置和电气线路绝缘层击穿，产生短路，或使建筑物内易燃易爆物品燃烧和爆炸。

根据雷电的不同形状，大致可分为片状、线状和球状三种形式，其中最常见的是线形雷。球雷是雷电放电时形成的发红光、橙光、白光或其他颜色光的火球。从电学角度考虑，球雷应当是一团处在特殊状态下的带电气体。

2．雷电的危害

雷电有电性质、热性质、机械性质等多方面的破坏作用，均可能带来极为严重的后果，它会造成设备或设施的损坏，造成大面积停电以及生命财产损失。

（1）火灾和爆炸。强大雷电流通过导体时，在极短的时间将转换为大量热能，产生的高温会造成易燃物燃烧，或金属熔化飞溅，而引起火灾、爆炸。直击雷放电的高温电弧、二次放电、巨大的雷电流、球雷侵入可直接引起火灾和爆炸；冲击电压击穿电气设备的绝缘等破坏可间接引起火灾和爆炸。

（2）触电。积雨云直接对人体放电、二次放电、球雷打击、雷电流产生的接触电压和跨步电压可直接使人触电；电气设备绝缘因雷击而损坏也可使人遭到电击。雷击时产生的火花、电弧，还可使人遭到不同程度的烧伤。

（3）设备和设施毁坏。雷击产生的高电压、大电流伴随的汽化力、静电力、电磁力可毁坏重要电气装置和建筑物及其他设施。雷电放电产生极高的冲击电压，可击穿电气设备的绝缘，损坏电气设备和线路，可能导致大规模停电。

3. 防雷技术

根据不同的保护对象，对直击雷、雷电感应、雷电侵入波应采取适当的安全措施。

（1）直击雷防护。对建筑物的易受雷击部位，遭受雷击后果比较严重的设施或堆料，高压架空电力线路、发电厂和变电站等，应采取防直击雷的措施。装设避雷针、避雷线、避雷网、避雷带是直击雷防护的主要措施。

（2）二次放电防护。为了防止二次放电，不论是空气中或地下，都必须保证接闪器、引下线、接地装置与邻近导体之间有足够的安全距离。在任何情况下，防雷建筑物防止二次放电的最小距离要满足要求，不能满足间距要求时应予跨接。

（3）感应雷防护。为了防止静电感应雷，应将建筑物内不带电的金属装备、金属结构连成整体并予以接地。为了防止电磁感应雷，应将平行管道、相距较近的管道用金属线跨接起来。

（4）雷电冲击波防护。为了防止雷电冲击波侵入变配电装置，可在线路引入端安装阀型避雷器。阀型避雷器上端接在架空线路上，下端接地。

4. 人身防雷

（1）雷暴时，应尽量减少在户外或野外逗留；在户外或野外最好穿塑料等不浸水的雨衣；如有条件，可进入有宽大金属构架或有防雷设施的建筑物、汽车或船只。

（2）雷暴时，应尽量离开小山、小丘、隆起的小道，应尽量离开海滨、湖滨、河边、池塘旁，应尽量避开铁丝网、金属晒衣绳以及旗杆、烟囱、宝塔、孤独的树木附近，还应尽量离开没有防雷保护的小建筑物或其他设施。

（3）雷暴时，在户内应离开照明线、动力线、电话线、广播线、收音机和电视机电源线、收音机和电视机天线以及与其相连的各种金属设备。

（4）雷雨天气，应注意关闭门窗。

五、电磁辐射防护技术

随着现代科技的高速发展，一种看不见、摸不着的污染源日益受到各界的关注，这就是被人们称为"隐形杀手"的电磁辐射。今天，越来越多的电子、电气设备的投入使用，使得各种频率的不同能量的电磁波充斥着地球的每一个角落乃至更加广阔的宇宙空间。对于人体这一良导体，电磁波不可避免地会构成一定程度的危害。

1. 常见的电磁辐射源

影响人类生活环境的电磁辐射源可分天然的和人为的两大类。

（1）天然的电磁辐射

天然的电磁辐射是某些自然现象引起的。最常见的是雷电，除了可能对电气设备、飞机、建筑物等直接造成危害外，而且会在广大地区从几千赫到几百兆赫以上的极宽频率范围内产生严重电磁干扰。火山喷发、地震和太阳黑子活动引起的磁暴等都会产生电磁干扰。天然的电磁辐射对短波通信的干扰特别严重。

（2）人为的电磁辐射

人为的电磁辐射主要有以下几种。

脉冲放电。例如切断大电流电路时产生的火花放电，其瞬时电流变率很大，会产生很强的电磁干扰。它在本质上与雷电相同，只是影响区域较小。

工频交变电磁场。例如在大功率电机、变压器以及输电线等附近的电磁场，它并不以电磁波形式向外辐射，但在近场区会产生严重电磁干扰。

射频电磁辐射。例如无线电广播、电视、微波通信等各种射频设备的辐射，频率范围宽广，影响区域也较大，能危害近场区的工作人员。目前，射频电磁辐射已经成为电磁辐射环境的主要因素。

一般来说，雷达系统、电视和广播发射系统、射频感应及介质加热设备、射频及微波医疗设备、各种电加工设备、通信发射台站、卫星地球通信站、大型电力发电站、输变电设备、高压及超高压输电线、地铁列车及电气火车以及大多数家用电器等都是可以产生各种形式、不同频率、不同强度的电磁辐射源。

2. 电磁辐射对人体的危害

主要是热效应、非热效应和累积效应等。

（1）热效应。人体中的水分子受到电磁波辐射后相互摩擦，引起机体升温，从而影响到体内器官的正常工作。

（2）非热效应。人体的器官和组织都存在微弱的电磁场，它们是稳定和有序的，一旦受到外界电磁场的干扰，处于平衡状态的微弱电磁场即将遭到破坏，人体也会遭受损伤。

（3）累积效应。热效应和非热效应作用于人体后，对人体的伤害尚未来得及自我修复之前，再次受到电磁波辐射的话，其伤害程度就会发生累积，久之会成为永久性病态，危及生命。

对于长期接触电磁波辐射的群体，即使功率很小，频率很低，也可能会诱发想不到的病变，应引起警惕。

多种频率电磁波特别是高频波和较强的电磁场作用人体的直接后果是在不知不觉中导致人的精力和体力减退，容易产生白内障、白血病、脑肿瘤、心血管疾病、大脑机能障碍以及妇女流产和不孕等，甚至导致人类免疫机能的低下，从而引起癌症等病变。

3. 电磁辐射的防护

电磁辐射传播途径有：一是通过空间直接辐射；二是借助电磁耦合由线路传导。防护措施主要有电磁屏蔽、接地等。

（1）电磁屏蔽。电磁辐射的防护手段是在电磁场传递的途径中安设电磁屏蔽装置，使有害的电磁场强度降低至容许范围以内。电磁屏蔽装置一般为金属材料制成的封闭壳体。一般地说，频率越高，壳体越厚，材料导电性能越好，屏蔽效果也就越大。

（2）接地。所谓接地，就是在两点间建立传导通路，以便将电子设备或元件连接到某些通常叫做"地"的参考点上。接地和屏蔽有机地结合起来，就能解决大部分电磁干扰问题。

（3）其他措施。控制电磁辐射，除采用上述电磁屏蔽措施外，还应积极采取其他综合性的防治对策。例如改进电气设备，实行遥控和遥测，减少接触高强度电磁辐射的机会等。

六、电气装置安全要点

1. 变配电站安全

变配电站是企业的动力枢纽。变配电站装有变压器、互感器、避雷器、电力电容器、高低压开关、高低压母线、电缆等多种高压设备和低压设备。变配电站发生事故不仅使整个生产活动不能正常进行,还可能导致火灾和人身伤亡事故。

(1)变配电站位置

变配电站位置应符合供电、建筑、安全的基本原则。从安全角度考虑,变配电站应避开易燃易爆环境;变配电站宜设在企业的上风侧,并不得设在容易沉积粉尘和纤维的环境;变配电站不应设在人员密集的场所。变配电站的选址和建筑应考虑灭火、防蚀、防污、防水、防雨、防雪、防振的要求。地势低洼处不宜建变配电站。变配电站应有足够的消防通道并保持畅通。

(2)建筑结构

高压配电室、低压配电室、油浸电力变压器室、电力电容器室、蓄电池室应为耐火建筑。蓄电池室应隔离。变配电站各间隔的门应向外开启;门的两面都有配电装置时,应两边开启。门应为非燃烧体或难燃烧体材料制作的实体门。

(3)间距、屏护和隔离

变配电站各部间距和屏护应符合专业标准的要求。室外变、配电装置与建筑物应保持规定的防火间距。室内充油设备油量 60 kg 以下者允许安装在两侧有隔板的间隔内;油量 60～600 kg 者须装在有防爆隔墙的间隔内;600 kg 以上者应安装在单独的间隔内。

(4)通道

变配电站室内各通道应符合要求。高压配电装置长度大于 6 m 时,通道应设两个出口;低压配电装置两个出口间的距离超过 15 m 时,应增加出口。

(5)通风

蓄电池室、变压器室、电力电容器室应有良好的通风。

(6)封堵

门窗及孔洞应设置网孔小于 10 mm×10 mm 的金属网,防止小动物钻入。通向站外的孔洞、沟道应予封堵。

(7)标志

变配电站的重要部位应设有"止步,高压危险!"等标志。

(8)连锁装置

断路器与隔离开关操动机构之间、电力电容器的开关与其放电负荷之间应装有可靠的连锁装置。

(9)电气设备正常运行

电流、电压、功率因数、油量、油色、温度指示应正常;连接点应无松动、过热迹象;门窗、围栏等辅助设施应完好;声音应正常,应无异常气味;瓷绝缘不得掉瓷,不得有裂纹和放电痕迹并保持清洁;充油设备不得漏油、渗油。

(10)安全用具和灭火器材

变配电站应备有绝缘杆、绝缘夹钳、绝缘靴、绝缘手套、绝缘垫、绝缘站台、各种标示牌、临时接地线、验电器、脚扣、安全带、梯子等各种安全用具。变配电站应配备可用于带电灭火的灭火器材。

(11)技术资料

变配电站应备有高压系统图、低压系统图、电缆布线图、二次回路接线图、设备使用说明书、试验记录、测量记录、检修记录、运行记录等技术资料。

（12）管理制度

变配电站应建立并执行各项行之有效的规章制度，如工作票制度、操作票制度、工作许可制度、工作监护制度、值班制度、巡视制度、检查制度、检修制度及防火责任制、岗位责任制等规章制度。

2. 主要变配电设备安全

除上述变配电站的一般安全要求外，变压器等设备尚需满足以下安全要求。

（1）电力变压器

电力变压器是变配电站的核心设备，按照绝缘结构分为油浸式变压器和干式变压器。

油浸式变压器所用油的闪点在 135～160℃ 之间，属于可燃液体。变压器内的固体绝缘衬垫、纸板、棉纱、布、木材等都属于可燃物质，其火灾危险性较大，而且有爆炸的危险。变压器各部件及本体的固定必须牢固，电气连接必须良好，铝导体与变压器的连接应采用铜铝过渡接头，其低压绕组中性点、外壳及其阀型避雷器三者共用的接地必须良好，接地线上应有可断开的连接点。

干式变压器的安装场所应有良好的通风。

（2）电力电容器

电力电容器是充油设备，安装、运行或操作不当即可能着火甚至发生爆炸，电容器的残留电荷还可能对人身安全构成直接威胁。

电容器所在环境温度一般不应超过 40℃，周围不应有腐蚀性气体或蒸汽，不应有大量灰尘或纤维；所安装环境应无易燃、易爆危险或强烈振动，应避免阳光直射，应有良好的通风，电容器外壳和钢架均应采取接地（或接零）措施。

电容器外壳不应有明显变形，不应有漏油痕迹。电容器的开关设备、保护电器和放电装置应保持完好。

（3）高压开关

高压开关主要包括高压断路器、高压负荷开关和高压隔离开关。高压开关用以完成电路的转换，有较大的危险性。

高压断路器是高压开关设备中最重要、最复杂的开关设备。高压断路器有强有力的灭弧装置，既能在正常情况下接通和分断负荷电流，又能借助继电保护装置在故障情况下切断过载电流和短路电流。

高压断路器必须与高压隔离开关串联使用，由断路器接通和分断电流，由隔离开关隔断电源。因此，切断电路时必须先拉开断路器后拉开隔离开关；接通电路时必须先合上隔离开关后合上断路器。为确保断路器与隔离开关之间的正确操作顺序，除严格执行操作制度外，10 kV 系统中常安装机械式或电磁式连锁装置。

高压隔离开关简称刀闸。隔离开关没有专门的灭弧装置，不能用来接通和分断负荷电流，更不能用来切断短路电流。隔离开关主要用来隔断电源，以保证检修和倒闸操作的安全。

隔离开关安装应当牢固，电气连接应当紧密、接触良好；与铜、铝导体连接须采用铜铝过渡接头，机构应保持灵活。

高压负荷开关有比较简单的灭弧装置，用来接通和断开负荷电流。负荷开关必须与有高分断能力的高压熔断器配合使用，由熔断器切断短路电流。高压负荷开关的安装要求与高压隔离开关相似。

3. 电气线路安全

（1）架空线路

凡档距超过 25 m，利用杆塔敷设的高、低压电力线路都属于架空线路。架空线路主要由导线、杆塔、横担、绝缘子、金具、基础及拉线组成。

架空线路的导线与地面、各种工程设施、建筑物、树木、其他线路之间，以及同一线路的导线与导线之间均应保持足够的安全距离。架空线路绝缘子的瓷件与铁件应结合紧密，铁件镀锌良好，瓷釉光滑、无裂纹、烧痕、气泡或瓷釉烧坏等缺陷。

（2）电缆线路

电缆线路有电缆沟或电缆隧道敷设、直接埋入地下敷设、桥架敷设、支架敷设、钢索吊挂敷设等敷设方式。电缆线路主要由电力电缆、终端接头、中间接头及支撑件组成。

电缆进入电缆沟、隧道、竖井、建筑物、盘（柜）处应予封堵，电力电缆的终端头和中间接头，应保证密封良好，防止受潮。电缆终端的外壳与电缆金属护套及铠装层均应良好接地。

4. 配电柜（箱）

配电柜（箱）分动力配电柜（箱）和照明配电柜（箱），是配电系统的末级设备。配电柜（箱）内各电气元件及线路应接触良好，连接可靠；不得有严重发热、烧损现象。配电柜（箱）的门应完好；门锁应有专人保管。

主要要求有：

（1）配电柜（箱）应用不可燃材料制作。

（2）触电危险性小的生产场所和办公室，可安装开启式的配电板。

（3）触电危险性大或作业环境较差的加工车间、铸造、锻造、热处理、锅炉房、木工房等场所，应安装封闭式箱柜。

（4）有导电性粉尘或产生易燃易爆气体的危险作业场所，必须安装密闭式或防爆型的电气设施。

（5）配电柜（箱）各电气元件、仪表、开关和线路应排列整齐，安装牢固，操作方便；柜（箱）内应无积尘、积水和杂物。

（6）落地安装的柜（箱）底面应高出地面 50～100 mm；操作手柄中心高度一般为 1.2～1.5 m；柜（箱）前方 0.8～1.2 m 的范围内无障碍物。

（7）保护线连接可靠。

（8）柜（箱）以外不得有裸带电体外露；必须装设在柜（箱）外表面或配电板上的电气元件，必须有可靠的屏护。

5. 用电设备和低压电器

（1）电气设备外壳防护

电动机、低压电器的外壳防护包括两种：第一种是对固体异物进入内部以及对人体触及内部带电部分或运动部分的防护；第二种是对水进入内部的防护。

外壳防护等级按如下方法标志：

第一位数字表示第一种防护型式的等级；第二位数字表示第二种防护型式的等级。仅考虑一种防护时，另一位数字用"X"代替。如无需特别说明，附加字母可以省略。例如，IP54 为防尘、防溅型电气设备，1P65 为尘密、防喷水型电气设备。

（2）电动机

电动机把电能转变为机械能，分为直流电动机和交流电动机。交流电动机又分为同步电动机和异步电动机(即感应电动机),而异步电动机又分绕线型电动机和笼型电动机。电动机是工业企业最常用的用电设备。作为动力机,电动机具有结构简单、操作方便、效率高等优点。

电动机必须装设短路保护和接地故障保护,并根据需要装设过载保护、断相保护和低电压保护。熔断器熔体的额定电流应取为异步电动机额定电流的 $1.5 \sim 2.5$ 倍。热继电器热元件的额定电流应取为电动机额定电流的 $1 \sim 1.5$ 倍,其整定值应接近但不小于电动机的额定电流。

电动机应保持主体完整、零附件齐全、无损坏,并保持清洁。

(3)低压控制电器

低压控制电器主要用来接通、断开线路和用来控制电气设备,包括刀开关、低压断路器、减压启动器、电磁启动器等。

刀开关是手动开关,包括胶盖刀开关、石板刀开关、铁壳开关、转扳开关、组合开关等。

刀开关没有或只有极为简单的灭弧装置,不能切断短路电流。因此,刀开关下方应装有熔体或熔断器。对于容量较大的线路,刀开关须与有切断短路电流能力的其他开关串联使用。

用刀开关操作异步电动机及其他有冲击电流的动力负荷时,刀开关的额定电流应大于负荷电流的 3 倍,并应该在刀开关上方另装一组熔断器。刀开关所配用熔断器和熔体的额定电流不得大于开关的额定电流。

低压断路器是具有很强的灭弧能力的低压开关。低压断路器的合闸由人工操作,分闸可由人工操作,也可在故障情况下自动分闸。

低压断路器瞬时动作过电流脱扣器用于短路保护,其动作电流的调整范围多为额定电流的 $4 \sim 10$ 倍。其整定电流应大于线路上可能出现的峰值电流,并应为线路末端单相短路电流的 $2/3$。长延时动作过电流脱扣器应按照线路计算负荷电流或电动机额定电流整定,用于过载保护。运行中的低压断路器的机构应保持灵活,各部分应保持干净。触头磨损超过原来厚度的 $1/3$ 时,应予更换。应定期检查各脱扣器的整定值。

接触器是电磁启动器的核心元件。接触器的额定电流应按电动机的额定电流和工作状态来选择。接触器的额定电流应选为电动机的额定电流的 $1.3 \sim 2$ 倍。工作繁重者应取较大的倍数。

接触器在运行中应注意工作电流不应超过额定电流,温度不得过高,分合指示应与接触器的实际状态相符,连接和安装应牢固,机构应灵活,接地或接零应良好,接触器运行环境应无有害因素,触头应接触良好、紧密,不得过热;主触头和辅助触头不得有变形和烧伤痕迹;触头应有足够的压力和开距;主触头同时性应良好;灭弧罩不得松动、缺损;声音不得过大。

低压保护电器主要用来获取、转换和传递信号,并通过其他电器对电路实现控制。熔断器和热继电器属于最常见的低压保护电器。

熔断器有管式熔断器、插式熔断器、螺旋式熔断器等多种型式。管式熔断器有两种,一种是纤维材料管,由纤维材料分解大量气体灭弧;一种是陶瓷管,管内填充石英砂,由石英砂冷却和熄灭电弧。管式熔断器和螺塞式熔断器都是封闭式结构,电弧不容易与外界接触,适用范围较广。管式熔断器多用于大容量的线路。螺旋式熔断器和插式熔断器用于中、小容量线路。

熔断器熔体的热容量很小,动作很快,宜于用作短路保护元件。在照明线路及其他没有冲击载荷的线路中,熔断器也可用作过载保护元件。熔断器的防护形式应满足生产环境的要求;其额定电压符合线路电压;其额定电流满足安全条件和工作条件的要求;其极限分断电流大于线路上可能出现的最大故障电流。

热继电器也是利用电流的热效应制成的。它主要由热元件、双金属片、控制触头等组成。热继电器的热容量较大，动作不快，只用于过载保护。

热元件的额定电流原则上按电动机的额定电流选取，对于过载能力较低的电动机，如果启动条件允许，可按其额定电流的 60%～80% 选取；对于工作繁重的电动机，可按其额定电流的 110%～125% 选取；对于照明线路，可按负荷电流的 0.85～1 倍选取。

6. 手持电动工具和移动式电气设备的安全使用

手持电动工具和移动式电气设备是最常用的小型电气设备，也是发生容易发生触电事故的用电设备。手持电动工具包括手电钻、手砂轮、冲击电钻、电锤、手电锯等各种工具。移动式设备包括振捣器等电气设备。

（1）触电危险性

手持电动工具和移动式电气设备是触电事故较多的主要原因是：

这些工具和设备是在人的紧握之下运行的，人与工具之间的接触电阻小，一旦工具带电，将有较大的电流通过人体，容易造成严重后果；同时，操作者一旦触电，由于肌肉收缩而难以摆脱带电体，也容易造成严重后果。

这些工具和设备有很大的移动性，其电源线容易受拉、磨而损坏，电源线连接处容易脱落而使金属外壳带电，导致触电事故。

这些工具和设备没有固定的工位，运行时振动大，而且可能在恶劣的条件下运行，本身容易损坏而使金属外壳带电，导致触电事故。

（2）安全使用条件

手持电动工具按电气安全保护措施分Ⅰ类、Ⅱ类、Ⅲ类共三类。Ⅱ类、Ⅲ类没有保护接地或保护接零的要求，Ⅰ类必须采取保护接地或保护接零措施。

使用Ⅰ类设备应配用绝缘手套、绝缘鞋、绝缘垫等安全用具。

在一般场所，为保证使用的安全，应选用Ⅱ类工具，装设漏电保护器、安全隔离变压器等。否则，使用者必须戴绝缘手套，穿绝缘鞋或站在绝缘垫上。

在潮湿或金属构架上等导电性能良好的作业场所，必须使用Ⅱ类或Ⅲ类设备。在锅炉内、金属容器内、管道内等狭窄的特别危险场所，应使用Ⅲ类设备。

移动式电气设备的保护零线（或地线）不应单独敷设，而应当与电源线采取同样的防护措施，即采用带有保护芯线的橡皮套软线作为电源线。

移动式电气设备的电源插座和插销应有专用的接零（地）插孔和插头。其结构应能保证插入时接零（地）插头在导电插头之前接通，拔出时接零（地）插头在导电插头之后拔出。

专用电缆不得有破损或龟裂、中间不得有接头。电源线与设备之间的防止拉脱的紧固装置应保持完好。设备的软电缆及其插头不得任意接长、拆除或调换。

（3）使用安全要求

辨认铭牌，检查工具或设备的性能是否与使用条件相适应。

检查其防护罩、防护盖、手柄防护装置等有无损伤、变形或松动。

检查开关是否失灵、是否破损、是否牢固、接线有无松动。

电源线应采用橡皮绝缘软电缆；单相用三芯电缆、三相用四芯缆；电缆不得有破损或龟裂，中间不得有接头。

Ⅰ类设备应有良好的接零或接地措施，且保护导体应与工作零分开；保护零线（或地线）应采用规定的多股软铜线，且保护零线（地线）最好与相线、工作零线在同护套内。

第三节　危险化学品安全技术管理

危险品是指具有易燃性、易爆性、毒害性、腐蚀性、放射性等危险特性,在运输、装卸和储存保管过程中,易造成人身伤亡和财产损失而需要特别防护的物品。其特征有三:一是具有爆炸、易燃、毒害、腐蚀、放射等性质,二是在运输、装卸和储存保管过程中易造成人身伤亡和财产损毁,三是需要特别防护。只要同时满足上述三点即为危险品,如果此类危险品是化学品,那么它就是危险化学品。

一、危险化学品的分类与编号

由于危险品的种类繁多,性质各异,而且一种危险品并不只是一种危险性,常常具有多重危险性。如果不掌握危险品的这种多重危险性,就很容易在生产、储存、运输、销售和使用过程中顾此失彼而造成事故。但是,每一种危险品在其存在多重危险性的同时,必有一种是主要危险性,也就是对人类危害最大的危险性。所以,根据其主要危险性进行科学的分类并进行编号,有利于科学而严密的管理和采取必要的安全措施。

1. 危险化学品的分类

我国 GB 13690—2009《常用危险化学品分类及标志》按其健康、环境和物理危险对物质和混合物进行分类,其中,物理危险 16 类,健康危险 10 类,环境危险 2 类。具体危险化学品详见 2002 年公布的《危险化学品名录》。

(1)理化危险:爆炸物;易燃气体;易燃气溶胶;氧化性气体;压力下气体;易燃液体;易燃固体;自反应物质或混合物;自燃固体;自燃液体;自热物质或混合物;遇水放出易燃气体的物质或混合物;氧化性液体;氧化性固体;有机过氧化物;金属腐蚀剂。

(2)健康危险:急性毒性;皮肤腐蚀/刺激;严重眼损伤/眼刺激;呼吸或皮肤过敏;生殖细胞致突变性;致癌性;生殖毒性;特异性靶器官系统毒性—— 一次接触;特异性靶器官系统毒性—— 反复接触;吸入危险。

(3)环境危险:危害水生环境;慢性水生毒性。

2. 危险化学品的编号

(1)编号的组成

危险货物品名编号由五位阿拉伯数字组成,表明危险货物所属的类别、项号和顺序号。

(2)编号的表示方法

ABCCC

其中,A 表示该危险货物的类别,B 表示该危险货物的项别,C 表示该危险货物品名的顺序号。

(3)编号的使用

每一危险物品指定一个编号,但对其性质基本相同,运输条件和灭火、急救方法相同的危险物品,也可使用统一编号。

(4)举例

品名×××,属第 4 类,第 3 项,顺序号 100,该品名的编号为 43100。改变号表明该危险货物属第 4 类第 3 项遇湿易燃物品。

二、危险化学品安全管理要求

生产、经营、储存、运输、使用危险化学品和处置废弃危险化学品的单位,其主要负责人必须保证本单位危险化学品的安全管理符合有关法律、法规、规章的规定和国家标准的要求,并对本单位危险化学品安全负责。危险化学品单位从事生产、经营、储存、运输、使用危险化学品活动的人员,必须接受有关法律、法规、规章和安全知识、专业技术、职业卫生防护和应急救援知识的培训,并经考核合格,方可上岗作业。

1. 危险化学品的生产和储存审批

国家对危险化学品的生产和储存实行审批制度,危险化学品生产、储存企业应向省、自治区、直辖市和社区的市级人民政府负责危险化学品安全监督综合管理工作的部门提出申请,并提交有关文件,有关部门应当组织专家进行审查,提出审查意见后,报本级人民政府作出批准或者不予批准的决定。予以批准的,有相关部门颁布批准书,申请人凭批准书向工商行政管理部门办理登记注册手续,方可从事危险化学品生产和储存工作。

2. 危险化学品登记注册

申请单位凭批准书向工商行政管理部门办理登记注册手续。生产危险化学品的单位按照《危险化学品登记注册制度》登记注册,在领取《危险化学品登记注册证书》后,方可从事危险化学品的生产经营活动。

危险化学品登记注册的主要内容包括:产品标志、理化特性、燃爆特性、消防措施、稳定性、反应活性、健康危害、急救措施、操作处置、防护措施、泄漏应急处理等以及企业基本情况。

3. 危险化学品经营销售许可

经营危险化学品的企业应向省、自治区、直辖市和设区的市级人民政府负责危险化学品安全监督管理综合工作的部门提出申请,并提交有关证明材料,经审查,符合条件的、由负责危险化学品安全监督管理综合工作的部门颁发经营许可证,申请人凭危险化学品经营许可向工商行政部门办理登记注册手续。

4. 危险化学品运输资质认定

危险化学品运输企业必须具备的条件由国务院交通部门规定,对于道路运输企业需要向交通运输管理机关提出申请,经审查合格,取得相关证件,方可运输。水路、铁路、航空运输危险化学品的,按照国务院交通部门、铁路、民航部门的有关规定执行。

5. 危险化学品包装物、容器专业生产企业的审查和定点管理

危险化学品的包装物、容器,必须由审查合格的专业生产企业定点生产,并经专业检验机构检验合格,方可使用。危险化学品的包装物和容器包括:压力容器、储罐(储槽)、储车、油罐车、钢瓶等。各类产品的设计、制造企业,都应按照相应的法规或者规定进行资格申报、审核批准,才能进行设计、生产。

三、爆炸性危险化学品

凡是受到高热、摩擦、撞击等外力作用或受其他物质激发,能在瞬间发生剧烈的化学反应,放出大量的气体和热量,同时伴有巨大的声响而爆炸的物质,称为爆炸性危险品。

1. 爆炸性危险品的危险特性

(1)化学反应速度极快。爆炸性物质的爆炸反应速度极快,可在万分之一秒或更短的时间内反应爆炸,如一千克呈集中药包形的硝铵炸药,完成爆炸反应的时间,只有十万分之三秒。

(2)反应过程中能放出大量的热。爆炸时的反应热一般可以放出数百到数千千卡的热量,温度可达数千摄氏度(℃)并产生高压,如此高温高压形成的冲击波,就能使周围的建筑、设备等受到极大的破坏。

(3)能产生大量的气体产物。在爆炸的瞬间,固体状态的爆炸物,迅速转变为气体状态,使原来体积成百倍地增加,1 kg 硝化甘油爆炸后所产生的气体有 716 升 [*]。

2. 保管和储存过程中应注意事项

(1)灵敏度。灵敏度的高低以引起炸药爆炸所需要的最小外界能量来表示,这能量称为起爆能。炸药的灵敏度越高,所需要的起爆能就越小。

(2)不稳定性。爆炸性物质除具有爆炸性和对撞击、摩擦、温度的敏感之外,还有遇酸分解、受光线照射分解与某些金属接触产生不稳定的盐类等特性。

(3)殉爆。爆炸性物质有一种特殊的性质,就是当一个炸药包爆炸时,能引起另一个位于一定距离处的炸药包也发生爆炸,这种现象即殉爆。故在保管时应保持一定的距离,以避免发生殉爆。

3. 常见爆炸性危险品

(1)苦味酸(危品编号:11057)。苦味酸在工业主要用于生产燃料红光硫化元、炸药、及农药氯化物,亦应用于医药行业等。

(2)梯恩梯(危品编号:11035)。在军事上广泛使用,多用于装填各种炮弹及各种爆破器材,也常与其他炸药混合制成多种混合炸药。在国民经济建设上多用于采矿、筑路、疏通河道等。

(3)雷汞(危品编号:11025)。主要用于制造雷管。

(4)硝化甘油(危品编号:11033)。很少单独用作炸药,都是在其中加入吸收剂,使之成为固态或胶质的混合炸药。

(5)硝铵炸药(危品编号:11084)。通常又把含有梯恩梯的炸药叫铵梯炸药;含有沥青、石蜡等的硝铵炸药叫铵沥蜡炸药;含有轻柴油的硝铵炸药叫铵油炸药。

四、压缩气体和液化气体

1. 压缩气体和液化气体的危险特性

压缩气体和液化气体是指压缩、液化或加压溶解的气体。具有以下危险特性:

(1)扩散性。气态物质没有固定的形状和体积,能自发地充满任何容器。由于气体的分子间距离大,相互作用力小,所以非常容易扩散。

(2)压缩性和膨胀性。温度不变时,对一定量的气体施加压力,压力越大,气体体积就会变得越小。气体是可以被压缩的,甚至可以由气态压缩成液态。气体通常都以压缩或液化状态储存在钢瓶中。

(3)带电性。氢气、天然气、液化石油气等压缩气体或液化气体从管口或破损处高速喷出时就会产生静电。根据可燃气体的带电性,可采取设备接地、控制流速等相应的防范措施。

(4)腐蚀性。一些含氢、硫元素的气体具有腐蚀性。如氢在高压下能渗透到碳素中去,使金属容器发生"氢脆"变疏。

(5)毒害性。在压缩气体和液化气体中,除氧气和压缩空气外,大部分都有一定的毒性。

---

[*] 1升＝10^3 厘米^3

其中毒性最大的是氰化氢。

(6)窒息性。除氧气和压缩空气外,其他压缩气体和液化气体都具有窒息性。

(7)氧化性。

2. 常见压缩气体和液化气体

(1)氢气(危品编号:压缩的 21001;液化的 21002)。氢气能够燃烧,是一种非常易燃的气体,爆炸极限 4%~75%。氢气着火可使用干粉、雾状水扑救。

(2)乙炔(危品编号:21024)。乙炔又名电石。常用于焊接切割等。乙炔着火可用雾状水、干粉、二氧化碳等灭火剂扑救。

(3)一甲胺(无水)(危品编号:21043)。一甲胺的又名甲胺、氨基甲烷。用于制促进剂、杀虫剂、表面活性剂、染料、溶剂显影剂、药品、中间体等。一甲胺着火可用雾状水、二氧化碳、干粉等灭火剂扑救。

(4)二硼烷(危品编号:21049)。用作高能燃料。着火可以用干粉、二氧化碳等灭火剂扑救,应特别注意防毒,切忌用水及泡沫灭火。

(5)压缩空气(危品编号:22003)。压缩空气又名高压空气。压缩空气由空气经压缩制得,在部分场合代替氧气使用。由于压缩空气具有很强烈的氧化性,所以当与油脂、可燃气体接触有引起着火爆炸的危险。

(6)一氧化二氮(危品编号:压缩的 22017;液化的 22018)。一氧化二氮又名氧化亚氮、笑气。在工业上用作医用麻醉剂、防腐剂,以及用于气密性检查。

(7)液氯(危品编号:23002)。液氯学名氯、氯气。在纺织和造纸工业,常用作漂白剂,水的消毒剂,是制造一氯化苯、六六六、漂白粉的原料;军工生产中用于制造军用毒气、军用烟雾弹等;石油化工生产中用于精炼石油、制造氯丁橡胶、合成洗涤剂等。

五、易燃液体危险品

1. 易燃液体的危险特性

易燃液体是指易燃的液体、液体混合物或含有固体物质的液体。危险特性是:

(1)易燃易爆性。易燃液体大多都是蒸发热(或汽化热)较小的液体,沸点很低,极易挥发出易燃蒸气。而液体的燃烧实质上是其挥发出的蒸气与空气中的氧进行的剧烈反应;易燃液体挥发出的易燃蒸气与空气混合,达到爆炸极限范围内,遇明火就会爆炸。易燃液体的挥发性越强,爆炸危险性越大。

(2)膨胀性。易燃液体受热后,本身体积要膨胀,同时其蒸气压力也随之增加,若贮存于密闭容器中,如果其膨胀压力超过容器本身所能承受的极限压力,就会造成容器的膨胀爆裂。夏季盛装易燃液体的铁桶,如果在阳光下曝晒受热,常常会出现鼓桶或爆裂的现象,就是因为受热膨胀的缘故。

(3)流动性和带电性。流动性是一切液体的通性,易燃液体大部分黏度较小,很易流动,一旦着火,很容易造成火势蔓延。大部分易燃液体在管道、贮罐、槽车、油船的灌注、输送、喷溅和流动过程中,经常由于摩擦接触而产生静电。当静电荷积聚到一定程度时,就会放电而产生火花,有引起燃烧和爆炸的危险。

(4)毒害性。易燃液体大部分都有毒害性,有的还有麻醉性、刺激性和腐蚀性。所以,在注重其易燃易爆性的同时,也要注意灼伤和中毒。

2. 常见易燃液体

(1)环己烷(危品编号：31004)。环己烷又名六氢化苯。主要用作硝化法制取己内酰胺的原料及有机溶剂、塑料溶剂、油漆清除剂、己二酸萃取剂、黏结剂等。着火可用干粉、泡沫等灭火剂和砂扑救。

(2)纯苯(危品编号：32050)。纯苯学名苯。苯是重要的基本有机化工原料，广泛用作合成树脂和塑料、合成纤维、洗涤剂染料、农药、橡胶、炸药等的原料，也广泛用作溶剂。在炼油工业中用作提高辛烷值的汽油掺加剂。本品着火时可用泡沫、干粉等灭火剂及砂土扑救。

(3)酒精(危品编号：32061)。酒精化学名称乙醇。酒精分为工业酒精、动力酒精、药用酒精、饮料酒精等几种。这些酒精在本质上均为乙醇，仅在规格方面对于杂质的含量不同而已。酒精着火可采用干粉、二氧化碳、抗溶性泡沫等灭火剂或砂土扑救。

(4)丙酮(危品编号：31025)。丙酮又名木酮、二甲酮。在医药、农药方面，除为维生素丙的原料外，用于各种维生素与激素的萃取剂，又用于涂料、石油炼制中的脱蜡溶剂，还用于制造其他合成原料。丙酮着火时可采用泡沫、二氧化碳、干粉等灭火剂或砂土扑救。

(5)乙醚(危品编号：31026)。乙醚又名二乙醚、麻醉醚。乙醚在有机合成中主要用作溶剂。如从水内提取有机物，在生产无烟火药、胶棉和照相软片时，与乙醇混合用于溶解硝酸纤维素，无水乙醚又是医药上重要的麻醉剂和化学试剂。乙醚着火时，可用干粉、二氧化碳、抗溶性泡沫等灭火剂或砂土扑救。

(6)乙酸戊酯(危品编号：33596)。乙酸戊酯又名香蕉油。乙酸戊酯用作果子香精，亦用作无烟火药，喷漆、清漆，氯丁橡胶等的溶剂。乙酸戊酯着火时，可用干粉、二氧化碳、泡沫等灭火剂和砂土扑救。

(7)二硫化碳(危品编号：31050)。二硫化碳常用于制造粘胶纤维、农药品杀虫剂、四氯化碳，也用作蜡、油脂、树脂、硫、橡胶等的溶剂，衣物的去渍剂和羊毛的去脂剂等。本品着火时可用雾状水、泡沫、二氧化碳、干粉灭火剂扑救，注意不可用四氯化碳，灭火时需要佩戴防毒面具。

(8)吡啶(危品编号：32104)。吡啶又名氮(杂)苯。吡啶在医药工业用于制造青霉素、维生素、磺胺类药品，还可用于制造杀虫剂、变性酒精、有机溶剂及制造燃料等。吡啶着火可用泡沫、二氧化碳、干粉等灭火剂扑救。

(9)松节油(危品编号：33638)。松节油通常是一种优良的溶剂使用。在化学工业中它是生产合成樟脑、松节醇的主要原料；在涂料工业中作为涂料的稀释剂；在制造皮鞋油中松节油与汽油混合作溶剂，能起光亮及防粘作用。本品着火可用干粉、泡沫、二氧化碳等灭火剂扑救。

(10)汽油(危险品编号：31001)。汽油主要用作汽油机的燃料，用于印刷、制鞋等行业，亦用作机械零件去污剂。汽油着火时采用泡沫、干粉、沙土、CO_2、1211等灭火剂，用水灭火无效。

六、易燃固体危险品

易燃固体是指燃点低，遇明火、热源、受摩擦、撞击或与氧化剂接触，能引起急剧燃烧的固体物质，但不包括已列入爆炸品的物品。

1. 易燃固体的危险特性

(1)燃点低、易自燃或点燃。易燃固体的着火点都比较低，一般都在300℃以下，在常温下只要有能量很小的着火源就能引起燃烧。易燃固体在储存、运输、装卸过程中，应当注意轻拿轻放，避免摩擦撞击等外力作用。

(2)遇酸、氧化剂易燃易爆。绝大多数易燃固体遇无机酸、氧化剂等能够立即引起着火或爆炸。易燃固体绝对不允许和氧化剂、酸类混储混运。

(3)自身有毒或燃烧产物有毒。很多易燃固体本身就是具有毒害性或燃烧后能产生有毒气体的物质。

(4)有遇湿易燃性。不仅受热或遇明火时易燃,而且还具有遇湿易燃性。

2.常见易燃固体

(1)赤磷(危品编号:41001)。赤磷学名红磷。赤磷主要用于制造火柴、农药、五氧化二磷、硫化磷,也供有机合成用;冶金工业用作制磷铜片。赤磷着火可用水扑灭,随后再覆盖黄沙或土。注意灭火时应戴防毒面具。

(2)五硫化二磷(危品编号:41002)。五硫化二磷又名五硫化磷。五硫化二磷主要用于制造润滑油添加剂的中间体,并可用来制造杀虫剂和浮选剂。可用二氧化碳、泡沫、干粉等不含水的灭火剂及黄沙扑救。

(3)硝化棉(危品编号:41031)。硝化棉学名硝酸纤维素、纤维素硝酸酯。硝化棉着火可用水、泡沫灭火剂扑救,严禁用砂土等物压盖,以防发生爆炸。

(4)发孔剂 H(危品编号:41021)。发孔剂 H 主要用作橡胶、合成橡胶、塑料的发泡剂,制造海绵型产品。本品着火可用水、干粉等灭火剂及砂土扑救,禁用具有酸碱性的灭火剂。

(5)二硝基萘(危品编号:41016)。二硝基萘别名硝化樟脑。本品主要用于燃料和有机合成中间体;与氯酸盐、过氯酸盐或苦味酸混合,制造炸药等。本品着火可用水、泡沫、二氧化碳、灭火剂及砂土扑救。

(6)硫黄(危品编号:41501)。硫黄学名硫。硫在化学工业中是含硫化合物的基本原料,在工业上大量用于制造二氧化硫和硫酸;橡胶工业用作硫化剂;染料工业用于生产硫化染料,火柴工业用于配制火柴头,医药工业中用于生产油膏。硫黄是黑火药的主要成分之一,在农药、造纸工业都有重要作用。本品着火可用雾状水扑救,或用沙土覆埋。

(7)精萘(包括粗萘)(危品编号:41511)。精萘学名萘,别名骈萘、洋樟脑、煤焦油脑。本品主要用于制造染料中间体、邻苯、甲萘酚、乙萘酚、二甲酸酐、冰染染料中的色酚,及生产各种酸性和直接性偶氮染料的偶合组成等,以及塑料的增塑剂,医药上的消毒剂。国防工业上可制造炸药,也用作树脂、溶剂等原料。民用可压成萘丸等。可用水、泡沫、二氧化碳等灭火剂及砂土扑救。

(8)樟脑(危品编号:41536)。樟脑在医药上用作强化剂、清凉剂、防腐剂,农药上用作驱虫剂、杀虫剂,还用作赛璐珞、增塑剂、炸药的安定剂、涂料、香料和电影胶片的原料等。本品着火时可用雾状水、泡沫、二氧化碳等灭火剂及沙土扑救。

(9)赛璐珞(危品编号:41547)。赛璐珞别名硝酸纤维塑料。赛璐珞经常用于制造钢笔杆、手风琴配件、玩具、文教用品、乒乓球、眼镜架以及伞柄外壳。赛璐珞着火可用水、二氧化碳、干粉等相应的灭火剂扑救。

七、氧化剂及有机过氧化物

氧化剂是指处于高氧化态,具有强氧化性、易分解并放出氧和热量的物质。其中包括含有过氧基的无机物,其本身不一定可燃,但能导致可燃物的燃烧,与松软的粉末状可燃物组成爆炸性混合物,对热、震动或摩擦较敏感。

有机过氧化物是分子中含有过氧基的有机物,其本身易燃易爆,极易分解,对热、震动或摩擦极为敏感。

1. 氧化剂的危险特性

(1)极强的氧化性。氧化剂一般为碱金属、碱土金属的盐或过氧基所组成的化合物。其特点是氧化价态高,易分解,且有极强的氧化性;氧化剂本身不燃烧,但与可燃物作用能发生着火和爆炸。

(2)受热被撞易分解。当受热、被撞或摩擦时极易分解出原子态的氧,若接触易燃物、有机物、特别是与木炭粉、硫黄粉、淀粉等粉末状可燃物混合时,更易引起着火和爆炸。

(3)可燃性。与可燃性物质结合可引起着火或爆炸,着火时无需外界的可燃物质参与即可燃烧。

(4)可燃液体作用下的自燃性。部分氧化剂与可燃液体接触能引起自燃。

(5)与酸作用下的分解性。氧化剂遇酸后,大多数都能发生剧烈反应,甚至引起爆炸。

(6)与水作用下的分解性。遇水或吸收空气中的水蒸气和二氧化碳时能分解放出原子氧,致使可燃物质燃爆。

(7)强氧化剂与弱氧化剂作用下的分解性。强氧化剂与弱氧化剂相互之间接触也能发生复分解反应,反应时放出的热,可能产生高热而引起着火或爆炸。

(8)腐蚀性与毒害性。绝大多数氧化剂都能灼伤皮肤,毒害人体。

2. 有机过氧化物的危险特性

(1)分解爆炸性。有机过氧化物对温度和外力作用是十分敏感的,其危险性比其他氧化剂更大。

(2)易燃性。有机过氧化物不仅极易分解爆炸,而且还特别易燃。

(3)人身伤害性。有机过氧化物的人身伤害性主要表现为:易伤害眼睛。

3. 常见氧化剂和有机过氧化物

(1)过氧化氢溶液(20%~60%)(危品编号:51001)。过氧化氢又名双氧水,过氧化氢用于漂白皮毛、猪鬃、脂肪、草帽、兽骨、象牙等,也用于医药等。

(2)过氧化钠(危品编号:51001)。在造纸、印染、油脂等工业用作漂白剂或氧化剂。

(3)氯酸钠(危品编号:51030)。氯酸钠又名白药钠、氯酸碱。在印染工业中用作氧化剂、媒染剂、农药除草剂等。

(4)高锰酸钾(危品编号:51048)。高锰酸钾又名过锰酸钾、灰锰氧。主要用于水的消毒剂、织物漂白剂、杀菌剂、油脂脱臭剂,以及制造安息香酸、糖精等。制药工业用于合霉素、消炎痛、医药上用作消毒剂。

(5)漂粉精(危品编号:51043)。漂粉精学名三次氯酸钙合二氢氧化钙(次亚氯酸钙)。主要用于造纸工业的纸浆漂白、棉织物漂白、医药行业的消毒、杀菌等方面。

(6)硝酸铵(危品编号:51061)。硝酸铵又名硝铵。主要用于制造无烟火药;在农业上用作肥料,有速效性肥料之称;化学工业用于制造笑气;医药工业制造维生素 B;轻工业制造无碱玻璃。

(7)硝酸钾(危品编号:51056)。硝酸钾又名硝石、土硝、火硝。是制作黑火药的原料,还用于焰火工业、玻璃工业。在仪器工业中用于防腐,机械工业用于金属淬火。

(8)漂白粉(危品编号:51509)漂白粉别名次氯酸钙、氯化石灰、漂粉。多用作消毒剂、杀菌剂和漂白剂等。

(9)过氧化二苯甲酰(危品编号:52045)。过氧化二苯甲酰又名过氧化苯甲酰。主要用作聚合反应的引发和二甲基硅橡胶、凯尔 F 橡胶的硫化剂,并用于油脂的精制、面粉的漂白、纤维的脱色等。

(10)铬酸酐(危品编号:51519)。铬酸酐又名三氧化铬。

(11)过乙酸(危品编号:5205)。过乙酸又名过醋酸、过氧化乙酸、乙酰过氧化氢。

(12)过氧化环己酮(危品编号:52034)。

八、腐蚀性危险化学品

腐蚀性危险化学品与其他物质接触时,会使其他物质发生化学变化或电化学变化而受到损耗或破坏。

1. 腐蚀性危险化学品危险特性

(1)腐蚀性危险化学品接触人的皮肤、眼睛或肺部、食道等,会引起表皮细剖组织发生破坏作用而造成灼伤,而且被腐蚀性物品灼伤的伤口不易愈合。内部器官被灼伤时,严重的会引起炎症,如肺炎,甚至会造成死亡。

(2)腐蚀性危险化学品能夺取木材、衣物、皮革、纸张及其他一些有机物质中的水分,甚至使之碳化。

(3)腐蚀性危险化学品对材料、设备等都有严重的破坏作用。在化学工业中,所用原材料及生产过程中的中间产品、副产品、产品等大部分具有腐蚀性。

(4)火灾危险性。大约83%的腐蚀性化学品具有火灾危险性,有的还是易燃的液体和固体,其火灾危险性主要表现在具有氧化性、易燃或遇湿分解易燃性。

2. 常见腐蚀性危险化学品

(1)硝酸(危品编号:81001)。主要作为硝化试剂用于有机化合物的硝化等。硝酸不燃,当与其他物品着火时可用雾状水、干粉、沙土、二氧化碳等相应的灭火剂扑救。

(2)溴(危品编名81021)又名溴素。主要用于制造溴盐类、医药镇静剂、照相底片等。溴本身不燃,当与其他物品着火时可用干沙、二氧化碳、干粉等相应的灭火剂扑救。

(3)甲酸(危品编号81101)。甲酸又名蚁酸。主要用于制化学药品、橡胶凝固剂及印染、电镀等。甲酸着火可用干雾状水、沙土、二氧化碳、干粉等相应的灭火剂扑救。

(4)溴乙酰(危品编号81110)。溴乙酰又名乙酰溴。主要用于有机合成、染料制备。溴乙酰着火可用干砂、二氧化碳、干粉等相应的灭火剂扑救,禁用水。

(5)次磷酸(危品编号81540)。次磷酸又名卑磷酸。主要用作还原剂和用于制药工业等。次磷酸不燃,当与其他物品着火时,可用雾状水、干粉、沙土、二氧化碳等相应的灭火剂扑救。

(6)乙酸(危品编号:81601)。乙酸又名醋酸、冰醋酸。可用于制造醋酸盐、醋酸纤维素、医药、颜料、酯类、塑料、香料等。乙酸着火可用水、泡沫、二氧化碳、干粉等相应的灭火剂扑救。

(7)甲醛(危品编号83012)。甲醛又名福美林,福尔马林。用于制造胶木粉、电玉粉、塑料树脂、杀菌剂、防腐剂、消毒剂等。着火可用水、泡沫、二氧化碳、干粉等相应的灭火剂扑救。

第四节 防火防爆安全技术管理

一、燃烧和爆炸的概念

1. 燃烧三要素

燃烧是可燃物与助燃物发生的一种发光发热的氧化反应。可燃物要进行燃烧,必须有助燃物的参与,并有点火源提供能量。可燃物、助燃物和点火源是可燃物质燃烧的三个基本要素。这三个要素必须同时具备,并且相互作用,才能发生燃烧。缺少三个要素中的任何一个,燃烧便不会发生。

燃烧的这三个要素是燃烧发生的必要条件,而不是充分必要条件。三个要素同时存在也不一定能发生燃烧,如果助燃物质的数量不足、火源提供的温度或热量不足,就不会发生燃烧。

(1)可燃物。一般来说,凡是能与助燃物发生氧化反应而燃烧的物质,就称为可燃物。

根据物理状态可分为气体可燃物、液体可燃物和固体可燃物,按其组成分为无机可燃物和有机可燃物。可燃物中有机可燃物占比例更大。无机可燃物有如钠、铝、碳、磷、一氧化碳、二硫化碳等,有机可燃物种类很多,大部分含有碳、氢、氧元素,也有的含有磷、硫等元素。同一物质在不同的状态下,其燃烧性能是不同的。

(2)助燃物。凡能与可燃物发生氧化反应并引起燃烧的物质称为助燃物。

氧气是一种常见的助燃物,而同一种物质对有些可燃物来说是助燃物,而对有的助燃物则不是,如钠可以在氯气中燃烧,则氯气就是钠的助燃物。除氧气外,其他常见的助燃物有氟、氯、溴、碘、硝酸盐、氯酸盐、重铬酸盐、高锰酸盐及过氧化物等。

(3)点火源。点火源是指供给可燃物与助燃物发生燃烧反应的能量来源。热能、化学能、电能、机械能都能够提供能量。

2. 几个常用的参数和概念

闪点:在规定条件下,物体被加热到释放出的气体瞬间着火燃烧的最低温度。

燃点:在规定的条件下,用标准火焰使物体引燃并继续燃烧一段时间所需的最低温度。

自燃点:在规定条件下,不用任何辅助引燃能源而达到引燃的最低温度。

闪燃:可燃物表面或上方在很短时间内重复出现火焰一闪即灭的现象。

阴燃:没有火焰和可见光的燃烧。

爆燃:伴随爆炸的燃烧。

自燃:由于自加热引起的自发引燃。自加热可以是内部发热反应引起的温度升高,也可以是由于通电发热而产生的温度升高。

3. 火灾

火灾是火在时间上或空间上失去控制而形成灾害的燃烧现象。

(1)火灾等级的划分。按照一次火灾事故所造成的人员伤亡、受灾户数和直接财产损失,火灾等级划分为三类:

特大火灾:死亡十人以上(含本数,下同);重伤二十人以上;死亡、重伤二十人以上;受灾五十户以上;直接财产损失一百万元以上。

重大火灾:死亡三人以上;重伤十人以上;死亡、重伤十人以上;受灾三十户以上;直接财产损失三十万元以上。

一般火灾:不具有前列两项情形的火灾,为一般火灾。

(2)火灾中的热传播

火灾的发展既是一个燃烧蔓延的过程,也是一个能量传播的过程。热传播是影响火灾发展的决定性因素。热传播的方式有三种:热传导、热对流、热辐射。

热传导:由于温度梯度的存在,引起了介质内部之间的能量传递,即所谓的热传导过程。热传导是主要与固体相关的一种传热现象,液体中也有发生。影响热传导的主要因素是:温差、导热系数和导热物体的厚度和截面积。导热系数越大、厚度越小、传导的热量越多。

热对流：热对流指燃烧处的气体或液体受热膨胀上升，上升受到阻挡时，热的气体或液体会流向四周，将热量带到了四周；而由于燃烧处的气体或液体上升了，这附近的气体或液体变的稀薄，在压力的作用下，周围的气体或液体会流向燃烧处，这样就形成了一个对流系统。这个对流系统建立后，会持续不断地将热量传播到四周。

热辐射：热辐射是物体因其自身温度而发射出的一种电磁辐射，它以光速传播。当火灾处于发展阶段时，热辐射成为热传播的主要形式。

4. 火灾的产物

（1）火焰。可以烧毁财物，烧伤皮肤，严重的烧伤不仅损伤皮肤，还可深达肌肉、骨骼。人体被烧伤后，由于多种免疫功能低下，最容易引发严重感染。当人体被大面积烧伤时，由皮肤和黏膜共同构成的机体的第一道防线遭到破坏，皮肤的屏障作用丧失，一些病原体更会乘虚而入，并且免疫功能也会明显下降或减低或损伤，导致严重感染。

（2）热量。随着火灾的发展，所产生的热量也会不断增加，那么火灾环境中的温度必然会不断地升高，如果温度在逃生人员未逃离火灾现场之前就达到或超过了逃生人员所能承受的极限温度时，就会威胁人的生命。温度如果超过建筑构件所承受的温度时，会毁掉建筑结构。

（3）烟气。火灾过程燃烧产生的烟气包括完全燃烧产物和不完全燃烧产物，会造成人员烟气窒息。不少新型合成材料在燃烧后会产生毒性很大的烟气，有的甚至含有剧毒成分，近几年烟气中毒成为火灾致死的主要原因，超过烟气窒息。

（4）缺氧。燃烧消耗氧气的能力要远远大于人的呼吸能力，如果是在通风不通畅的情况下，随着燃烧的进行，燃烧产物不断增加，氧气浓度会不断减少。如果氧气的浓度低于逃生人员所需要的极限浓度时，必须会使人员的呼吸困难，甚至发生窒息，从而威胁生命。

5. 爆炸

爆炸是物质发生急剧的物理、化学变化，在瞬间释放出大量能量并伴有巨大声响的过程，爆炸可以是一个物理过程，也可以是一个化学反应过程。爆炸现象的一个最主要的特征是爆炸过程中压力急剧升高。

（1）爆炸的分类。按爆炸速度分类，可分为轻爆、爆炸和爆轰。按照能量的来源，爆炸可以分为三类，即物理爆炸、化学爆炸和核爆炸。

物理爆炸：物理爆炸是由系统释放物理能引起的爆炸，如压力容器的破裂形成爆炸。物理爆炸是机械能或电能的释放和转化过程，参与爆炸的物质只是发生物理状态或压力的变化，其性质和化学成分不发生改变。

化学爆炸。化学爆炸是由于物质的化学变化引起的爆炸，如气体混合物的爆炸、炸药爆炸等。化学爆炸时，参与爆炸的物质在瞬间发生分解或化合，变成新的爆炸产物。

核爆炸。核爆炸是核裂变、核聚变反应所释放出的巨大核能引起的爆炸。核爆炸反应释放的能量比炸药爆炸时放出的化学能大得多，同时产生极强的冲击波，化学爆炸和核爆炸反应都是在微秒量级的时间内完成的。

（2）爆炸极限。可燃气体、蒸气或粉尘与空气的混合物，并不是在任何浓度下遇火源都可以发生爆炸，而必须在一定的浓度范围内才能遇火源发生爆炸。这个浓度范围称为爆炸极限。

爆炸极限包括爆炸上限和爆炸下限。爆炸上限是指可燃气体、蒸气或粉尘与空气组成的混合物，能使火焰传播的最高浓度。爆炸下限是指可燃气体、蒸气或粉尘与空气组成的混合物，能使火焰传播的最低浓度。

6. 爆炸的危害

爆炸一般发生是时间比较短,所造成的破坏也在瞬间完成,因此往往是很难防范的。爆炸通常伴随发热、发光、压力上升、冲击波和电离等现象,具有很大的破坏作用。主要破坏形式有直接的破坏作用、冲击波的破坏作用、造成火灾等。

(1)直接的破坏作用。机械设备、装置、容器等爆炸后产生许多碎片,飞出后会在相当大的范围内造成危害。

(2)冲击波的破坏作用。爆炸产生的冲击波传播速度极快,在传播过程中,可以对周围环境中的机械设备和建筑物产生破坏作用和使人员伤亡。冲击波还可以在它的作用区域内产生震荡作用,使物体因震荡而松散,甚至破坏。

(3)造成火灾。爆炸发生后,爆炸气体产物的扩散只发生在极其短促的瞬间,对一般可燃物来说,不足以造成起火燃烧,但是爆炸时产生的高温高压和喷溅出的火苗,也可能把其他易燃物点燃引起火灾。

7. 火灾与爆炸的相互转换

(1)火灾向爆炸的转化。当发生火灾时有可燃物和助燃物发生混合的现象,或火灾的高温将压力容器加热,使得其中的压力升高,会引起爆炸。

(2)爆炸向火灾的转换。爆炸时产生的高温,会把附近的可燃气体、易燃或可燃液体的蒸气点燃,也可能把其他易燃物点燃引起火灾;爆炸抛出的易燃物或灼热的碎片也可能将附近的可燃物点燃,使爆炸引发火灾。

二、防火防爆的原理与基本技术措施

1. 防火防爆的原理

(1)防火原理。引发火灾也就是燃烧的条件,即:可燃物、氧化剂和点火源三者同时存在,并且相互作用。因此只要采取措施避免或消除燃烧三要素中的任何一个要素,就可以避免发生火灾事故。

(2)防爆原理:引发爆炸的条件是爆炸品(内含还原剂和氧化剂)或可燃物(可燃气、蒸气或粉尘)与空气混合物和起爆能量同时存在、相互作用。因此只要采取措施避免爆炸品或爆炸混合物与起爆能量中的任何一方,就不会发生爆炸。

2. 防止产生燃烧基本技术措施

(1)消除着火源。可燃物(作为能源和原材料)以及氧化剂(空气)广泛存在于生产和生活中,因此,消除着火源是防火措施中最基本的措施。消除着火源的措施很多,如安装防爆灯具、禁止烟火、接地避雷、静电防护、隔离和控温、电气设备的安装应由电工安装维护保养、避免插座过负荷等。

(2)控制可燃物。消除燃烧三个基本条件中的任何一条,如消除火源,均能防止火灾的发生。如果采取消除燃烧条件中的两个条件,则更具安全可靠性。控制可燃物的措施主要有:

以难燃或不燃材料代替可燃材料,如用水泥代替木材建筑房屋。降低可燃物质(可燃气体、蒸气和粉尘)在空气中的浓度,如在车间或库房采取全面通风或局部排风,使可燃物不易积聚,从而不会超过最高允许浓度。

防止可燃物的跑、冒、滴、漏,对那些相互作用能产生可燃气体的物品,加以隔离、分开存放等。保持工作场地整洁,避免积聚杂物、垃圾。

易燃物的存放量和地点须符合法规和标准,并要远离火源。

(3)隔绝空气。在必要时可以使生产置于真空条件下进行,或在设备容器中充装惰性介质保护。如在检修焊补(动火)燃料容器前,用惰性介质置换;隔绝空气储存,如钠存于煤油中,磷存于水中,二硫化碳用水封存放等。

(4)防止形成新的燃烧条件。设置阻火装置,如在乙炔发生器上设置水封回火防止器,一旦发生回火,可阻止火焰进入乙炔罐内,或阻止火焰在管道里的蔓延。在车间或仓库里筑防火墙或防火门,或建筑物之间留防火间距,一旦发生火灾,不便形成新的燃烧条件,从而防止火灾范围扩大。

3. 防止爆炸基本技术措施

(1)以爆炸危险性小的物质代替危险性大的物质。如果所用的材料都是难燃烧或不燃烧物质;如果所用的材料都是不容易爆炸的,则爆炸危险性也会大大减少。

(2)加强通风排气。对于可能产生爆炸混合物的场所,良好的通风可以降低可燃气体(蒸气)或粉尘的浓度;对于易燃易爆固体,储存或加工场所应配置良好的通风设施,使起爆能量不易积累;对于易燃易爆液体,除降低其蒸气和空气的混合物的浓度外,也可使起爆能量不易积累。

(3)隔离存放。对能相互作用能发生燃烧或爆炸的物品应分开存放、隔离等措施,相互之间离开一定的安全距离,或采用特定的隔离材料将它们隔离开来。

(4)采用密闭措施。对易燃易爆物质进行密闭存放可以防止这些物质与氧气的接触,并且还可以起到防止泄漏的作用。

(5)充装惰性介质保护。对闪点较低或一旦燃烧或爆炸会出现严重后果的物质在生产或维修中应采取充装惰性介质的措施来保护,惰性介质可以起到冲淡混合浓度、隔绝空气的作用。

(6)隔绝空气。对于接触到空气就发生燃烧或爆炸的物质,则必须采取措施,使之隔绝空气,可以放进与其不会发生反应的物质中,如储存于水、油等物质之中。

(7)安装监测报警装置。在易燃易爆的场所安装相应的监测装置,一旦出现异常就立即通过报警器报警或将信息传递到监测人员的监控器上,以便操作人员及时采取防范措施。

三、灭火

1. 主要灭火方法

所有灭火的措施都是为了破坏燃烧的条件,根据灭火的这一原理,主要灭火方法分成以下四类。

(1)隔离灭火法。把可燃物与点火源或助燃物隔离开来,燃烧反应就会自动中止。

例如当火灾发生时,关闭有关阀门,切断流向着火区的可燃气体和液体的通道;拆除与火源相连的易燃建筑物,造成阻止火焰蔓延的空间地带。

(2)窒息灭火法。大多可燃物的燃烧都必须在其最低氧气浓度以上进行,否则燃烧不能持续进行。因此,通过降低燃烧物周围的氧气浓度可以起到灭火的作用。

例如用石棉布、湿棉被、湿帆布等不燃或难燃材料覆盖燃烧物;用水蒸气或惰性气体灌注容器设备;封闭起火的建筑、设备的孔洞等。

(3)冷却灭火法。对一般可燃物来说,能够持续燃烧的条件之一就是它们在火焰或热的作用下达到了各自的着火温度。因此,对一般可燃物火灾,将可燃物冷却到其燃点或闪点以下,燃烧反应就会中止。

用水冷却灭火是常用的灭火方法。固体二氧化碳灭火效果很好,二氧化碳灭火剂喷出－18℃的雪花状固体二氧化碳,在汽化时吸收大量的热,从而降低燃烧区的温度,使燃烧停止。

(4)抑制灭火法。使用灭火剂与链式反应的中间体自由基反应,从而使燃烧的链式反应中断,致使燃烧不能持续进行。常用的干粉灭火剂、卤代烷灭火剂的主要灭火机理就是化学抑制作用。

2. 常用灭火剂

能够有效地在破坏燃烧条件,达到抑制燃烧或中止燃烧的物质,称为灭火剂。常用的灭火剂有五大类十多个品种。不同的火灾,燃烧物质的性质都不同,需要的灭火剂肯定也不同。因此需要正确选择灭火剂的种类,这样才能发挥灭火剂的效能,更好地灭火,否则适得其反,造成更大的损失。常见的灭火剂有以下几种。

(1)水灭火剂。水主要依靠冷却和窒息作用进行灭火。

但是下列火灾不能用水来扑救:密度小于水或不溶于水的易燃液体的火灾,如汽油、煤油、柴油、苯等;遇水燃烧物的火灾,如金属钾、钠、铝粉、电石等,使用砂土灭火效果较好;电气火灾未切断电源前不能用水扑救,容易造成触电;精密仪器设备和贵重文件档案淋湿后会造成损坏;灼热的金属和其他物体一旦遇水会爆炸;强酸可能会使酸飞溅伤人。

(2)干粉灭火剂。干粉灭火剂是一种干燥易于流动的粉末。干粉灭火剂主要是化学抑制和窒息作用灭火。干粉灭火剂主要通过在加压气体的作用下喷出的粉雾与火焰接触、混合时发生的物理、化学作用灭火。干粉灭火剂的主要缺点是对于精密仪器易造成污染。

(3)泡沫灭火剂。泡沫灭火剂是通过与水混合、采用机械或化学反应的方法产生泡沫的灭火剂。泡沫灭火剂的灭火机理主要是冷却、窒息作用,即在着火的燃烧物表面上形成一个连续的泡沫层,通过泡沫本身和所析出的混合液对燃烧物表面进行冷却,以及通过泡沫层的覆盖作用使燃烧物与氧隔绝而灭火。

(4)二氧化碳灭火剂。二氧化碳比空气重,不燃烧也不助燃。二氧化碳灭火剂是一种气体灭火剂,它是以液态二氧化碳充装在灭火器内。固体二氧化碳(干冰)温度可达到－78.5℃。它喷到可燃物上面后,能使其温度下降,并隔绝空气和降低空气中含氧量,使火熄灭。二氧化碳灭火机理主要依靠窒息作用和部分冷却作用。

二氧化碳灭火剂适用范围:各种易燃液体火灾、电气设备、精密仪器、贵重生产设备、图书档案等火灾。

二氧化碳灭火剂不适用范围:金属及其氧化物的火灾;本身含氧的化学物质的火灾,如硝化棉、赛璐珞、火药等。

(5)卤代烷灭火剂。卤代烷是由以卤素原子取代烷烃分子中的部分氢原子或全部氢原子后得到的一类有机化合物的总称。具有灭火作用的低级卤代烷统称为卤代烷灭火剂。卤代烷灭火剂主要缺点是破坏臭氧层,已开始禁止使用。卤代烷灭火剂灭火机理是破坏和抑制燃烧的链式反应,即靠化学抑制作用灭火。另外,还有稀释氧和冷却作用。

卤代烷灭火剂的适用范围主要有:各种易燃液体、电气设备、精密仪器、贵重生产设备、图书档案等火灾。

卤代烷灭火剂不适用于扑灭活泼金属、金属氢氧化物和能在惰性介质中自身供氧燃烧的物质火灾。

3. 灭火器

(1)灭火器的类型和型号。按灭火器内所充装的灭火剂分为泡沫、干粉、卤代烷、二氧化碳、酸碱、清水等几类。按其移动方式分为手提式和推车式。按驱动灭火剂动力来源分为储气瓶式、储压式、化学反应式。

我国灭火器的型号是由类、组、特征代号及主要参数几部分组成。我们常见的灭火器有MP型、MPT型、MF型、MFT型、MFB型、MY型、MYT型、MT型、MTT型。其中第一个字母M表示灭火器;第二个字母F表示干粉,P表示泡沫,Y表示卤代烷,T表示二氧化碳;有第三个字母T的是表示推车式,B表示背负式,没有第三个字母的表示手提式。

(2)常用灭火器的使用

①泡沫灭火器

手提式化学泡沫灭火器使用方法:手提筒体上部的提环,迅速跑到火场。应注意在奔跑过程中不得使灭火器过分倾斜,更不可颠倒,以免两种药剂混合而提前喷出。当距离着火点10米左右,即将筒体颠倒,一只手紧握提环,另一只手扶住筒体的底圈,让射流对准燃烧物。在扑救可燃液体火灾时,如呈流淌状燃烧,则泡沫应由远向近喷射,使泡沫完全覆盖在燃烧液面上;如在容器内燃烧,应将泡沫射向容器内壁,使泡沫沿着内壁流淌,逐步覆盖着火液面。切忌直接对准液面喷射,以免由于射流的冲击,反而将燃烧的液体冲散或冲出容器,扩大燃烧范围。在扑救固体物质的初起火灾时,应将射流对准燃烧最猛烈处。灭火时,随着有效喷射距离的缩短,使用者应逐渐向燃烧区靠近,并始终将泡沫溅射在燃烧物上,直至扑灭使用时始终保持倒置状态,否则将会中断喷射,不可将筒底对自己的下巴或对其他人体,否则容易伤人。

②干粉灭火器

对于手提式灭火器,其使用方法是先拔去保险销,一只手握住喷嘴,另一手提起提环(或提把),按下压柄就可喷射。扑救地面油火时,要采取平射的姿势,左右摆动,由近及远,快速推进。如在使用前,先将筒体上下颠倒几次,使干粉松动,然后再开气喷粉,则效果更佳。

使用推车式灭火器时,将其后部向着火源(在室外应置于上风方向),先取下喷枪,展开出粉管(切记不可有拧折现象),再提起进气压杆,使二氧化碳进入贮罐,当表压升至0.7~1 MPa时,放下进气压杆停止进气。这时打开开关,喷出干粉,由近至远扑火。如扑救油类火灾时,不要使干粉气流直接冲击油渍,以免溅起油面使火势蔓延。

使用背负式灭火器时,应站在距火焰边缘5米~6米处,右手紧握干粉枪握把,左手扳动转换开关到"3"号位置(喷射顺序为3、2、1),打开保险机,将喷枪对准火源,扣扳机,干粉即可喷出。如喷完一瓶干粉未能将火扑灭,可将转换开关拨到2号或1号的位置,连续喷射,直到射完为止。

③二氧化碳灭火器

使用手轮式灭火器时,应手提提把,翘起喷嘴,打开启闭阀即可。使用鸭嘴式灭火器时,用右手拔出鸭嘴式开关的保险销,握住喷嘴根部,左手将上鸭嘴往下压,二氧化碳即可以从喷嘴喷出。

④卤代烷灭火器

1211灭火器(1211是二氟一氯一溴甲烷的代号,分子式为CF_2ClBr)使用最广的一种卤代烷灭火剂。使用时,首先拔掉安全销,然后握紧压把,通过压杆迫使密封阀开启,1211灭火剂在氮气作用下,通过虹吸管从喷嘴以雾状喷出,并立即气化。当拉开压把时,压杆在弹簧的作用下复位,阀门关闭,灭火剂停止喷出,因此可以间歇喷射。

灭火时要保持直立位置,不可水平或颠倒使用,喷嘴应对准火焰根部,由近及远,快速向前推进;要防止回火复燃,零星小火则可采用点射。如遇可燃液体在容器内燃烧时,可使1211灭火剂的射流由上而下向容器的内侧壁喷射。如果扑救固体物质表面火灾,应将喷嘴对准燃烧最猛烈处,左右喷射。

⑤消火栓系统

消火栓系统包括水枪、水带和消火栓。使用时,将水带的一头与消火栓连接,另一头连接水枪,现有的水带水枪接口均为卡口式的,连接中应注意槽口,然后打开室内消火栓开关,即可由水枪开关来控制射水。

四、危险化学品类火灾的扑救

1. 扑救危险化学品火灾总的要求

(1)扑救人员应占领上风或侧风地点。

(2)位于火场一线人员应采取针对性防护措施,如穿戴防护服、佩戴防护面具或面罩等。应尽量佩带隔绝式面具,因为一般防护面具对一氧化碳无效。

(3)首先应迅速查明燃烧物品、范围和周边物品的主要危险特性,以及火势蔓延的主要途径。

(4)尽快选择最适当的灭火剂和灭火方法。如果该场所内的危险化学品品种较为固定,平时就应有针对性地配备灭火剂和消防设施。

(5)在平时,针对发生爆炸、喷溅等特别危险情况,拟定紧急应对(包括撤退)方案,并进行演练。

2. 压缩或液化气体火灾扑救的要点

一般情况下,压缩或液化气体是储存在钢瓶中,或者通过管道输送。其中钢瓶内气体压力较高,受热或受火焰烤时容易爆裂,大量气体泄出抑或燃烧爆炸,抑或使人中毒,危险性较大。另外,如果气体泄出后遇火源已形成稳定燃烧时,其危险性比气体泄出未燃时危险性要小得多。

(1)切记不要盲目灭火。首先要堵漏或截断气源(如关阀门等)。在此之前,应保持泄出气体稳定燃烧。否则,大量可燃气泄出,与空气混合,遇火源就会发生爆炸,后果更为严重。

(2)灭火时要先积极抢救受伤及被困人员,并扑灭火场外围的可燃物火势,切断火势蔓延途径。

(3)如果火场中有受到火焰辐射热威胁的压力容器,必须首先尽量在水枪掩护下疏散到安全地点,不能疏散的应部署足够的水枪进行冷却保护。

(4)如果确认无法截断泄漏气源,则需冷却着火容器及周围容器和可燃物品,或将后两者撤离火场,控制着火范围,直至容器内可燃气烧尽,使火自行熄灭。

(5)现场指挥应密切注意各种危险征兆,当有容器爆裂危险时,及时做出正确判断,下达撤退命令并组织现场人员尽快撤离。

3. 易燃液体的扑救要点

易燃液体通常也是储存在容器内火起用管道输送,但一般都是常压状态,有些还是敞口的,只有反应釜(锅、炉等)及输送管道内的液体压力较高。液体无论是否着火,如果泄漏或溢出,都将沿着地面(或水面)流淌漂散;而且易燃液体火灾还有着火液体比重和水溶性等涉及能否用水或普通泡沫灭火剂扑救等问题,以及是否可能发生危险性很大的沸溢及喷溅问题。一般可燃液体火灾的扑救要点如下。

(1)首先应该切断火势蔓延途径,控制燃烧范围,并积极抢救受伤及被困人员。一方面着火容器、设备有管道与外界相通的,要截断其与外界的联系;另一方面如果有液体泄漏应堵漏或者在外围修防火堤。

(2)及时了解和掌握着火液体的品名、密度、水溶性,以及有无毒害、腐蚀、沸溢、喷溅等危险性;还应正确判断着火面积,以便采取相应的灭火和防护措施。

(3)小面积(在 50 m² 以内)液体火灾,一般可用雾状水扑救,而用泡沫、干粉、二氧化碳、卤代烷灭火更有效。

(4)大面积液体火灾则必须根据其密度、水溶性和燃烧面积大小,选择适当的灭火剂扑救:比水轻而不溶于水的液体(如汽油、苯等),一般可用普通蛋白泡沫或轻水泡沫扑救;比水重而不溶于水的液体(如二硫化碳)着火时可用水扑救,用泡沫也有效;具有水溶性的液体,最好用抗溶性泡沫扑救。

扑救以上三类液体火灾时,都需要用水冷却容器设备外壁。如果采用干粉或卤代烷灭火剂时,灭火效果要视燃烧面积大小和燃烧条件而定。

(5)扑救具有毒性、腐蚀性或燃烧产物具有毒性的易燃液体火灾时,救火人员必须佩带防护面具,采取防护措施。

(6)扑救具有沸溢、喷溅危险的液体(原油、重油等)火灾时,如有条件,可采用防止发生放水、搅拌等措施;现场指挥发现危险征兆,应迅速做出正确判断,及时下达撤退命令,避免人员与装备损失。

4. 爆炸品火灾爆炸的扑救要点

由于爆炸品是瞬间爆炸,往往同时引发火灾,危险性、破坏性极大,给扑救带来很大困难。因此,应该在保证扑救人员安全的前提下,把握以下要点:

(1)采取一切可能的措施,全力制止再次爆炸。

(2)应迅速组织力量及时疏散火场周围的易爆、易燃物品,使火区周边出现一个隔离带。切忌用砂、土盖、压爆炸物品,以免增加爆炸时其爆炸威力。

(3)灭火人员要利用现场的有利地形或采取卧姿行动,尽可能采取自我保护措施。

(4)如有发生再次爆炸征兆或危险时,指挥员应迅即做出正确判断,下达命令,组织人员撤退。

5. 遇湿易燃物品火灾扑救的要点

遇湿易燃物品(如金属钠、钾及液态三乙基铝等)能与水或湿气发生化学反应,这类物品在达到一定数量时,绝对禁止用水、泡沫、酸碱等湿性灭火剂扑救,这就为其发生火灾时的扑救带来很大困难。通常情况下遇湿易燃物品火灾的扑救要点如下。

(1)首先要了解遇湿易燃物品的品名、数量;是否与其他物品混存;燃烧范围及火势蔓延途径等。

(2)如果只有极少量(一般在 50 g 以内)遇湿易燃物品着火,则无论是否与其他物品混存,仍可以用大量水或泡沫扑救。水或泡沫刚一接触着火物品时,瞬间可能会使火势增大,但少量物品燃尽后,火势就会减小或熄灭。

(3)如果遇湿易燃物品数量较多,而且未与其他物品混存,则绝对禁止用水、泡沫、酸碱等湿性灭火剂扑救,而应该用干粉、二氧化碳、卤代烷扑救,只有轻金属(如钾、钠、铝、镁等)用后两种灭火剂无效。固体遇湿易燃物品应该用水泥(最常用)、干砂、干粉、硅藻土及蛭石等覆盖。对遇湿易燃物品中的粉尘如镁粉、铝粉等,切忌喷射有压力的灭火剂,以防将粉尘吹扬起来,与空气形成爆炸性混合物而导致爆炸。

（4）如遇有较多的遇湿易燃物品与其他物品混存，则应先查明是哪类物品着火，遇湿易燃物品的包装是否损坏。如果可以确认遇湿易燃物品尚未着火，包装也未损坏，应立即用大量水或泡沫扑救，扑灭火势后立即组织力量将遇湿易燃物品疏散到安全地点。如果确认遇湿易燃物品已经着火或包装已经损坏，则应禁止用水或湿性灭火剂扑救，若是液体应该用干粉等灭火剂扑救；若是固体应该用水泥、干沙扑救；如遇钾、钠、铝、镁等轻金属火灾，最好用石墨粉、氯化钠以及专用的轻金属灭火剂扑救。

（5）如果其他物品火灾威胁到相邻的较多遇湿易燃物品，应考虑其防护问题。可先用油布、塑料布或其他防水布将其遮盖，然后在上面盖上棉被并淋水；也可以考虑筑防水堤等措施。

6. 易燃固体、自燃物品火灾的扑救要点

相对于其他危险化学品而言，易燃固体、自燃物品火灾的扑救较为容易，一般都能用水和泡沫扑救。但是有少数物品的扑救比较特殊，需要注意以下方面。

（1）甲醚、二硝基萘、萘等能够升华的易燃固体，受热会放出易燃蒸气，能在上层空间与空气形成爆炸性混合物，尤其在室内，容易发生爆燃。因此在扑救此类物品火灾时，应注意，不能以为明火扑灭即完成灭火工作，而要在扑救过程中不时地向燃烧区域上空及周围喷射雾状水，并用水浇灭燃烧区域及周围的所有火源。

（2）黄磷是自燃点很低，在空气中极易氧化并自燃的物品。扑救黄磷火灾时，首先应切断火势蔓延途径，控制燃烧范围。对着火的黄磷应该用低压水或雾状水扑救。高压水流冲击能使黄磷飞溅，导致灾害扩大。已熔融黄磷流淌时，应该用泥土、沙袋等筑堤阻截并用雾状水冷却。对磷块和冷却后已凝固的黄磷，应该用钳子夹到储水容器中。

（3）少数易燃固体和自燃物品，如三硫化二磷、铝粉、烷基铝、保险粉等，不能用水和泡沫扑救，应根据具体情况分别处理，一般宜选用干砂和非压力喷射的干粉扑救。

7. 氧化剂和有机过氧化物火灾的扑救要点

从灭火角度来说，氧化剂和有机过氧化物是一个杂类。不同的氧化剂和有机过氧化物物态不同，危险特性不同，适用的灭火剂也不同。因此，扑救此类火灾比较复杂，其扑救要点如下。

（1）首先要迅速查明着火的氧化剂和有机过氧化物以及其他燃烧物品的品名、数量、主要危险特性；燃烧范围、火势蔓延途径；能否用水和泡沫扑救等情况。

（2）能用水和泡沫扑救时，应尽力切断火势蔓延途径，孤立火区，限制燃烧范围；同时积极抢救受伤及受困人员。

（3）不能用水、泡沫和二氧化碳扑救时，应该用干粉扑救，或用水泥、干沙覆盖。用水泥、干沙覆盖时，应先从着火区域四周特别是下风方向或火势主要蔓延方向覆盖起。形成孤立火势的隔离带，然后逐步向着火点逼近。需注意的是，由于大多数氧化剂和有机过氧化物会遇酸会发生化学反应甚至爆炸；活泼金属过氧化物等一些氧化剂不能用水、泡沫和二氧化碳扑救。因此，专门生产、使用、储存、经营、运输此类物品的单位及场所不要配备酸碱灭火器，对泡沫和二氧化碳灭火剂也要慎用。

8. 毒害品、腐蚀品火灾的扑救要点

毒害品、腐蚀品火灾扑救不很困难，但是由于此类物品对人体都有一定危害——毒害品主要经口、呼吸道或皮肤使人体中毒；腐蚀品是通过皮肤接触灼伤人体——所以在扑救此类火灾时要特别注意对人体的保护。

（1）灭火人员必须穿着防护服，佩戴防护面具。一般情况下穿着全身防护服即可，对有特殊要求的物品,应穿着专用防护服。在扑救毒害品火灾时,最好使用隔绝式氧气或空气面具。

(2)限制燃烧范围,积极抢救受伤及受困人员。

(3)灭火时应尽量使用低压水流或雾状水,避免毒害品和腐蚀品溅出;遇酸类或碱类腐蚀品,最好配制相应的中和剂进行中和。

(4)遇毒害品和腐蚀品容器设备或管道泄漏,在扑灭火势后应采取堵漏措施。

(5)浓硫酸遇水能放出大量的热,会导致沸腾飞溅,需要特别注意防护。扑救有浓硫酸的火灾时,如果浓硫酸数量不多,可用大量低压水快速扑救;如果浓硫酸数量很大,应先用二氧化碳、干粉、卤代烷等灭火,然后迅速将浓硫酸与着火物品分开。

9. 放射性物品火灾的扑救要点

放射性物品时一类能放射出能严重危害人体健康甚至生命的射线或中子流的特殊物品。扑救此类火灾必须采取防护射线照射的特殊措施。生产、使用、储存、经营及运输放射性物品的单位和有关消防部门有关配备一定数量的防护装备和放射性测试仪器。此类火灾的扑救要点如下。

(1)首先要派人测试火场范围和辐射(剂)量,测试人员应采取防护措施。

(2)对辐射(剂)量超过 0.0387 C/kg 的区域,灭火人员不能深入辐射区域实施扑救;对辐射(剂)量低于 0.0387 C/kg 的区域,可快速用水或泡沫、二氧化碳、干粉、卤代烷扑救,并积极抢救受伤及受困人员。

(3)对燃烧现场包装没有破坏的放射性物品,可在水枪掩护下设法疏散;无法疏散时,应就地冷却保护,防止扩大破损程度,增加辐射(剂)量。

(4)对已破损的容器切忌搬动或用水流冲击,以防止放射性沾染范围扩大。

(5)灭火人员必须穿戴防护服及配备必要的防护装备。

第六章 典型事故案例分析

安全事故的发生,触目惊心。君不见,在瞬间,一张张鲜活的笑脸变成了痛苦的回忆,一个个可爱的天使变成了僵硬的定格。发生在我们身边的一桩桩、一件件事故,还不够引起深思吗!

下面甄选出数二十四起典型事故,作为案例分类进行分析,希望对您有所启迪。

一、电气事故

事故一

1. 事故概况及经过

某电力局检修队樊某,带领26名工人进行清扫10 kV输电线路工作。按规程要求工作负责人应在接到许可开工的命令后,立即进行断电、验电并装设接地线,然后才能开始工作。而樊某在停电后尚未验电,也未判明线路是否断开电源和装好临时接地线的情况下,即命令工人在线路上登杆作业。由于该线路油开关未断开,导致徒工张某登杆后触电身亡。

2. 事故原因分析

这次事故的直接原因是现场指挥樊某严重违反安全操作规程的规定,既不验电,也未接挂地线,盲目指令工人登杆作业造成徒工触电死亡。

3. 对事故责任者的处理

经人民检察院起诉,樊某玩忽职守,违反安全作业规程,造成死亡事故,已构成犯罪,查樊某曾因不验电不挂接地线而造成两人触电事故,受过降级的处分,但其并未从中吸取教训,改正自己的违章行为。当此触电事故发生后,樊某对死者不积极抢救,严重不负责任,并激起在场工人的义愤。判处有期徒刑三年,缓刑三年。

事故二

1. 事故概况及经过

某建筑材料公司古建筑工程队队长张某某承包一综合楼施工,施工现场上空有10 kV高压供电线由南向北通过。当工程进行到二楼约2.5 m高时,公司副经理带质量安全检查组一行五人对该工地进行检查,发现窗上部距高压线1.2 m,即通知古建筑队"高压线如果不拆除,6号停工,损失由甲方负责。"事后张某某虽同甲方进行交涉,但在高压线未拆除的情况下仍继续施工。供电所王某某等人亦提醒建筑队说:"高压线危险,不敢再施工了,否则出了问题我们不负责任。"几天后副经理一行六人再次来到工地检查,在检查中发现窗上部钢管距高压线仅35 cm,立即让该队记工员朱某书面通知古建筑队队长张某某全部停工,找建设单位拆除高压线。张某某接到通知后,对公司的指令置若罔闻,未令停工,副队长王某某继续组织编扎二楼大梁钢筋。下午上班时,王某某说:"上班了,上午干啥,下午还干啥。"说后工人刘某某即顺脚手架爬上二楼顶两搭处,准备扎大梁钢筋,当行走到高压线处时,遭到电击打倒,从二楼顶摔到地面,头撞到地面一根钢管上,将头撞破死亡。

2.事故原因分析

(1)强令工人冒险作业。公司副经理胡某两次带安检人员到现场检查,均指出高压线危险,应立即停工拆除,张某某对上级的指示置若罔闻,仍指挥工人冒险施工。

(2)违章建筑。楼房建筑前,应首先拆除高压线,在无障碍和危险的情况下进行施工。而张某某明知有高压线危险的状态下还是违章承建其工程,其根本原因是经济利益驱动、违章、冒险作业,导致事故发生。

3.对事故责任者的处理

人民检察院侦查终结后认为,工程队长张某某的行为已触犯《刑法》第134条之规定,构成重大责任事故罪,向法院提起诉讼。

4.整改措施

(1)严格按照规章制度办事,绝不能冒险指挥工人作业。

(2)加强安全监督。安管部门发现问题后要指出其危害性并责令停工,建筑队必须执行,否则就取消其施工资格。

(3)严肃处理。对于那些强令工人冒险作业,对上级的指示置若罔闻者,应该从重处罚。

事故三

1.事故概况及经过

某市一建公司孙某某向电焊工崔某某提出,晚上要打楼梯地面,需安照明灯。当时担任工地电工任务的张某某家中有事离开工地,并向崔说,有了电工活,你替我干一下,崔表示同意。崔在安装线路灯具时,为了固定灯具,崔用钢筋支护灯具,用铁盒作灯具外壳,安好后,崔推闸灯亮即离开工地。民工杜某某在作业时,不慎碰到灯具外壳(铁盒)触电身亡。崔某某的行为触犯了《刑法》第134条之规定,构成重大责任事故罪。检察院依法提起公诉,法院判处崔某某拘役6个月,缓刑6个月。

2.事故原因分析

(1)违反规定,焊工代替电工操作。电工按照规定,经过考试合格以后取得电工资格才能上岗作业。崔某某身为焊工,领导没有安排他代替电工工作,但当电工张某某委托他时,他竟满口答应,代替电工工作。

(2)违反操作规程。用电设备不能用导电物体作支护和护罩,崔竟违反安装技术规程,用钢筋支护灯具,用铁盒作灯具外壳,致使民工作业时触电身亡。

(3)领导负有一定的责任。按规定工地须配专职电工。当工地电工正式调离以后,领导只是委派没有电工资格的电焊工张某某担任电工工作。张某某因事离开工地时,又擅自委派电焊工崔某某,崔某某安装四楼照明灯时,副工长崔某知道此事,也没有制止。因此,领导对这起事故也负有一定的责任。

3.整改措施

(1)严格按照规章制度办事。焊工只能从事焊工工作,不能代替电工工作。电工必须按照规定取得电工资格证书的人,才能从事电工工作,绝不能搞滥等充数。

(2)领导必须认真负责,严格管理。规章制度、操作规程,是总结以往的经验教训得出的,应该严格遵守。对于不按规章制度办事的行为应当制止,把事故消灭在萌芽状态。

事故四

1.事故概况及经过

某村从主线路上接通的一条专供村礼堂演戏用的三相低压裸电线,农电整改时被废除,但电工程某某未将此线拆除。该村请剧团在礼堂演戏,因系统电路停电,用柴油机发电。为解决住有剧团人员的村民家里用电问题,程与剧团电工一起将柴油机的输电线路与系统照明线路接通。剧团走后,程不但不及时拆除,反而把柴油机线头和已被废除的线头捆在一起。系统线路供电后,使柴油机的三相线中一相带电,形成事故隐患。后因线路故障,配电室送不出电,程不去检查线路,而是将配电室内的保安器退出,强行送电。县电力局人员去该村检查配电室运行情况时发现保安器被退出,当即对程进行批评,并罚款,将保安器恢复了正常运行。后因线路故障又停了电,程再次去配电室将保安器退出,强行送电。村民莫某某等人在配电室附近干活时,因有一根已歪倒的原被废除的专用线杆上的裸电线,离地面只有 60 cm,妨碍施工。莫某某以为废线不带电,就用手去拿,当即触电倒地,经抢救无效死亡。

2. 事故原因分析

(1)没有及时拆除作废线路。程某某身为电工,明知原线路被整改废除,不仅不及时将此线拆除,反而将废除的线头与柴油机线头捆在一起,埋下了事故隐患。

(2)违反规定,忽视安全送电。线路出现故障后,程某某作为电工,不去检查原因,却违反保安器的管理规定,擅自将保安器退出,强行送电。受到批评和罚款,不吸取教训,再次违反规定,退出保安器,强行送电,致使线头失去触电保护,最终酿成人员触电死亡的严重后果。

3. 对事故责任者的处理

电工程某某违章强行送电,造成 1 人触电死亡的重大事故。其行为触犯刑法第 134 条之规定,构成重大责任事故罪,依法判处程某某有期徒刑 1 年 6 个月。

4. 整改措施

加强对电工的监督管理和安全送电教育。经常进行检查、考核,加强管理。发现违反规定,不遵守制度的行为,不但要批评教育,而且要坚决纠正和制止,直至解除劳动合同或清退。

二、爆炸事故

事故五

1. 事故概况及经过

某化工厂三甲苯胺车间配酸工段反应釜由于染料中间体生产过程中产生大量废硫酸难以处理,该厂拟从工艺路线上进行改造,使之不再产生废酸。在实验室实验成功后,直接对生产设备进行了改装,决定在生产装置上直接投料试验。8 时 15 分开始投料,8 时 35 分反应釜即发生强烈爆炸。锅体从二楼震落到底楼,锅盖飞出 11 米远,搅拌器电动机飞出 22 米多远,厂房倒塌。2 人当场死亡,站在稍远处的 6 人被锅内喷出的物料严重灼伤,其中 1 人抢救无效死亡,另有 9 人有不同程度地灼伤或外伤。事故造成死亡 3 人、重伤 9 人、轻伤 5 人,经济损失达 200 多万元。

2. 事故原因分析

(1)违反技术改造的基本程序,将未经小试鉴定,未经中试的不成熟技术,用于企业的工艺改造,将仅通过 60 克试验的实验室"成果",直接扩大到 1100 千克,并且在 1000 升反应釜上投料试验。

(2)对技术路线本身的危险性认识不清。实验室人员所用的基本路线是用醋酐取代硫酸,与硝酸配酸进行硝化反应。这条路线本身就有较大的危险性;醋酐与硝酸混合可产生硝酸乙酰和四硝基甲烷,这两种物质极不稳定,容易爆炸。因此反应温度应控制在 10℃以下,而该项反应要求控制的温度是 30℃,可见所制订的工艺条件是错误的,对其爆炸的危险性毫无认识。

(3)对所用设备没有进行认真的验证。因釜大投料少,物料仅浸搅拌底部 7.5 厘米,使搅拌的作用极大地降低。更严重的是液面距温度计底部还有 40 多厘米,温度计只能反映出气相温度,而不能反映出液相温度,因此操作者错将气相温度当成液相温度去控制。设备上的这些问题在试验前都没有考核,就盲目地投料试车,从而导致了事故的发生。

3.整改措施

(1)科研成果必须成熟可靠,并经技术鉴定,转让技术时必须对生产中的安全问题有全面系统的介绍,对危险性大的生产过程,要有可靠的安全措施,要严格控制科研成果的来源,对于个人成果要得到有关部门的承认和鉴定才能转让。

(2)参加技术鉴定的专家必须对新技术的安全可靠性严格把关审查,并在鉴定证书上真实地反映出问题,对安全可靠性负责。科研成果转化为工业生产要严格履行程序,小试未经鉴定的项目不能进行中试,中试未经鉴定的项目不能进行工业化生产试验。

(3)企业新上项目必须在该项目上配有懂工艺,懂设备的工程技术及安全人员。技术力量没配够的项目不准开工。各种项目必须按“三同时”原则建设安全卫生设施。凡安全卫生设施不配套的项目不准开工。

事故六

1.**事故概况及经过**

北京某化工厂 1997 年 6 月 27 日 21:05 左右,在罐区当班的职工闻到泄漏物料异味。21:10 左右,操作室仪表盘有可燃气体报警信号显示。泄漏物料形成的可燃气体迅速扩散。21:15 左右,油品罐区工段操作员和调度员郑某刚去检查泄漏源。21:26 左右,可燃物遇火源发生燃烧爆炸,其中泵房爆炸破坏最大。石脑油 A 罐区易燃液体发生燃烧。爆炸对周围环境产生冲击和震动破坏,造成新的可燃物泄漏并被引燃,火势迅速扩展,乙烯 B 罐因被烧烤出现塑性变形开裂,21:42 左右,罐中液相乙烯突沸爆炸(BLEVE)。此次爆炸的破坏强度更大,被爆炸驱动的可燃物在空中形成火球和“火雨”向四周抛撒;乙烯 B 罐炸成 7 块,向四外飞散,打坏管网引起新的火源,与乙烯 B 罐相邻的 A 罐被爆炸冲击波向西推倒,罐底部的管线断开,大量液态乙烯从管口喷出后遇火燃烧。爆炸冲击波还对其他管网、建筑物、铁道上油罐车等产生破坏作用,大大增加了可燃物的泄漏,火势严重扩展,大火至 6 月 30 日 4:55 熄灭。

事故中共死亡 9 人,其中现场死亡 4 人,伤 39 人,直接经济损失 1.17 亿元。

2.**事故原因分析**

经过调查取证、计算机模拟和鉴定分析,事故的直接原因是:事故现场阀门开关状况勘察表明,6 月 27 日在从铁路罐车经油泵往储罐卸轻柴油时,由于操作工开错阀门,20:00 接班后卸轻柴油操作时阀门处于错开错关状态,造成错误卸油流程,使轻柴油进入了满载的石脑油 A 罐,导致石脑油从罐顶气窗大量溢出(约 637 m^3),石脑油蒸气密度略高于空气,溢出的石脑油及其油气在沿地面扩散过程中遇到明火,产生第一次爆炸和燃烧,同时未气化的石脑油起火燃烧,继而引起罐区内乙烯罐等其他罐的爆炸和燃烧。

事故的间接原因是化工厂安全生产管理混乱,岗位责任制等规章制度不落实。此外,罐区自动控制水平低,罐区与锅炉之间距离较近且无隔离墙等问题也是事故的间接原因。

3.**事故预防措施**

(1)工厂的领导和职工,要切实树立“安全第一、预防为主”的思想,认真完善安全生产规章制度,认真落实安全生产责任制;严格操作规程,严守劳动纪律,改变那种纪律松弛,管理不严,有章不循的情况;要切实提高生产装置和储运设施的自动化和管理水平。有关部门要加强企业的监督管理,及时发现企业存在的事故隐患,并督促做好整改工作。

(2)实事求是、科学地分析事故原因,是总结经验教训、举一反三的重要前提。要认真汲取事故教训,落实安全规章制度,强化安全防范措施,进一步加强首都的安全生产管理工作,防止此类事故再次发生。

事故七

1. 事故概况与经过

某打火机厂在未经批准的情况下,以"试生产"的名义承接了 25 万只一次性气体打火机的生产业务,开始在一个以前是装配电动剃须刀的厂房中进行生产。在返修漏气的打火机时,由于天气寒冷,车间门窗紧闭。当天至少修理了 15000 余只,车间突然发生爆炸,房屋随之倒塌并起火,造成楼下 14 人及楼上 3 人死亡,3 人受伤。

2. 事故原因分析

造成事故的直接原因是由于在修理打火机时,每只都会有少量的丁烷气体泄出,而现场空气又不流通,造成了丁烷气体聚集并在部分区域内达到爆炸极限,遇明火发生爆炸。

(1)该企业严重违反国家有关消防安全法规,在未经安全及消防部门批准、不具备生产条件、没有合理的安全制度和措施的情况下组织生产。

(2)该厂在不了解返修打火机所造成的危险因素及应采取的防范措施的情况下盲目承接返修任务,在没有采取任何消防安全措施的情况下,在日常不带气操作的车间内进行带气返修,导致了事故的发生。

(3)订货商将打火机返修任务交给不具备条件的打火机厂,并且在安全方面没有任何交代,给这次事故留下了隐患。

(4)主管部门在审查该项目时,既没有全面调查论证,又没有提出使用可燃气体在安全方面的要求,未能真正起到把关的作用。

事故八

1. 事故概况及经过

某啤酒厂一台 DZL4-I,27-A 型锅炉(厂内编号 2#)发生爆炸事故,死亡 1 人,重伤 1 人,轻伤 4 人。297 平方米的锅炉房全部摧毁,锅炉本体向左侧翻转 180 度,靠在 1 号锅炉本体上,1号锅炉也受到程度不同的损坏,直接经济损失近 17 万元。

事故发生前,该锅炉因故障停炉,正在检修。1 月 19 日,正在运行的 1 号炉损坏,需停炉检修,要紧急启动 2 号炉投入运行。当时厂内停电,2 号炉炉内无水。16 时 30 分。车间主任明知炉内无水,却命令当班司炉点火烘炉。当班司炉工也知炉内无水,仍进行点火。17 时 30分,厂内送电,当班司炉又没有按规定将锅炉水位上升至最低允许水位就进行调整燃烧和升压操作。18 时 08 分,锅炉发生爆炸。当班司炉在点火至爆炸的全过程中没有观察水位计、压力表。爆炸前,安全阀也没有动作。

2. 事故现场分析

(1)金相分析

为确定事故原因,对破口的塑性变形最大部位进行了金相分析,其组织为铁素体加片状珠光体。铁素体晶粒已拉长变形,珠光体中碳化物有球化现象,但没有发现重新相变的淬硬组织,硬度值也基本没有变化。

（2）现场分析

该锅炉自投入运行以来,连续运行了 20 个月。一真没有可靠的水处理措施,且长期不排污。事故发生前,锅炉结垢厚达 20 mm,排污管完全被水垢堵死,锅壳底部因沉积水垢,水渣较多,有一处已有明显过热变形,直径约 200 mm。水位计单只运行,另一只早已损坏。

3. 事故原因分析

（1）领导违章指挥,司炉违章误操作;

工厂领导忽视安全生产,片面追求产量,锅炉房管理混乱,无水处理措施,特别是在锅炉无水的情况下,违章指挥工人升火,导致锅筒钢材严重过热,强度下降,引起爆炸。

（2）锅炉的安全附件不全也未进行维修。

该锅炉的压力表和水位表一直都是单只运行,安全阀自从安装后一直没有进行校验。

4. 整改措施

（1）使用单位领导要提高安全意识,认真贯彻执行国家有关法规。

（2）司炉人员要进行培训考核,合格后才能独立操作。要提高人员素质。

（3）对安全附件应按规程要求进行校验和维护。

事故九

1. 事故概况及经过

某年 12 月 17 日 19 时,司炉工邓某、姬某接班,锅炉正常运行,接班后邓去洗衣服,姬于 23 时脱岗睡觉,17 日凌晨 2 时 30 分,一台 SZY6—8 燃油锅炉发生爆炸,姬被爆炸声震醒,见满屋大火,忙从窗口逃出喊人,领导与消防人员奔赴现场,扑灭了大火,邓死于距炉前 1.5 m 处。直接经济损失 10 万元。

2. 现场破坏情况及试验分析

现场调查发现,上锅筒纵向裂开,开口尺寸长 4.24 m,最宽为 1.23 m,裂口呈延性,明显减薄,破口壁厚最薄处为 1.4 mm,在破口附近 200 mm 区域有塑性伸长。

水冷壁管外有氧化皮,其中有四根管过烧穿洞,呈流淌状,水冷壁管及靠近水冷壁的对流管均被爆炸的冲击波压扁,锅炉房门窗全部毁坏,锅炉前墙、预燃室与炉膛分开,飞出 2 m 远,炉墙、铁皮护板倒塌。

机械性能试验结果表明:裂口处试样的抗拉强度和屈服限均低于其他部位的试样,且根本无屈服颈缩现象。金相检查结果表明:高温区管材的珠光体全部球化。

3. 事故原因分析

（1）经调查和理化金相分析,确定这是一起严重缺水干锅爆炸事故。

（2）两名司炉工失职,严重脱岗,以致锅炉长时间严重缺水,是这次事故的直接原因。

（3）制造质量不合格。该锅炉是快装锅炉,原设计上锅筒不受热,并焊有鱼鳞销钉,但实际上出厂时没有涂钒土水泥,使锅筒直接受火。此外,锅炉材料没有复验,无焊接与探伤资料。

（4）领导责任。工厂领导失职,司炉工倒班工作时间 12 小时,在锅炉房安放床位,造成司炉工脱岗睡觉的条件。

4. 对事故责任者的处理

辞退司炉（临时工）工人姬某;主管抓安全的经理向党委作书面检查,向全公司职工公开检讨;公司动力站副站长行政记过处分。

事故十

1. 事故概况及经过

某化工厂电解车间液氯工段包装岗位,在充装钢瓶时发生爆炸,3人当场死亡,2受伤。

当班的3人负责在包装台灌液氯钢瓶,2人负责推运钢瓶。当需要灌装时,这2人在察看了157号(容量半吨)钢瓶的合金堵和外观,认为无问题,即推上了磅秤,操作者未认真抽空即充氯,充氯1分钟后,157号瓶发生猛烈爆炸。瓶体纵向开裂,并向相反方向弯曲,还有许多碎块向四处飞溅。有3人当场死亡,2人轻伤。

2. 事故原因分析

(1)据调查,爆炸的直接原因是钢瓶内存有环氧丙烷,这类有机物与液氯混合会发生剧烈的化学反应,引起爆炸。这一班的操作工在灌装前未认真检查,盲目充装,满足了爆炸发生的条件。

(2)上一班包装工在灌瓶前检查钢瓶时发现有一只编号为157的钢瓶,瓶嘴有白色泡沫冒出,并有芳香族味,立即向厂有关管理部门汇报,管理部门和工人都没采取解体、分离的具体措施,仍与待装钢瓶放在一起,导致下一班又有用该瓶充装的可能。

(3)这批钢瓶是以前使用过的,有的装过环氧丙烷类的有机物。按理,购进厂应认真整瓶,按规定进行内外检查、抽空、清洗、试压、干燥等,事故是完全可以避免的。但进厂后未认真整瓶,就投入使用,是这次事故在管理上的根本原因。

(4)购瓶、整瓶、使用三个环节都不严格,各环节之间也没有严格的交接手续。

(5)管理的混乱:充装现场钢瓶横七竖八;合格的与不合格的钢瓶混放在一起;钢瓶安全附件不全;表面锈蚀严重,有的看不出"液氯"标记;大部分钢瓶没有定期检验,没有检验钢印;没有专设抽空验瓶台,没有专人验瓶;充装完的重瓶不进行复秤;充装记录不签字,没有出厂合格证;充装时不核对空瓶重量;液氯汽化器仍用蒸汽加热;换热器和汽化器没有排污装置,也不进行三氯化氮定期分析。

三、机械事故

事故十一

1. 事故概况及经过

某年3月18日9时左右,山西运城某化机厂三车间,在起吊不锈钢板过程中,发生了一起因钢板脱钩坠落,造成1人死亡的事故。3月18日早上8时,某化机厂三车间运来一车不锈钢板,因卸货处距汽车20 m,需用行车起吊。当时,行车操作工王某操作行车,贺某站在汽车东边负责指挥,赵某在汽车东边挂钩,伊某在西边挂钩。抵某在闪蒸器南边打扫卫生。大约8时40分左右,第三次起吊钢板(每次起吊6块,前面已起吊过2次)。当钢板吊起离开汽车后,距地面大约2.5 m左右,横向西2 m左右,起吊钢板快接近切割转台时,王某发现不锈钢板南北上下出现晃动,此时吊车未停,向南点打。大约9时左右,贺某发现有人在闪蒸器北边站立(危险区),立即向王某打手势,并大声呼喊。王某看见贺某用手挥动,并大声喊"唉——",按惯例,她意识到要紧急停车,于是王某立即紧急停车。此时钢板脱离吊钩,由南向下坠落,刹时,车间尘土飞扬。在场的贺某、赵某等人已意识到出事了。当他们赶到出事地点时,发现抵某仰躺在闪蒸器南边,脚在闪蒸器下面。贺某、赵某等人赶紧找车将抵某送往医院,经医院抢救,因抵某脑部严重受损,抢救无效,于11时左右死亡。

2. 事故原因分析

(1)行车操作工王某违章操作,在行车西行 2 m 后,当她已发现钢板南北上下晃动时,应立即停车弄清原因,消除晃动因素后,再往南行。但王某违犯操作规程,点打吊车往南运行,导致钢板脱离吊钩,造成抵某死亡。这是事故发生的一个直接原因。

(2)贺某现场违章指挥。一是起吊前贺某未对现场进行检查;二是物体离地面高度较高,贺某未特别加强安全警戒;三是指挥失误,当行车西行发现晃动时,应立即出示停车手势,但贺某未做;四是贺某站的位置不符合指挥者要求,应站在吊车的西边,便于检查和阻止其他人员进入危险区,但贺某却站在汽车东边一直未离开。因而对吊车西边抵某的出现不能及时发现。贺某违章指挥是造成本次事故发生的主要原因。

(3)抵某本应在闪蒸器南边清扫卫生,但抵某违犯劳动纪律,站到闪蒸器的北边(危险区),也是导致事故发生的直接原因。

(4)现场环境不良。现场安全通道不畅。比如切割转台、闪蒸器、其他设备均在通道区域内。在用钢板、废料等摆放不定置,不规范,影响了操作人员的视线和行车的正常运行。

3. 整改措施

(1)完善制度,健全规程,层层落实安全责任目标,强化现场监督检查力度,从严考核,严格落实责任。

(2)强化有效安全教育,严格执行持证上岗制度。特别是对特殊工种的教育、对干部就职前的教育、在职人员的日常安全教育要落到实处。必须坚持严格考试,持证上岗,不能走过场。

(3)推行定置化管理,优化现场管理。

(4)组织一次全厂性的反事故、反习惯性违章,查隐患、找漏洞,大整改活动。认真吸取血的教训,坚决杜绝"三违"行为。

事故十二

1. 事故概况及经过

某年 1 月 28 日,四川省某磷矿化工厂磷铵车间磷酸工段化工一班操作工王某,在对磷酸工段盘式过滤机辅料情况检查时,发生盘式过滤机翻盘叉及翻盘滚轮、导轨立柱、导轨挤压、辗压伤害事故,致王某左腰部、后背部挤压伤、双腿大腿开放性、粉碎性骨折,经抢救无效死亡。

1 月 28 日 0 时 30 分,确铵车间化工一班值长陈某、班长秦某、尹某、王某等人值夜班,交接班后,各自到岗位上班。陈某、秦某两人工作职责之一包括到磷酸工段巡查,尹某系盘式过滤机岗位操作工,王某系磷酸工段中控岗位操作工,其职责包括对过滤机进行巡查。5 时 30 分,厂调度室通知工业用水紧张,磷酸工段因缺水停车。7 时 40 分,陈某、尹某、王某 3 人在磷酸工段三楼(事发地楼层)疏通盘式过滤机冲盘水管,处理完毕后,7 时 45 分左右系统正式开车,陈某离开三楼去其他岗位巡查,尹某在调冲水量及角度后到絮凝剂加料平台(距二楼楼面高差 3 m)观察絮凝剂流量大小,尹某当时看到王某在三楼过滤机热水桶位置处。

2. 事故原因分析

(1)死者王某自身违章作业是导致事故发生的主要直接原因。一是王某上班时间劳保穿戴不规范,纽扣未扣上,致使在观察过程中被翻盘滚轮辗住难以脱身,进入危险区域;二是王某在观察铺料情况时违反操作规程,未到操作平台上观察,而是图省事到导轨和导轨主柱侧危险区域,致使伤害事故发生。

(2)王某处理危险情况经验不足,精神紧张是导致事故发生的又一原因。当危险出现后,据平台运行速度和事后分析看,王某有充分的时间和办法脱险。但王某安全技能较差,自我防范能力不强。

(3)执行规章制度不严是事故发生的又一原因。通过王某劳保用品穿戴和进入危险区域作业可以看出,虽然现场挂有操作规程,但当班人员对王某的行为未及时纠正,说明职工在"别人的安全我有责"和安全执规、执法上还有死角,应当引以为戒。

3.事故教训和防范措施

(1)加大安全工作的执规、执法力度,切实做到"我的安全我负责,别人的安全我有责",相互监督,相互关心。

(2)对事发地点盘式过滤机周围增设一圈防护栏,并悬挂安全警示牌。

(3)认真落实安全工作严、实、细、快的工作作风,勤查隐患,狠抓整改,防患于未然。

事故十三

1.事故概况及经过

某中药厂电工徐某违反维修安全操作规程,擅自按下启动按钮,导致一人重伤死亡。徐某、刘某、黄某、齐某四人一起检查搅拌罐控制装置,但未找到故障点。此时电工刘某某正好路过,四人让刘某某帮忙。经刘某某检查,初步判定是中间继电器损坏,需要调换,查明原因后,黄某、齐某、刘某某当即下班。徐某、刘某感到自己难以修理,便去找下班休息的熊某。7点10分,当徐某、齐某找熊某时,操作工刘某来到车间,按正常工作程序对罐进行检修,同时让发酵工郑某卸下罐的保险。郑某卸下保险,放在配电盘前的地上,因事离开。7点40分,徐某和刘某找到熊某,三人一齐来到配电盘前,见地上放着一对保险,未引起注意。熊某认为这是开始检修时徐某、刘某摘下的,即按顺序旋好,然后用电笔测试电路。刘某发现有电,即喊:"有电"。徐某立即说:"有电就好,试吧。"熊某未作出任何表示,徐某以为熊某已同意,立即按下"启动"按钮,搅拌机启动旋转,将在消毒的刘某打成重伤,经抢救无效死亡。

2.事故原因分析

忽视安全,违章操作。徐某身为电工,却不顾安全,违反"在设备维修改进后,须向运行人员交底并与运行人员共同启动试运"的规定,擅自按下启动按钮,导致刘某重伤死亡,是事故发生的决定性原因。

3.对事故责任者的处理

某人民法院依据《刑法》第134条之规定,以重大责任事故罪判处徐某有期徒刑2年,缓刑2年。

4.整改措施

必须严格执行维修安全操作规程。维修设备,要照章按序进行,设备维修好后,要同有关运行人员取得联系,共同启动试运。不联系好,决不能擅自启动。

事故十四

1.事故概况及经过

某年3月4日下午2:20分,某厂磺酸车间发生1号离心机在运行过程中解体,造成3人死亡的重大死亡事故。某厂磺酸车间产品为对甲苯磺酸,工艺上布设离心工段,共四台离心机,离心机的作用为磺酸脱酸(硫酸)用。1号离心机已使用两年并历次修理,该离心机其他部件都不同程度地进行过修理或更换部件。1995年3月3日上午8时,经快慢反复调试正常后试机,于上午10时左右开始投料生产,未发生异常现象,在第五次投料完毕后,即下午2:20分左右,离心机突然解体,外套和机座、机脚向西南方向飞出,离心机内衬向东北方向飞出,将当班正在操作的陈××、徐××二人均砸伤,并把距离离心机4米的吸收工徐×同时砸伤。事故发生后,全厂全力救护伤者并及时送医院抢救。徐××于当日下午4:00抢救无效死亡,徐×经县人民医院紧急包扎后在送往南京的途中死亡。陈××于3月5日上午6:00在南京第一人民医院全力抢救无效死亡。

2. 事故原因分析

根据对事故的调查分析和专家组的"技术鉴定报告",调查组认为这起事故是由于设备老化,腐蚀严重且设备的完好性尤其是安全性(安全系数几乎没有)不能承受离心机工作时突然增大的离心力,因而最终解体造成3人死亡的重大事故。

(1)事故的直接原因是1号离心机完好程度差,无法保证系统的安全运行。

(2)因调速电机及电气线路等原因,离心机经常处于较高的转速并有突然增速的条件。

(3)插座短路或断路打火使调速电机转速突然增速,使得离心机的离心力突然增大。

由于以上原因,导致高速旋转的转鼓和物料既产生很大的离心力,同时也产生一个向上方的分力,以致造成转鼓与鼓底的分离,并击坏了离心机外罩及罩上方的限量周圆罩,从而合向一侧飞去并击断了一侧的支承脚飞离了工作平台,飞出的部分虽是向一侧呈曲线状飞离,同时本身还进行着自转,因而增大了作用力和破坏力,导致三人被当场砸伤。

3. 整改措施

(1)全面开展、落实安全教育培训工作,努力提高全厂干部职工素质,尤其是安全素质,要将对干部职工安全教育工作制度化、经常化。重点设备,特种设备的操作人员应先教育培训后上岗作业。

(2)鉴于离心机属于连续性生产设备,又在强腐蚀的条件下工作,对这类设备要实行定期强制检修更新的制度,做到该降级限制使用的降级限制使用,该淘汰报废的坚决淘汰报废。

(3)根据国家有关安全标准、规定,对安全规章制度进行一次全面检查并加以修订、完善和补充,并制定离心机从选型、安装、使用、维修、改造等环节的管理制度,以防止类似事故发生。

四、坠落事故

事故十五

1. 事故发生经过

2005年4月,某打火机厂宿舍楼二期工程工地,建筑公司工人在施工时,有一个小工陈某不慎坠落井字架井底,造成一人死亡。宿舍楼二期工程工地,泥水班组小工陈某在二楼从事搅拌室内墙面贴砖使用的砂浆等工作时,没有佩带安全帽就到了二楼井字架卸料平台,二楼卸料平台安全门为自制简易安全门,陈某从二楼卸料平台(高度约4.5 m)坠落到井字架底,并伴有"砰"的一声坠地声,此时井字架吊篮已升到三层位置,目击工人急忙喊"出事了",井架操作工急忙停机。项目经理闻讯后赶快拨打"120",由于工地位置比较偏僻,项目经理派车把陈某送到医院,到医院经抢救无效死亡。

2. 事故原因分析

(1)直接原因:工人陈某本人安全意识不强,没有佩戴安全帽,致使其从二楼卸料平台安全门处摔至地面井架基础时,直接造成头部着地伤势过重死亡。井字架卸料平台安全门设置不符合要求,这是管理不到位造成坠落的直接原因。施工机械操作不规范,不能正确使用物料提升机的联络信号。

(2)间接原因:该建筑公司对宿舍楼二期工程项目部安全管理措施没有真正得到落实,是造成此事故发生间接原因。工程项目经理及泥水班班组长没有对工人进行三级安全教育及必要的安全技术交底,现场工人包括井架操作工均存在违章作业现象,是造成事故发生的间接原因。施工单位现场安全员,对施工现场检查不够细致,对施工现场违反作业操作规程的行为没有及时制止。

3. 责任情况及处理建议

(1)陈某,安全意识差,自我保护意识不强,对该起事故负直接责任。

(2)泥水班班组长对施工现场明显违反作业规程的行为不能及时发现,从而导致事故发生,建议公司给予处分。

(3)工程项目部,安全生产管理比较薄弱,施工现场安全管理不到位,未能监督施工人员按操作规程作业,且事故发生后未以最快方式向当地建设行政主管部门或其他部门报告。建议建设行政主管部门给予该建筑公司暂停承揽业务半年,给予罚款贰万元的行政处罚。

(4)施工单位现场安全员,对施工现场检查不够细致,没有及时发现工人的违章作业,建议建设行政主管部门给予暂停执业资格一年的行政处罚。

(5)公司项目经理对施工现场的管理不到位,没有及时制止未经安全教育及安全培训的工人进场作业,没有落实建设工程安全生产管理关于工人要进行三级教育的要求,建议建设行政主管部门给予暂停执业资格一年的行政处罚。

(6)工程监理有限公司对施工现场的安全监督没有落实到位,对龙门架井架物料提升机作业过程中存在安全隐患不能及时提出整改要求并监督落实,对事故发生负有一定的监理责任。建议建设主管部门给予通报批评。

事故十六

1. 事故发生经过

1990年某建筑公司,因违章操作,利用提升料盘乘人,钢丝绳拉断,提升料盘坠落,导致3人死亡。该公司施工队队长张某、提升司机张某、瓦工张某准备上六层去,他们不从楼梯上,而违章乘提升料盘上。这时,提升机操作手王某正准备由四层往六层上运木料,司机张某走过去,将提升架由四层落下,让王某送他们上六层。王不同意,说"提升架不能乘人"。张见王不给开,就强行让旁边的于某(非操作司机)给开。于某开机前,看见提升料盘上已站着张某等3人。于将提升架升到二层停了一下,架上的人向上摆手,于又将提升架升到三层停一下,架上的人又向上摆手,当升到六层时,提升架被一根施工架杠挡住,停机的同时,钢丝绳被拉断、提升架突然坠落,造成3人死亡。

2. 事故原因分析

施工现场管理不善,制度不落实,缺乏应有的维修保养,为事故埋下了隐患。职工安全素质差,非操作人员违反"非司机不准开机""料盘上不准上下人"的规定,这是发生事故的直接原因。

3. 对事故责任者的处理

于某本人是看场员,不会操作提升机,在张某强逼下,违章操作提升机,是事故直接责任者,交司法部门处理。建筑公司宋经理,对职工安全教育不够,忽视安全生产,施工现场管理不善,负有直接领导责任,给予经济处罚,并通报批评。

五、特大火灾事故

事故十七(新中国第一大火灾:克拉玛依特大火灾)

1994年12月7日,新疆维吾尔自治区教委"义务教育与扫盲评估验收团"一行25人到克拉玛依市检查工作。12月8日16时,克拉玛依教委组织15所中、小学15个规范班(每所学校组织最漂亮的40多名学生歌舞队),全市最漂亮的能歌善舞的中小学生及教师家长796人在友谊馆剧场检查团举办"专场文艺演出"。

现场气氛热烈,欢歌笑语。18时20分左右,舞台正中偏后北侧上方倒数第二道光柱灯(1000 W)烤燃纱幕起火,坐在前排的人们闻到了一股淡淡的焦糊味道。很多人当时不以为然,认为仅仅是一个不和谐的小插曲而已,演出还在继续进行。由于电工被派出差,火情没有及时处理,迅速蔓延至剧厅,火势越来越猛,产生大量有毒、有害气体。而通往剧场的七个安全门,仅开一个。一分钟后火势迅速蔓延,电线短路,所有灯光瞬间完全熄灭,高高的幕布带着火苗向人们砸来。人们混乱了,生存的本能开始让人们疯狂逃窜。友谊馆内浓烟滚滚,到处都是火光,人们的衣服被烤焦了,头发被灼热了,没有办法呼吸。他们就着火光疯狂地冲向各个门口,前仆后继,前面的人倒下去,后面的人继续向前。然而大部分的人们失望了。断电后不久,原本开着的卷帘门突然掉落下来,而此时其他几个供人逃生的安全门全都死死关闭着,掌管钥匙的工作人员也不知道去向。此时的友谊馆变成了一个完全封闭的大火炉。仅仅过了二十几分钟,一切都结束了。

323人死亡,132人烧伤致残(注,另有一说:死325人,伤136人;此处采用法院判决书的数字);死者中有288人是天真美丽可爱的中小学生。直接经济损失3800余万元。

1994年12月10日克拉玛依市人民检察院对14名被告人分别以重大责任事故罪、玩忽职守罪立案侦查。1995年5月30日向克拉玛依市中级人民法院提起公诉。立案侦查证实这起特大火灾的发生是由于上述被告严重违反规章制度,工作严重不负责任,玩忽职守所造成。分别以重大责任事故罪和玩忽职守罪判处14人4到7年的有期徒刑。

事故十八(河南洛阳东都商厦特大火灾)

2000年12月25日,河南省洛阳东都商厦发生特大火灾事故,造成309人死亡,7人受伤,直接经济损失275万元。12月25日20时许,为封闭楼梯两侧扶手穿过钢板处留有两个小方孔,东都分店负责人王某某(台商)指使该店员工王某某和宋某、丁某某将一小型电焊机从东都商厦四层抬到地下一层大厅,并安排王某某(无焊工资质证)进行电焊作业,未作任何安全防护方面的交代。王某某施焊中也没有采取任何防护措施,电焊火花从方孔溅入地下二层可燃物上,引燃地下二层的绒布、海绵床垫、沙发和木制家具等可燃物品。

王某某等人发现后,用室内消火栓的水枪从方孔向地下二层射水灭火,在不能扑灭的情况下,既未报警也没有通知楼上人员便逃离现场,并订立攻守同盟。正在商厦办公的东都商厦总经理李某某以及为开业准备商品的东都分店员工见势迅速撤离,也未及时报警和通知四层娱乐城人员逃生。

随后,火势迅速蔓延,产生的大量一氧化碳、二氧化碳、含氰化合物等有毒烟雾,顺着东北、西北角楼梯间向上蔓延(地下二层大厅东南角楼梯间的门关闭,西南、东北、西北角楼梯间为铁栅栏门,着火后,西南角的铁栅栏门进风,东北、西北角的铁栅栏门过烟不过人)。由于地下一层至三层东北、西北角楼梯与商场采用防火门、防火墙分隔,楼梯间形成烟囱效应,大量有毒高温烟雾通过楼梯间迅速扩散到四层娱乐城。由于东北角的楼梯被烟雾封堵,其余的3部楼梯被上锁的铁栅栏堵住,人员无法通行,仅有少数人员逃到靠外墙的窗户处获救,其余309人中毒窒息死亡,其中男135人,女174人。

"12·25"特大火灾是由于东都分店违法筹建及施工,施焊人员违章作业,东都商厦长期存在重大火灾隐患拒不整改,东都娱乐城无照经营、超员纳客,政府有关部门监督管理不力而导致的一起重大责任事故。

司法机关对 3 人以涉嫌放火罪,对 12 人以涉嫌包庇罪,对 7 人以涉嫌玩忽职守罪,对 2 人以涉嫌滥用职权罪予以逮捕并追究刑事责任。对东都商厦副总经理、东都商厦党委书记、洛阳市相关党政领导给予了党纪政纪处分,建议给予河南省主管消防安全工作的副省长行政警告处分。

事故十九(吉林市中百商厦特大火灾)

2004 年 2 月 15 日,吉林省吉林市中百商厦发生一起特大火灾事故,造成 54 人死亡,70 人受伤,直接财产损失 426 万多元。

中百商厦伟业电器行员工于某在事发当日向 3 号库房送纸板时,将正在抽的香烟掉落在库房中,未予熄灭就离去,香烟引燃地面上的纸屑、纸板等可燃物,致使库房起火燃烧,并蔓延到商厦,造成特大火灾事故。

中百商厦没有严格执行《消防法》关于法人单位逐级落实消防安全责任制和岗位消防安全责任制的有关规定;违章将商厦北墙外的自行车棚改建成简易仓库后,没有落实消防部门下达的对商厦北墙相邻简易仓库的窗户进行封堵的限期整改通知要求;超范围租赁经营舞厅项目,且忽视对该舞厅的消防安全管理;发生火灾后,安全保卫人员没有组织商厦三、四层的人员疏散,有关人员没有及时报警。

经调查认定,吉林市中百商厦"2·15"特大火灾事故是一起责任事故。

事故二十(新中国医疗卫生系统第一大火灾:辽源市中心医院特大火灾)

2005 年 12 月 15 日 16 时 58 分,辽源市最大的医院——中心医院发生火灾,吉林省辽源市中心医院住院楼发生火灾,经过消防官兵的奋力扑救,及时救出 150 余名被困人员,大火于 21 时 20 分被扑灭,死亡 40 人。在这场火灾中,过火面积达 5000 多平方米。这是新中国成立以来,全国医疗卫生系统发生的最大的火灾事故。

事发当日 16 时 30 分左右,辽源市中心医院突然停电,按照医院的电路设计,如果停电,变电箱电闸会自动跳到副闸,继续维持医院正常供电,但当时电闸并没有自动跳闸,而电工班班长张殿坤在未查明停电原因的情况下强行送电导致火灾发生。

而当时冒烟的地下电缆线,十几根电缆杂乱无章地缠在一起,而像这样的电缆本应该是非常整齐地平铺放置,并要设置防火层。

因此,辽源市纺织公司电气安装队队长、辽源电业局退休干部(高级工程师)孙某、辽源市中心医院退休职工后返聘人员金某 3 人也因涉嫌重大责任事故罪被起诉,追究刑事责任。

六、知名特大事故

事故二十一(新中国第一大起重事故:"7·17"龙门起重机吊装主梁过程倒塌事故)

2001 年 7 月 17 日上午 8 时许,在沪东中华造船(集团)有限公司船坞工地,由上海电力建筑工程公司等单位承担安装的 600 t×170 m 龙门起重机在吊装主梁过程中发生倒塌事故。事故造成 36 人死亡,2 人重伤,1 人轻伤。死亡人员中,电建公司 4 人,机器人中心 9 人(其中有副教授 1 人,博士后 2 人,在职博士 1 人),沪东厂 23 人。事故造成经济损失约 1 亿元,其中直接经济损失 8000 多万元。

造成这起事故的直接原因是:在吊装主梁过程中,由于违规指挥、操作,在未采取任何安全保障措施情况下,放松了内侧缆风绳,致使刚性腿向外侧倾倒,并依次拉动主梁、塔架向同一侧倾坠、垮塌。电建公司第三分公司施工现场指挥张海平在发现主梁上小车碰到缆风绳需要更改施工方案时，违反吊装工程方案中关于"在施工过程中，任何人不得随意改变施工方案的作业要求。如有特殊情况进行调整必须通过一定的程序以保证整个施工过程安全"的规定。未按程序编制修改书面作业指令和逐级报批，在未采取任何安全保障措施的情况下，下令放松刚性腿内侧的两根缆风绳，导致事故发生。

事故教训是工程施工必须坚持科学的态度，严格按照规章制度办事，坚决杜绝有章不循、违章指挥、凭经验办事和侥幸心理，此次事故的主要原因是现场施工违规指挥所致，而施工单位在制定、审批吊装方案和实施过程中都未对沪东厂600 t龙门起重机刚性腿的设计特点给予充分的重视，只凭以往在大吨位门吊施工中曾采用过的放松缆风绳的"经验"处理这次缆风绳的干涉问题。对未采取任何安全保障措施就完全放松刚性腿内侧缆风绳的做法，现场有关人员均未提出异议，致使电建公司现场指挥人员的违规指挥得不到及时纠正。此次事故的教训证明，安全规章制度是长期实践经验的总结，是用鲜血和生命换来的，在实际工作中，必须进一步完善安全生产的规章制度，并坚决贯彻执行，以改变那种纪律松弛、管理不严、有章不循的情况。不按科学态度和规定的程序办事，有法不依、有章不循，想当然、凭经验、靠侥幸是安全生产的大敌。

今后在进行起重吊装等危险性较大的工程施工时，应当明确禁止其他与吊装工程无关的交叉作业，无关人员不得进入现场，以确保施工安全。

事故二十二（重庆涪陵"6·19"特大水上交通事故）

2003年6月19日7时57分，重庆三峡轮船股份有限公司所属的涪州10号客货轮与涪陵江龙船务有限公司（私营企业）所属的江龙806号货轮在重庆市涪陵区长江上游搬针沱水域（长江上游里程557.8 km）发生碰撞，涪州10号轮当即沉没，船上人员全部落水，造成27人死亡，25人失踪，直接经济损失296.6万元。

经调查认定，事故双方在突遇浓雾的情况下，冒险航行，未保持正规瞭望，违章操作，临危措施不当，是造成事故的直接原因。这是一起违章操作造成的责任事故。根据事故双方的过失程度及违规行为，涪州10号轮应负主要责任，江龙806号轮应负次要责任。

重庆三峡轮船股份有限公司对安全生产工作重视不够，公司的有关安全职能部门未能有效地履行职责，安全生产责任制落实不到位；未有效组织开展安全教育培训工作，船员安全意识不强；对船舶安全生产工作监督检查不力；未按照"四不放过"原则调查处理曾发生的生产安全事故，没有制定有效的防范措施，未能防止同类事故重复发生。

涪陵江龙船务有限公司安全管理水平低，安全管理制度不落实，未严格按安全管理体系的要求运行，对船员缺乏针对雾航情况的安全教育和培训，对新上岗的船员未能进行严格的岗前培训，船员的安全生产意识不强，缺乏有关水上安全生产的法律法规知识。

这次事故共查处相关责任人数人，查处包括在事故中失踪免予追究责任，移送司法机关依法追究刑事责任，建议撤销党内外职务，行政记大过，记过，行政警告；建议给予个人罚款。

事故二十三（中国石油天然气集团公司"12·23"井喷特大事故）

2003年12月23日21时57分，中国石油天然气集团公司四川石油管理局川东钻探公司钻井二公司川钻12队承钻的中国石油天然气股份有限公司西南油气田分公司川东气矿罗家16H井发生井喷事故，死亡243人，直接经济损失9262.71万元。

经调查认定，由于严重违章操作，起钻前循环浆时间不够，起钻过程中灌浆不及时，灌入量不够,且在起钻过程中修理顶驱后没有下钻到底进行循环泥浆,从而导致井内液注压力降低,造成溢流。加之岗位无人观察,未能及时发现溢流而造成井喷。在本次钻井过程中,钻柱又未加装回压力阀,造成井喷失控。井内含有大量浓度较高的硫化氢有毒气体随空气迅速扩散,导致在短时间内造成大面积人员伤害。

钻井队在起钻前循环泥浆不够,起钻过程中灌泥浆不及时,灌入量欠缺,修理顶驱后没有下钻到底循环,无人在泥浆罐上观察泥浆注入量和出口变化情况是引发这起特大井喷事故的直接原因。在气层中钻进时,违反了"从钻开油气层前到完钻作业结束必须始终在钻具上安装防喷工具"的要求,致使井喷时钻杆无法控制,使井喷演变成为井喷失控。

井喷失控后,钻井队处置工作混乱,组织人员撤离后,没有派专人监视井口喷势,检测井场有毒气体浓度,致使无法及时收集井口准确资料和确定最佳点火时机,没能及时点火,导致高含硫天然气扩散。同时,由于该井处于地势低洼地带,当地大气逆温层稳定,混合层低,无风、浓雾的天气,使空气中的硫化氢气体不易散发;井喷时处于夜晚,周边居民较多,由于散居在山区,交通通讯极为不便。诸多不利条件,增加了逃生、疏散、搜救、抢险工作的难度,使井喷失控事故进一步扩大和恶化。

经过现场勘察、调查取证和技术分析,认定中石油川东钻探公司"12·23"井喷特大事故是一起责任事故。

事故二十四(中石油吉林石化公司双苯厂"11·13"爆炸污染事故)

2005年11月13日下午1点左右,中石油吉林石化公司双苯厂新苯胺装置发生数次爆炸,造成当班的6名工人中5人死亡、1人失踪,事故还造成60多人不同程度受伤。事故引发的有毒泄漏物苯流入工厂附近的松花江,造成该江大规模污染。因为污染严重,松花江沿岸,从吉林省到黑龙江省都发生大面积停止供水事件,哈尔滨市更是因此全城停水4天。污染物还对邻国俄罗斯的用水安全造成了威胁。

依据现场勘察、证人笔录、岗位操作记录等相关资料,事故调查组专家组经分析一致认为:石油吉林石化公司双苯厂连环爆炸的直接原因是由于当班操作工停车时,疏忽大意,未将应关闭的阀门及时关闭,误操作导致进料系统温度超高,长时间后引起爆裂,随之空气被抽入负压操作的T101塔,引起T101塔、T102塔发生爆炸,随后致使与T101、T102塔相连的两台硝基苯储罐及附属设备相继爆炸,随着爆炸现场火势增强,引发装置区内的两台硝酸储罐爆炸,并导致与该车间相邻的55#灌区内的一台硝基苯储罐、两台苯储罐发生燃烧。

附　录　常用安全生产法律法规目录

第一部分　法律

中华人民共和国安全生产法(2002 年 6 月 29 日中华人民共和国主席令第 70 号)

中华人民共和国矿山安全法(1992 年 11 月 7 日中华人民共和国主席令第 65 号)

中华人民共和国中小企业促进法(2002 年 6 月 29 日)

中华人民共和国职业病防治法(2011 年 12 月 31 日中华人民共和国主席令第 52 号)

中华人民共和国劳动法(1994 年 7 月 5 日中华人民共和国主席令第 28 号)

中华人民共和国工会法(2001 年 10 月 27 日中华人民共和国主席令第 57 号)

中华人民共和国道路交通安全法(20 年 月 日中华人民共和国主席令第 47 号)

中华人民共和国消防法(2008 年 10 月 28 日中华人民共和国主席令第 6 号)

中华人民共和国海上交通安全法(1983 年 9 月 2 日中华人民共和国主席令第 7 号)

中华人民共和国建筑法(1997 年 11 月 1 日中华人民共和国主席令第 91 号)

中华人民共和国民用航空法(1995 年 10 月 30 日中华人民共和国主席令第 56 号)

中华人民共和国铁路法(1990 年 9 月 7 日中华人民共和国主席令第 32 号)

中华人民共和国行政处罚法(1996 年 3 月 17 日中华人民共和国主席令第 63 号)

中华人民共和国行政复议法(1999 年 4 月 29 日中华人民共和国主席令第 16 号)

中华人民共和国行政许可法(2003 年 8 月 27 日中华人民共和国主席令第 7 号)

中华人民共和国刑法修正案(六)(2006 年 6 月 29 日中华人民共和国主席令第 51 号)

中华人民共和国突发事件应对法(2007 年 8 月 30 日中华人民共和国主席令第 69 号)

中华人民共和国矿产资源法(1996 年 8 月 29 日)

中华人民共和国行政监察法(1997 年 5 月 9 日)中华人民共和国电力法(1995 年 12 月 28 日)

中华人民共和国防洪法(1997 年 8 月 29 日)中华人民共和国劳动合同法(2007 年 6 月 29 日)

第二部分　行政法规

国务院关于特大安全事故行政责任追究的规定(2001 年 4 月 21 日国务院令第 302 号)

石油天然气管道保护条例(2001 年 7 月 26 日国务院令第 313 号)

危险化学品安全管理条例(2011 年 2 月 16 日国务院令第 591 号)

使用有毒物品作业场所劳动保护条例(2002 年 5 月 12 日国务院令第 352 号)

特种设备安全监察条例(2009 年 1 月 24 日国务院令第 549 号)

工伤保险条例(2010 年 12 月 20 日国务院令第 586 号)

建设工程安全生产管理条例(2003 年 11 月 24 日国务院令第 393 号)

安全生产许可证条例(2004 年 1 月 13 日国务院令第 397 号)

中华人民共和国矿山安全法实施条例(1996 年 10 月 30 日国务院令第 4 号)

中华人民共和国道路交通安全法实施条例(2004 年 4 月 30 日国务院令第 405 号)

铁路运输安全保护条例(2004 年 12 月 27 日国务院令第 430 号)

民用爆炸物品管理条例(1984 年 1 月 6 日国务院令第 466 号)

烟花爆竹安全管理条例(2006 年 1 月 21 日国务院令第 455 号)

水库大坝安全管理条例(1991 年 3 月 22 日国务院令第 77 号)

生产安全事故报告和调查处理条例(2007 年 4 月 9 日国务院令第 493 号)

煤矿安全监察条例(2000 年 11 月 7 日国务院令第 296 号)

易制毒化学品管理条例(2005 年 8 月 26 日国务院令第 445 号)

国务院关于预防煤矿生产安全事故的特别规定(2005 年 8 月 15 日国务院令第 446 号)

校车安全管理条例(2012 年 3 月 28 日国务院令第 618 号)

尘肺病防治条例(1987 年 12 月 3 日)

第三部分　部门规章

安全生产违法行为行政处罚办法(2007 年 11 月 1 日)

安全生产行政复议规定(2007 年 11 月 1 日)

安全生产培训管理办法(2012 年 3 月 1 日)

注册安全工程师管理规定(2007 年 1 月 11 日)

安全生产行业标准管理规定(2004 年 12 月 1 日)

非煤矿矿山建设项目安全设施设计审查与竣工验收办法(2004 年 12 月 28 日)

危险化学品登记管理办法(2002 年 10 月 8 日)

非煤矿矿山企业安全生产许可证实施办法(2009 年 4 月 30 日)

危险化学品生产企业安全生产许可证实施办法(2011 年 9 月 6 日)

危险化学品建设项目安全监督管理办法(2012 年 1 月 4 日)

危险化学品重大危险源监督管理暂行规定(2011 年 12 月 1 日)

危险化学品输送管道安全管理规定(2011 年 12 月 31 日)

工作场所职业卫生监督管理规定(2012 年 3 月 6 日)

职业病危害项目申报办法(2012 年 3 月 6 日)

职业健康监护管理办法》(2012 年 3 月 6 日)

建设项目职业卫生"三同时"监督管理暂行办法(2012 年 3 月 6 日)

职业卫生技术服务机构监督管理暂行办法(2012 年 3 月 6 日)

烟花爆竹生产企业安全生产许可证实施办法(2004 年 5 月 17 日)

劳动防护用品监督管理规定(2005 年 7 月 22 日)

生产经营单位安全培训规定(2006 年 3 月 1 日)

非药品类易制毒化学品生产、经营许可办法(2006 年 4 月 15 日)

尾矿库安全监督管理规定(2011 年 5 月 31 日)

小型露天采石场安全管理与监督检查规定(2011 年 5 月 31 日)

烟花爆竹经营许可实施办法(2006 年 10 月 1 日)

危险化学品建设项目安全许可实施办法(2006 年 10 月 1 日)

安全生产检测检验机构管理规定(2007 年 4 月 1 日)

《生产安全事故报告和调查处理条例》罚款处罚暂行规定(2007 年 7 月 12 日)

安全生产事故隐患排查治理暂行规定(2008 年 2 月 1 日)

生产安全事故应急预案管理办法(2009 年 5 月 1 日)

生产安全事故信息报告和处置办法(2009 年 6 月 16 日)

安全评价机构管理规定(2009 年 7 月 1 日)

安全生产监管监察职责和行政执法责任追究的暂行规定(2009 年 10 月 1 日)

冶金企业安全生产监督管理规定(2009 年 11 月 1 日)

特种作业人员安全技术培训考核管理规定(2010 年 5 月 24 日)

建设项目安全设施"三同时"监督管理办法(2010 年 12 月 14 日)

建设施工企业安全生产许可证管理规定(2004 年 7 月 5 日)

民用爆破器材安全生产许可证实施办法(2004 年 8 月 25 日)

锅炉压力容器使用登记管理办法(2003 年 7 月 14 日)

特种设备注册登记与使用管理规则(2001 年 4 月 9 日)

气瓶安全监察规定(2003 年 4 月 24 日)

游乐园管理规定(2001 年 2 月 23 日)

公共娱乐场所消防安全管理规定(1999 年 5 月 25 日)

机关、团体、企业、事业单位消防安全管理规定(2001 年 11 月 14 日)

消防监督检查规定(2004 年 6 月 9 日)